# 알기 쉬운
# 발전·송배전·
# 실내 배선 설비

**오하마 쇼지** 지음 | **김세동** 감역 | **고운채** 옮김

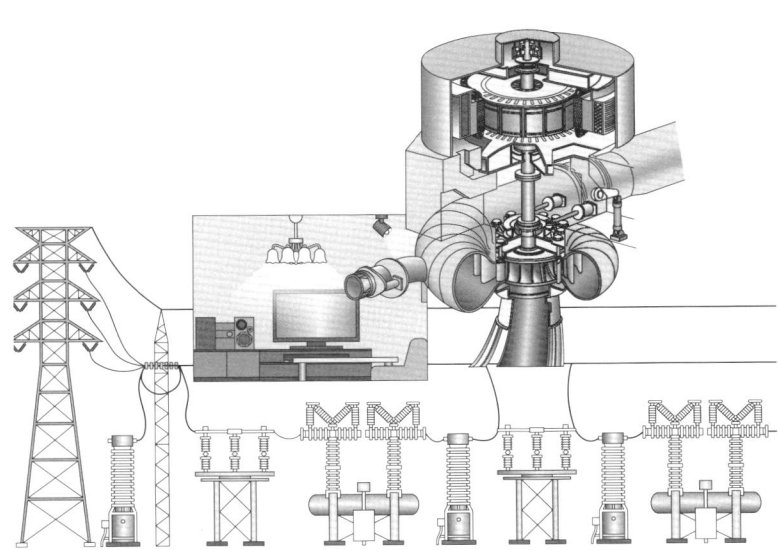

 성안당

日本 옴사 · 성안당 공동 출간

그림 해설

# 알기 쉬운 발전·송배전·실내 배선 설비

Original Japanese language edition
KANZENZUKAI HATSUDEN · SOHAIDEN · OKUNAIHAISENSETSUBI HAYAWAKARI
By Shoji Ohama
Copyright ⓒ Shoji Ohama 2017
Korean translation rights arranged with Ohmsha, Ltd.
through Japan UNI Agency, Inc., Tokyo and Korea Copyright Center, Inc., Seoul
Korean translation copyright ⓒ 2018 by Sung An Dang, Inc.

# ▍머리말

　이 책은 전기가 생산되는 발전(發電)과 전기를 보내는 송배전에서부터 그 전기를 사용하는 수요처의 옥내배선까지의 시스템에 대한 기초 지식을 쉽게 이해할 수 있도록 전체 일러스트로 해설한 입문서이다.

　이 책은 다음과 같이 전기가 생산되고 사용되기까지의 구조를 체계적으로 해설하고 있는 것이 특징이다.

(1) 발전소에서 생산된 전기가 수요처로 보내져 옥내배선을 통하여 사용되기까지의 전체 시스템을 파악할 수 있도록 전체 일러스트에 의한 '만화 기법'으로 나타내고 있다.

(2) 발전소 종류에는 공급되는 에너지에 따라 수력발전소, 화력발전소, 원자력발전소, 풍력발전소, 태양광발전소 등 그 밖의 재생 가능 에너지에 의한 새로운 발전방식이 있으며 각각의 '발전 시스템'을 간단히 해설하였다.

(3) 발전소에서 생산된 전기는 전력손실을 적게 하기 위하여 높은 전압에서 송전선으로 초고압 변전소로 보내지며, 배전선에서 수요처로 전기가 공급되어 사용되기까지의 시스템을 해설하였다.

(4) 배전선 주상(柱上) 변압기에서 수요처로 끌어들인 전기는 옥내의 분전반을 통해 옥내 배선에 따라 각각 공간의 전기기구로 공급되어, 사용되기까지의 시스템을 해설하였다.

(5) 옥내 배선에는 분전반, 콘센트, 스위치 등이 설치되어 있으며 분전반에는 전류제한기(암페어 브레이커), 누전차단기, 배선용 차단기가 들어 있으므로 각각의 기능을 이해하도록 하였다.

(6) 조명기구를 포함 조명방식, 조도계산 등을 이해하도록 하였다.

(7) 전등, 스위치, 콘센트 설비의 설계도, 시공도를 작성하는 절차, 분전반을 포함한 시공 방식을 구체적으로 나타내었다.

　이 책이 전기관련 자격 시험을 치르는 사람들을 위한 입문참고서로서, 또한, 전문학교·전문대학·대학의 학습서로, 그리고 기업 내의 기술연수 교재로서 많은 분들에게 활용된다면 필자의 더 없는 기쁨이 되겠다.

오에스 종합기술연구소 소장 **오하마 쇼지(大浜 莊司)**

# 차례

머리말 ·········································································· 3

**제1장**  **전기의 생산에서 사용하기까지의 기초 지식** ············· 9

  1. 전기가 수요처로 전송되는 시스템 ································ 10
  2. 수력발전 : 물의 힘으로 발전 ······································ 11
  3. 화력발전 : 불의 힘으로 발전 ······································ 12
  4. 원자력발전 : 핵분열의 열로 발전 ································ 13
  5. 풍력발전 : 바람의 힘으로 발전 ·································· 14
  6. 태양광 발전 : 태양의 빛 에너지로 발전 ······················ 15
  7. 재생가능 에너지에 의한 신발전 방식 ·························· 16
  8. 발전전력을 배전용 변전소로 송전 ······························ 17
  9. 송배전 계통에서 전압을 변환 변전소 ·························· 18
 10. 배전 : 수요처로 전력을 배분 ···································· 19
 11. 전신주에서 가정으로 전기를 끌어들이는 인입선 ·············· 20
 12. 전력량계 : 사용전력량을 계측한다 ······························ 21
 13. 옥내배선에서 분전반의 역할 ······································ 22
 14. 일본 가정의 옥내 배선은 단상 3선식이 주류를 이룬다 ········· 23
 15. 부하전류의 개폐와 과전류를 막는 배선용 차단기 ············· 24
 16. 누전으로 인한 감전·화재를 막는 누전 차단기 ················ 25
 17. 조명을 켰다, 껐다 하는 스위치 ·································· 26
 18. 전기기구에 전원을 공급하는 콘센트 ···························· 27
 19. 형광등은 어떻게 발광하는 걸까? ································ 28
 20. 주택의 각방 조명 포인트 ········································· 29
 21. 저압 옥내 배선 공사의 시설장소 ································ 30
 22. 금속관 공사 : 금속관에 전선을 넣어 배선한다 ················ 31
 23. 케이블 공사 : 케이블을 사용하여 배선한다 ···················· 32

**제2장** **발전설비·송배전설비의 기초지식**······················33

그림으로 보는 발전·송배전 방식 ·························34

1. 전기가 수요처에까지 보내지는 시스템 ················36
   매일 사용하고 있는 전기는 발전소에서 만들어 진다 /36
   전력계통에서 전기 공작물은 위험도로 구분한다 /37
   발전·송전·변전계통도 /38
   배전·변전계통도 /39
   발전소에서 3상 교류를 발전하여 송전·배전한다 /40
   일본에서는 주파수가 지역에 따라 다르다 /41

2. 수력발전 : 물의 힘으로 발전한다 ·····················42
   발전은 에너지의 변환에 따른다 /42
   수력발전은 전력 소비에 맞게 수량을 운용한다 /43
   수력발전 : 하천에서 취수한다 /44
   수력발전소는 이러한 시스템으로 되어 있다 /45
   댐에는 콘크리트 댐과 필 댐이 있다 /46
   물의 힘으로 회전하는 수차를 통해 발전기는 전기를 일으킨다 /47

3. 화력발전 : 불의 힘으로 발전한다----------------48
   화력발전소를 연료의 종류에 따라 분류한다 /48
   화력발전소를 원동기의 종류에 의해 분류한다 /49
   증기발전소의 설비구성(1) /50
   증기발전소의 설비구성(2) /51
   화력발전소에서는 수관 보일러가 사용된다 /52
   화력발전소에서는 증기 터빈이 이용된다 /53

4. 원자력 발전 : 핵분열의 열로 발전한다 ················54
   원자력발전 : 원자로에서 증기를 만들어 발전한다 /54
   우라늄이 핵분열하면 열을 발생한다 /55
   핵연료는 연료집합체로 가공하여 원자로에 넣는다 /56
   원자로는 핵분열로 생긴 열을 효과적으로 빼낸다 /57
   원자로는 어떤 요소로 구성되어 있는가? /58
   가압수형 경수로와 비등수형 경수로의 시스템 /59

5. 풍력발전 : 바람의 힘으로 발전한다 ·····················60
   재생가능 에너지로 인한 여러 가지 발전 /60
   풍력발전에는 여러 가지 특징이 있다 /61
   풍력발전에는 여러 가지 장점·단점이 있다 /62
   풍력발전 : 풍차의 회전에너지로 발전한다 /63
   풍차에는 수평축형과 수직축형이 있다 /64
   풍차를 구성하는 기기와 그 기능 /65

## 6. 태양광 발전 : 태양전지로 발전한다 ··························66

태양광 발전 : 태양의 빛 에너지를 활용한다 /66
태양광발전 시스템은 계통연계형과 독립형이 있다 /67
태양광발전 시스템을 구성하는 기기 /68
태양전지에 빛을 쐬면 발전하는 구조 /69
태양전지에는 여러 종류가 있다 /70
태양광발전 모듈은 설치하여 청소한다 /71

## 7. 재생 가능 에너지에 따른 신발전방식 ··················72

바이오매스 발전 : 바이오매스 연료로 발전한다 /72
태양열발전 : 태양의 방사열 에너지로 발전한다 /73
지열발전 : 마그마의 열로 인한 열수·증기로 발전한다 /74
해양발전에는 조력발전·해류발전이 있다 /75
해양발전에는 파력발전·해양온도차 발전이 있다 /76
연료전지 : 수소와 산소의 전기화학 반응으로 발전한다 /77

## 8. 송전 : 발전전력을 배전용 변전소로 보낸다 ··············78

송전계통은 모두 연결하여 전력을 상호 공급한다 /78
송전전압은 높게 하며, 수요지 근처에서 강압한다 /79
가공송전선은 공중으로 전선을 설치하고 전력을 보낸다 /80
가공송전선에 쓰이는 전선과 애자 /81
가공송전선의 철탑·가공지선·아크 혼 /82
지중 송전 : 지하로 송전선을 매설하여 송전 /83

## 9. 변전소 : 송배전 계통으로 전압을 변환한다 ·············84

변전소에는 송전용 변전소와 배전용 변전소가 있다 /84
변전소의 형식·형태에 의한 종류 /85
변전소를 구성하는 기기의 기능(1) /86
변전소를 구성하는 기기의 기능(2) /87
변압기는 전자 유도 작용에 의해 전압을 변환한다 /88
차단기는 아크 방전을 소호하며 전류를 차단한다 /89

## 10. 배전 : 수요처에 전력을 배분한다 ····················90

배전선로의 종류 /90
배전선로의 배전방식(1) /91
배전선로의 배전방식(2) /92
배전선로의 공급방식 /93
배전선로에서의 수요처 수전방식 /93
가공 배전선로와 지중 배전선로 /95

■ 자료 고압가공 인입선에 의한 고압 수요처의 인입 ·················96

**제3장**

**옥내 배선 설비의 기초지식** ······································97

**그림으로 보는** 가정 안에서의 전기 구조·······················98

### 1. 인입선·인입구 배선을 통해 옥내에 전기가 공급된다·······100
전력이 옥내에 어떻게 공급되는가? /100
주택의 전기 방식은 단상 2선식이 주류를 이룬다 /101
저압 수요처는 가공 인입선을 원칙으로 한다 /102
전력은 인입구 배선을 통해 옥내로 끌어들인다 /103
인입구 배선에 전력량계를 설치한다 /104
전력량계는 사용전력량을 계량한다 /105

### 2. 분전반 : 옥내의 전기기구에 전기를 배분한다 ···············106
인입구장치로서 분전반의 역할 /106
주택용 분전반의 종류 /107
일본 주택용 분전반 정격전압·정격전류·분기회로 /108
일본 주택용 분전반의 모선과 분기선 /109
주택용 분전반의 구조 /110
일본 주택용 분전반의 기기배치와 표시 /111

### 3. 분전반을 구성하는 기기·································112
주택용 분전반을 구성하는 기기의 역할 /112
암페어 브레이커는 소매 전기 사업자와의 계약용 전류 제한기이다 /113
누전 차단기는 누전 전류를 검출하여 차단한다 /114
누전차단기의 구성과 그 동작 기능 /115
일본 분기회로와 분기개폐기 /116
배선용 차단기의 기능과 그 동작 /117

### 4. 저압 옥내 배선의 간선 ·······························118
저압간선에는 과전류차단기를 시설한다 /118
저압간선에 시설하는 과전류차단기의 정격전류 /119
저압간선을 분기하는 경우의 과전류 차단기의 시설 /120
저압간선의 전선 굵기 /121
절연전선·케이블의 허용전류 /122
저압 옥내 간선의 간편 설계  −간선전류가 특정되어 있는 경우− /123

### 5. 저압 옥내 배선의 간선에서 분기하는 분기회로 ············125
분기회로는 간선에서 분기하여 부하에 이르는 배선을 말한다 /125
주택의 분기회로 수 /126
분기회로에 개폐기·과전류 차단기 설치 /127
전동기 분기회로 과전류 차단기의 정격전류 /128
분기회로 전선의 굵기와 허용전류 /129
주택용 콘센트는 넓이·용도에 따라 시설한다 /130

## 6. 조명설비는 인공 광원으로 시환경을 확보한다 ··············131
조명설비는 전기 에너지를 빛에너지로 변환한다 /131
조명방식에는 여러 가지가 있다 /132
사무소·공장·주택의 유지 조명도 /133
광원에는 열방사 광원과 루미네선스 광원이 있다 /134
조명기구에는 여러 종류가 있다 /135
실내 전반 조명의 조명도 계산 방법 /136

## 7. 콘센트와 스위치 ·······································137
콘센트에는 여러 형태가 있다 /137
콘센트는 부하의 종류·용도에 따라 선택한다 /138
콘센트의 용도·정격·극배치 /139
스위치는 전기회로를 개폐한다 /140
주택용 스위치 배선 방법 /141
스위치와 콘센트의 시설 방법 /142

## 8. 전등·콘센트 설비의 설계도 종류와 그림 기호 ············143
전등·콘센트 설비의 설계도 종류 /143
전등·콘센트 설비의 단면도·결선도·기기상세도 /144
전등·콘센트 설비의 배선도 /145
조명기구의 그림 기호 /146
콘센트의 그림 기호 /147
스위치와 기타 그림 기호 /148

## 9. 전등·콘센트 설비의 설계도·시공도의 작성순서 ··········149
설계도를 기반으로 시공도를 작성한다 /149
전등·콘센트 설비의 평면 배선도 작성 순서 /150
평면 배선도의 기구 배선표시법 /151
전등·콘센트 설비의 평면배선도(설계도) /152
전등·콘센트 설비 시공도 작성 순서 /153
조명기구·스위치, 콘센트 설비의 시공도 /154

## 10. 전등·콘센트 설비의 시공법 ······························155
콘센트 설치 공사의 시공법 /155
직접부착·체인에 의한 조명기구의 설치 /156
천장에 코드를 매달아 조명기구 설치하기 /157
2중 천장의 조명기구 설치도 /158
분전반 설치 공사의 시공법 /159
분전반(노출형·매입형·자립형) 설치도 /160

찾아보기 ··············································161

# 제**1**장

# 전기의 생산에서
# 사용하기까지의 기초 지식

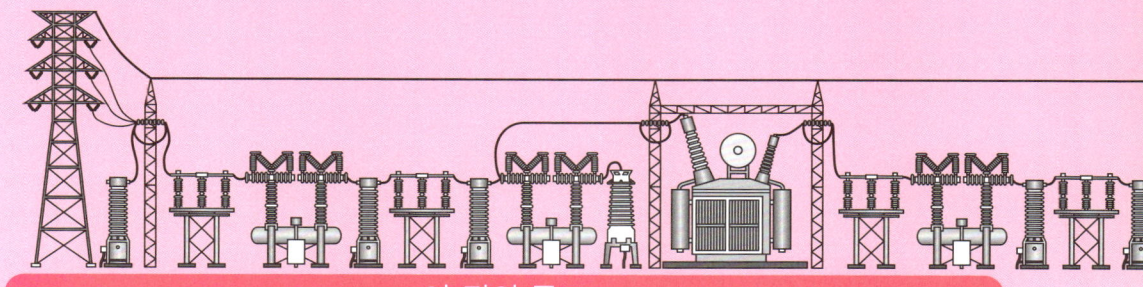

## 이 장의 목표

　이 장에서는 발전·송배전에 의해 전기가 생산되고, 전기를 필요로 하는 수요 처의 옥내 배선으로 보내져 사용되기까지의 시스템에 대한 기초 지식을 이해하 기 위해 전체 일러스트에 의한 '만화 기법'으로 나타냈다.

(1) 발전소에서 생산된 전기는 송전선에 의해 초고압변전소, 1차 변전소(2차변전 소)를 통해 전압을 낮추어 배전변전소로 보내진다. 이후 배전선을 통해서 수요 처로 전력이 공급되어 사용되기까지의 시스템을 알아본다.
(2) 발전소의 종류에는, 공급되는 에너지에 따라 수력발전소, 화력발전소, 원자력 발전소, 풍력발전소, 태양광발전소 이외에도 재생 가능 에너지에 의한 새로운 발전방식이 있다.
(3) 배전선의 주상 변압기에서 수요처로 끌어들이는 저압 전기는 옥내 분전반을 통 해 옥내 배선을 따라 각각의 공간으로 나뉘어져서 사용되는 시스템을 알아본다.
(4) 분전반에는 전류제한기(암페어 브레이커), 누전차단기, 배선용 차단기가 들어 있는데 각각의 기능을 이해해 본다.
(5) 옥내 배선에는 스위치, 콘센트가 사용되는데 주위에서 흔히 볼 수 있는 것이므 로 알아 두면 좋을 것이다.
(6) 저압 옥내 배선공사의 예로서 금속관 공사, 케이블 공사 등에 대해 설명한다.

# ① 전기가 수요처로 전송되는 시스템

**1**

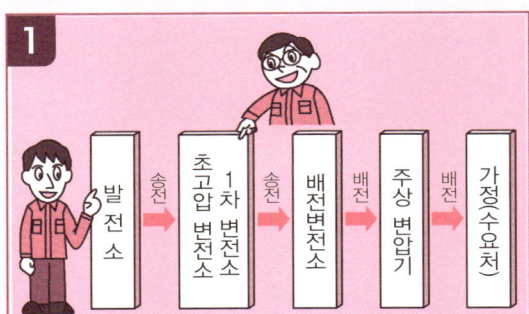

S : 평소에 흔히 사용하는 전기는 어떻게 전송되고 있어요?

O : 발전소에서 생산된 초고압 전기는 송전선을 따라 변전소에서 전압이 낮추어져 배전변전소로 보내지고, 배전선에서 가정 등으로 보내지는 거야.

**2**

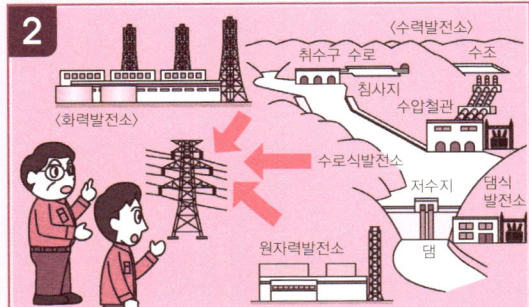

S : 발전소에는 어떤 종류가 있어요?

O : 전기를 만들어 내는 에너지원에 따라 화력발전소, 수력발전소, 원자력발전소 등이 있어.

S : 재생 가능 에너지에 의한 발전도 있고요.

**3**

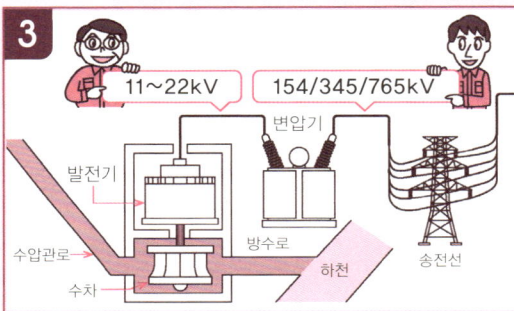

S : 발전소에서 발전되는 전기는 11~22kV의 전압인데, 발전소 내의 변압기로 154/345/765kV의 초고압으로 변압하여 송전 손실을 적게 하는군요.

O : 이 전기를 송전선을 통해서 초고압변전소로 보내는 거야.

**4**

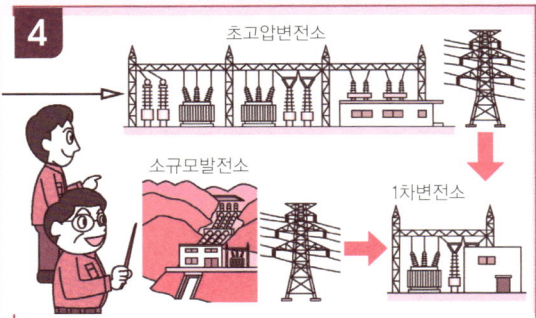

S : 초고압변전소에서는 전압을 154kV로 낮추어 1차변전소로 보내서 대규모 공장·빌딩에도 나누어 주는 군요.

O : 소규모발전소에서는 1차 변전소로 154kV의 전압으로 직접 보내는 경우도 있어.

**5**

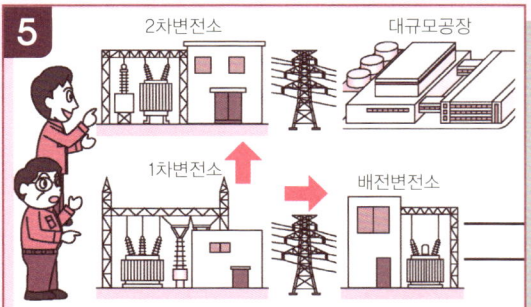

S : 1차 변전소에서는 전압을 154kV로 낮추어 송전선을 통해서 중간 변전소와 배전변전소로 보내는군요.

O : 중간 변전소에서는 전압을 22.9kV로 낮추어 대규모공장·빌딩으로 배전하는 거야.

**6**

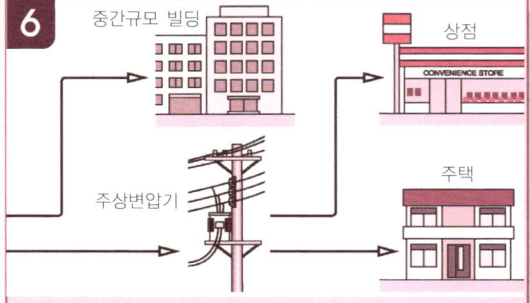

S : 배전변전소에서 22.9kV 전압으로 주상변압기와 중간규모의 공장·빌딩으로 배전하는군요.

O : 주상변압기에서 220V·380V의 전압으로 변압하여 소규모공장·빌딩이나 상점·주택으로 배전 하는 거야.

# ② 수력발전 : 물의 힘으로 발전

**1**

S : 저기 보이는 것은 수력발전소군요.
O : 수력발전은 물이 가지는 위치 에너지를 운동 에너지로 바꾸어 수차(水車)를 회전시켜 수차와 연결되는 발전기로 발전하여 전기 에너지를 만들어 내는 거야.

**2**

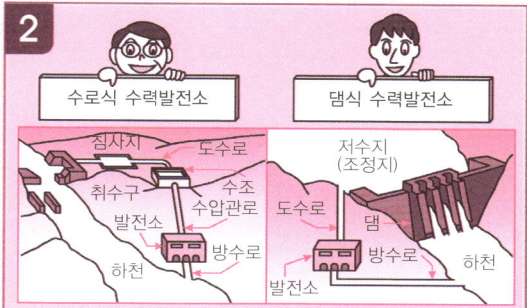

S : 취수방식은 수로식, 댐식, 댐 수로식이군요.
O : 수로식은 하천 상류에서 물을 들여와 긴 수로를 통해 낙차를 만들며, 댐식은 하천을 막아 댐을 세워 낙차를 만들며, 이 양쪽 모두를 조합하여 만든 것이 댐 수로식 이야.

**3**

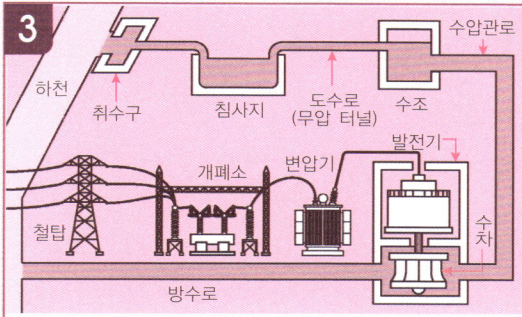

S : 스로식 수력발전소에 대해 알려 주세요.
O : 수로식 수력발전소는 취수구, 침사지, 도수로, 수즈, 수압관로, 수차, 방수로, 발전기, 변압기, 개폐소 등으로 구성되어 송전선으로 이어지는 거야.

**4**

S : 취수구는 하천에서 도수로로 물을 끌어들이는 설비이며, 취수된 물 속에 포함된 흙과 모래를 제거하는 것이 침사지군요.
O : 물은 도수로를 통해 수조에 저장되고, 수조는 부하변동에 따라 사용수량 변화를 조정하는 거야.

**5**

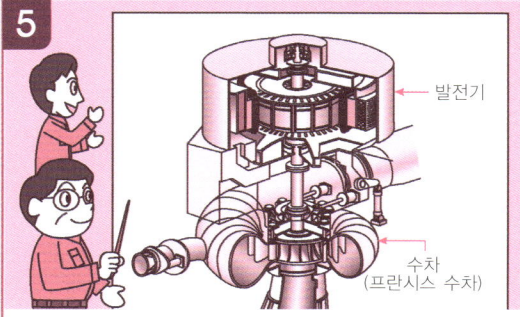

S : 수압관로를 통해 물의 위치 에너지를 회전하는 운동 에너지로 바꾸는 것이 수차군요.
O : 소용돌이 모양의 케이싱에서 임펠러(impeller)로 물을 이동시켜 그 반동으로 회전하는 것이 프란시스 수차야.

**6**

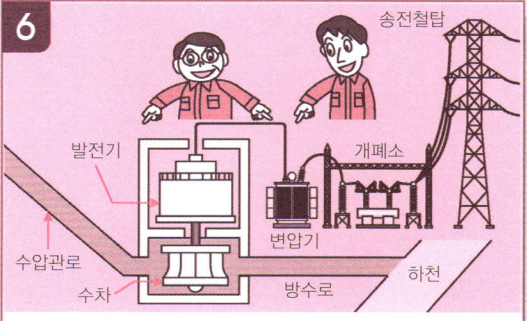

S : 수차에 의해 만든 운동 에너지를 전기 에너지로 바꾸는 것이 수차에 직접 연결된 발전기로군요.
O : 일반적으로 발전기에는 동기발전기가 사용되어 발전된 전기를 송전에 필요한 전압으로 바꾸는 것이 변압기야.

# ③ 화력발전 : 불의 힘으로 발전

**1**

S : 저기 바다 근처에 보이는 것이 화력발전소군요.
O : 화력발전은 화석연료에 의한 열 에너지로 만든 증기로 터빈을 돌려 그 기계 에너지로 발전기를 돌려 전기 에너지를 만드는 거야.

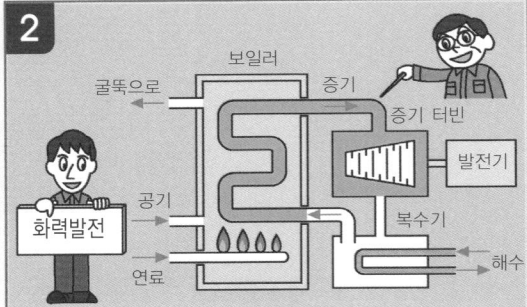

**2**

S : 화력발전소를 예를 들어 설명해주실 수 있어요?
O : 화력발전은 화석연료의 연소 가스로 고온·고압의 증기를 보일러에서 발생시켜 증기 터빈의 임펠러를 회전시켜 직접 연결된 발전기에서 발전하는 거야.

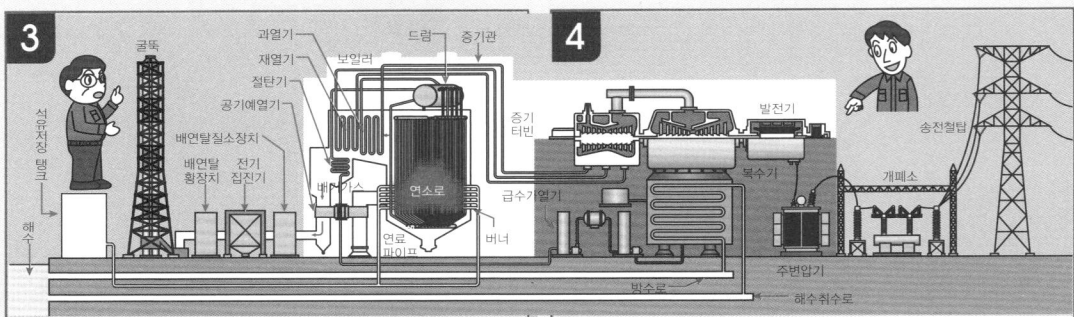

**3**

S : 화력발전소는 어떤 구성으로 되어 있어요?
O : 연료 취급 설비가 있고, 보일러 설비, 증기 터빈 설비, 복수설비, 발전기설비, 변압기, 개폐소, 그리고 굴뚝, 배연탈황장치, 전기집진기 등으로 구성되어 있어.

**4**

S : 연료 취급 설비는, 석유는 석유 저장 탱크, 천연가스는 천연 가스 탱크, 석탄은 석탄 저장소군요.
O : 보일러 설비는 취급 설비에서 보내진 연료를 연소시켜서 얻은 열로 물을 고온·고압의 증기로 만드는 거야.

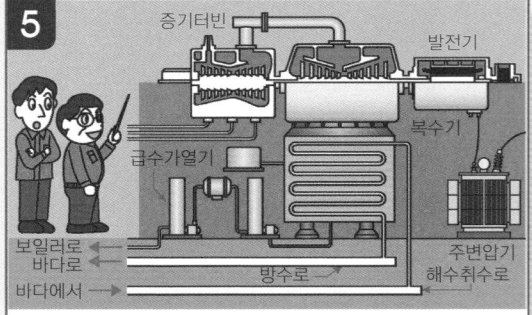

**5**

S : 증기 터빈은 보일러에서 보낸 증기를 회전날개나 노즐에서 분출시켜 로터를 회전시키는군요.
O : 복수설비는 증기 터빈을 돌린 후의 증기를 냉각하여 물로 되돌리고, 보일러로 보내어 증기로 바꾸는 거야.

**6**

S : 발전기 설비는 증기 터빈에 직접 연결되어 있고, 그 회전하는 힘으로 발전하여 변압기로 보내는군요.
O : 변압기는 발전전압을 송전전압으로 승압하여 개폐소를 통해 송전선으로 보내는 거야.

# ④ 원자력발전 : 핵분열의 열로 발전

**1**

S : 원자력 발전에 대해 알려 주세요.
O : 우라늄 핵분열에 의한 열로 만든 고온·고압의 증기를 터빈으로 보내서 발전기를 발전시키는 것으로, 화력발전소의 보일러의 역할을 원자로로 바꾼거야.

**2**

S : 원자력발전소는 어떻게 구성되어 있어요?
O : 증기를 만드는 원자로, 증기의 힘으로 회전되는 증기터빈, 그 힘으로 발전하는 발전기, 변압기, 개폐소, 그리고 다 쓴 증기를 물로 되돌리는 복수기 등으로 구성되어 있어.

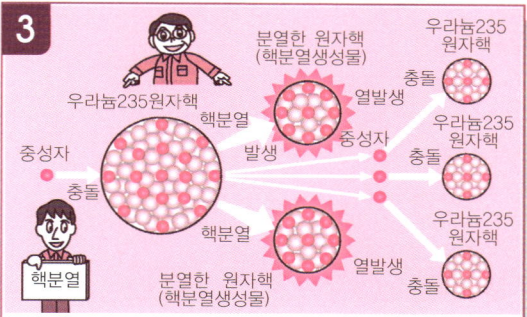

**3**

S : 우라늄이 핵분열 되면 왜 열이 발생하나요?
O : 우라늄의 원자핵이 2개 이상의 원자핵으로 분열하는 핵분열에 의해 원자핵 내의 양자(陽子)와 중성자와의 결합 에너지가 열 에너지로 변환되어 방출되는 거야.

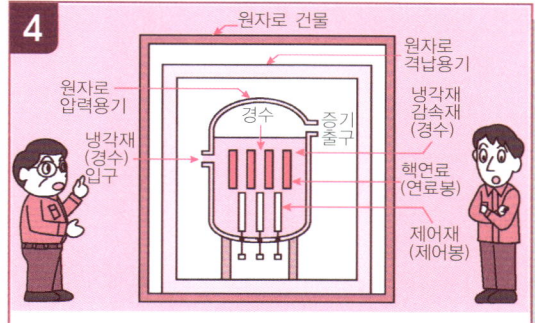

**4**

S : 그럼 원자로 구성은 어떻게 되어 있어요?
O : 핵분열 반응을 일으키는 연료봉, 중성자 속도를 늦추는 감속재, 중성자 유출을 줄이는 반사재, 열을 식히는 냉각재, 핵분열 반응을 제어하는 제어봉으로 되어 있어.

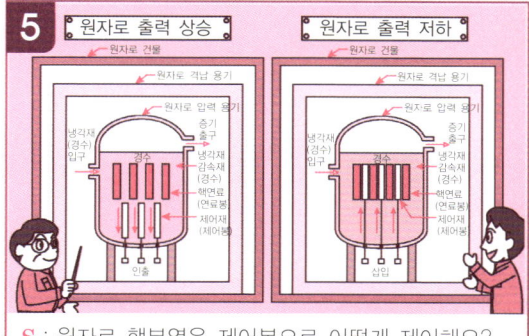

**5**

S : 원자로 핵분열은 제어봉으로 어떻게 제어해요?
O : 제어봉은 중성자를 흡수하는 성질이 있어서, 제어봉을 연료봉에서 빼면 흡수되는 중성자가 감소하여 출력이 상승하고, 넣으면 흡수가 늘어나 출력이 저하되는 거야.

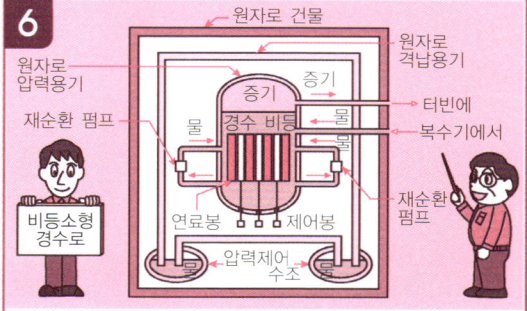

**6**

S : 비등형 경수로를 예로 들어 설명해 주세요.
O : 경수로는 냉각재, 감속재에 경수(보통 물)를 사용하여 핵분열로 물을 노심에서 비등시킨 증기를 터빈으로 보내 발전기로 발전하는 거야.

# ⑤ 풍력발전 : 바람의 힘으로 발전

**1**

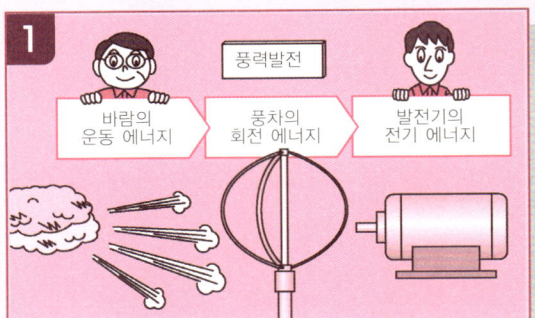

S : 풍력발전은 어떤 구조인가요?
O : 풍력발전은 바람이 가지는 운동 에너지를 풍차를 이용하여 회전 에너지로 바꾸고, 이 회전 에너지를 이용하여 발전기를 구동시켜 전기 에너지로 변환하여 발전하는 거야.

**2**

S : 풍차에는 어떤 종류가 있어요?
O : 풍차의 회전축이 바람 부는 방향에 평행인 수평축형 풍차와 회전축이 바람의 방향에 수직인 수직축형 풍차가 있어.

**3**

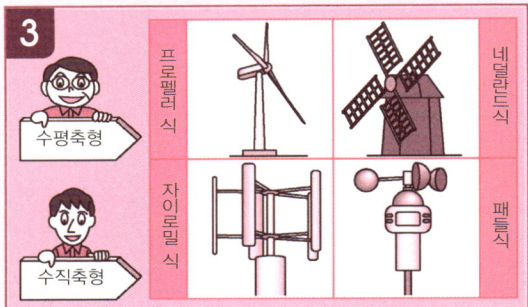

O : 수평축형 풍차에는 프로펠러식, 네덜란드식 등이 있으며, 수직축형 풍차에는 다리우스식, 자이로밀식, 패들식 등이 있어.
S : 프로펠러식 풍차가 가장 많이 사용되는 것 같군요.

**4**

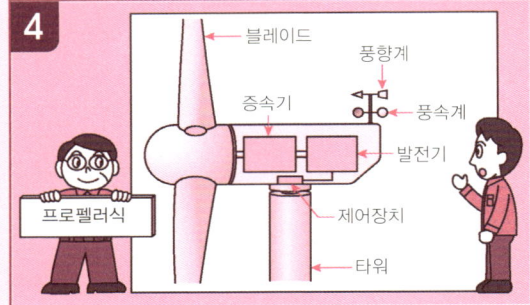

S : 프로펠러식 풍력 발전기는 어떤 구성으로 되어 있어요?
O : 바람을 받아 회전하는 블레이드, 증속기로 회전 속도를 올려 발전기에 전달하여 발전하며, 이런 구성을 제어하는 장치 등으로 이루어져 있어.

**5**

- 풍속 $V$의 바람이 수직인 단면적 $A$를 통과하는 공기의 부피 : $AV$
- 공기밀도 $m$, 풍속 $V$인 바람의 단위 부피당 공기의 운동에너지 : $\frac{1}{2}mV^2$
- 단면적 $A$를 단위 시간에 통과하는 바람이 가지는 운동에너지 $P$

$$P = \frac{1}{2}mV^2 \times AV = \frac{1}{2}mAV^3$$

S : 풍차의 운동 에너지는 어떻게 변화돼요?
O : 풍차의 운동 에너지는 풍차의 바람을 받는 면적에 비례하고, 풍속의 3제곱에 비례하는 거야.
S : 풍속이 2배가 되면 운동 에너지는 8배이군요.

**6**

S : 태풍 등의 과대한 풍속일 때는 어떻게 해요?
O : 안전제어 시스템에 의해 풍차 속도를 제어하거나, 일시적으로 발전을 정지시켜 풍차 블레이드의 파괴나 발전기의 손상이 없도록 하지.

## ⑥ 태양광발전 : 태양의 빛 에너지로 발전

**1**

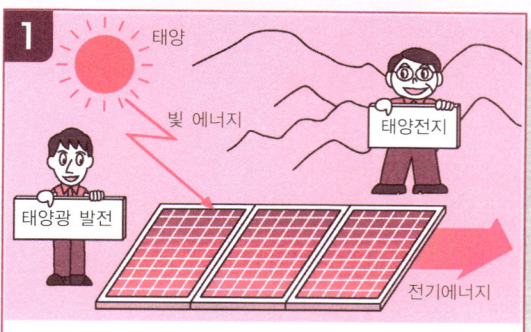

S : 태양광 발전은 어떤 발전 방식이에요?
O : 태양광 발전은 반도체를 재료로 한 태양전지를 이용하여 태양의 빛 에너지를 직접 전기 에너지로 변환하는 발전 방식이야.

**2**

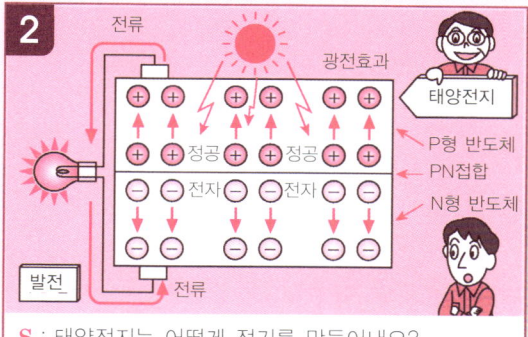

S : 태양전지는 어떻게 전기를 만들어내요?
O : 태양광이 닿으면 광전효과에 의해 전자와 정공(正孔)이 발생하고 정공은 p형 반도체로, 전자는 n형 반도체로 이동하여 외부로 빠져나가 기전력이 되는 거야.

**3**

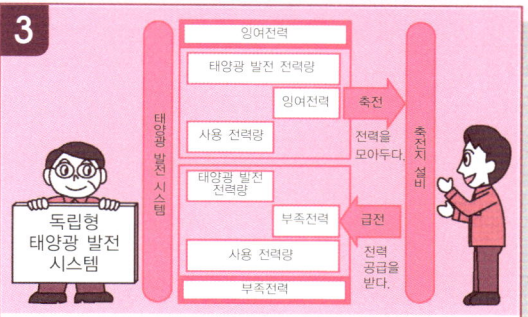

S : 태양광 발전에는 어떤 시스템이 있어요?
O : 독립형과 계통연계형이 있으며, 독립형은 전기사업자의 배전계통과 분리하여 태양광 발전 시스템만으로 전력을 공급하고 야간에 대비하여 축전지 설비가 필요하지.

**4**

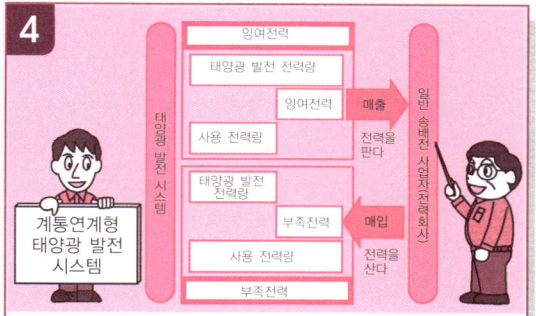

S : 계통연계형 태양광 발전 시스템이라 하면 무엇을 의미하는 거예요?
O : 계통연계형 시스템은 전기사업자 배전선망과 태양광 발전에 의한 잉여전력을 전기사업자에게 팔고 부족전력은 그만큼 사는 거야.

**5**

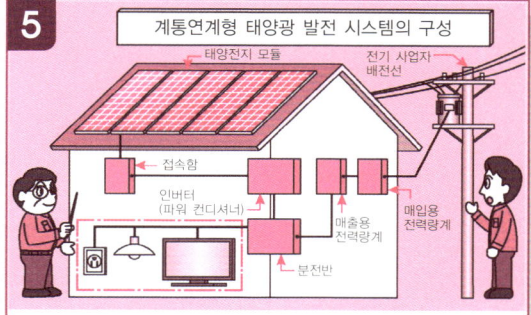

S : 태양광 발전 시스템은 어떻게 구성 되어 있어요?
O : 태양전지로 이루어진 태양전지 모듈과 그 배선의 접속함, 직류전력을 교류로 변환하는 인버터, 분전반, 매출전기·매입전기의 전력량계로 구성되어 있어.

**6**

S : 태양광 발전 모듈은 어떻게 설치해요?
O : 지상 직접 설치와 건물 설치가 있으며, 건물 설치에는 지붕 거치형, 지붕 자재의 일부를 대체하는 지붕 건자재형, 외벽설치형, 태양 전지를 벽재로 하는 외벽자재형이 있어.

# 7 재생가능 에너지에 의한 신발전 방식

**1**

S : 재생 가능 에너지에 의한 새로운 발전방식의 예를 가르쳐 주실 수 있으세요?
O : 바이오매스 발전, 태양열발전, 지열발전, 해양발전, 연료전지 등이 있어.

**2**
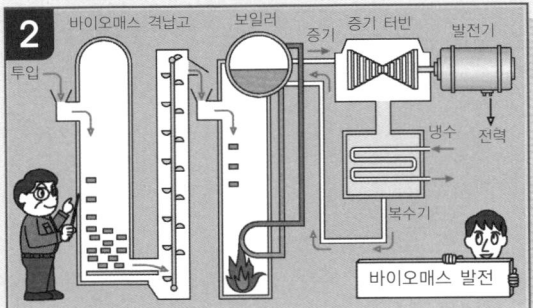

S : 그럼, 바이오매스 발전부터 가르쳐 주세요.
O : 임지 간벌재, 볏짚 등 생물유래 자원을 소각하여 그 열로 증기를 발생시켜서 터빈을 돌리고 발전기로 발전하므로 원리는 화력발전과 같아.

**3**
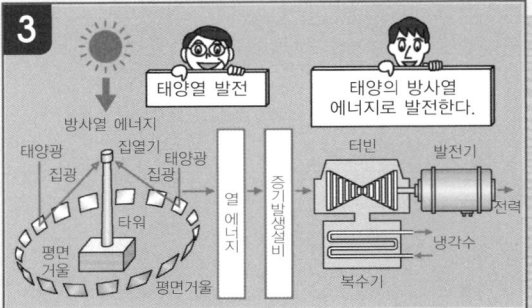

S : 태양열 발전은 어떻게 발전해요?
O : 태양광선의 방사열 에너지를 거울과 반사판으로 모아 그 열로 물을 증발시켜서 터빈을 돌리고, 발전기로 발전시키므로 원리는 화력발전과 같아.

**4**
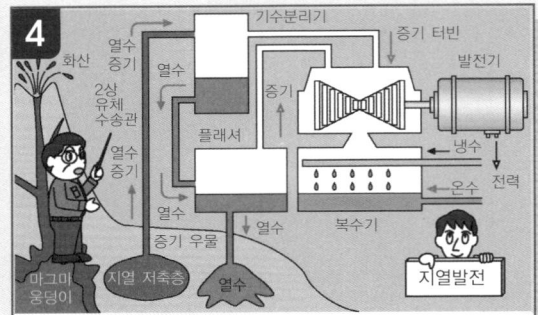

S : 지열발전은 어떻게 발전하는 거예요?
O : 화산 활동에서의 고온 마그마 웅덩이에 의한 열로 지하수가 뜨거워져 천연 열수, 수증기가 발생하고, 이것으로 직접 터빈을 돌려 발전기에서 발전하는 거야.

**5**
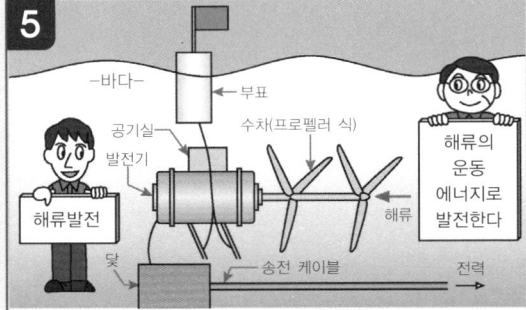

S : 해양발전은 어떻게 발전해요?
O : 여러 가지 방법이 있지만, 예를 들면 지구의 자전과 편서풍 등에서 생기는 해류에 의한 해수의 흐름 운동 에너지로 수차(水車)를 돌려 발전기에서 발전하는 해류발전이 그 보기이지.

**6**
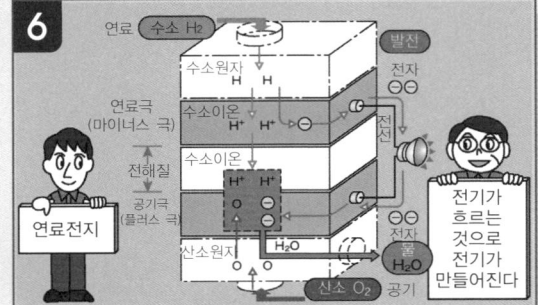

S : 연료전지는 어떻게 발전해요?
O : 연료극에서 수소를 보내면 촉매 작용으로 전자를 분리하고 그 전자가 다른 전선을 통해 공기극으로 이동함으로써 전기가 만들어지는 거야.

# ⑧ 발전전력을 배전용 변전소로 송전

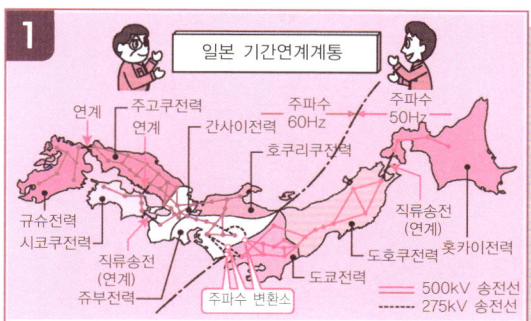

**1**

일본 기간연계계통

연계 / 주고쿠전력 / 연계 / 간사이전력 / 주파수 60Hz / 주파수 50Hz / 규슈전력 / 시코쿠전력 / 직류송전 (연계) / 쥬부전력 / 주파수 변환소 / 도쿄전력 / 도호쿠전력 / 홋카이도전력 / 직류송전(연계) / 500kV 송전선 / 275kV 송전선

S : 발전소에서 변전소까지 전력을 보내는 것을 송전이라 하며, 수요처에 도착하는 것이 배전이군요.
O : 송전계통은 홋카이도에서 규슈까지 연결되는 전국 기간연계계통을 가지고 전력 상호 공급을 도모하고 있어.

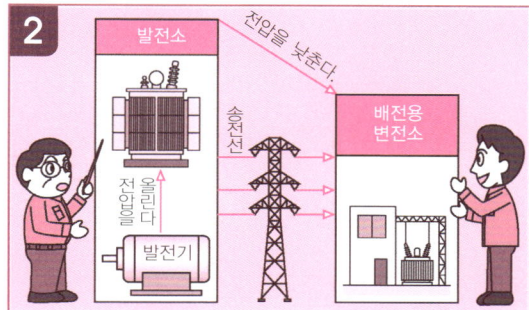

**2**

발전소 / 전압을 낮춘다. / 배전용 변전소 / 송전선 / 전압을 올린다. / 발전기

S : 전력손실을 적게 하기 위해 매우 높은 전압으로 송전하고, 수요지 부근에서 전압을 낮추는군요.
O : 송전전압을 높게 하면 같은 전력이라도 전류가 작아져 전류의 2제곱에 비례하여 전력손실이 적어지는 거야.

**3**

가공송전선

S : 송전선에는 가공송전선과 지중송전선이 있군요.
O : 가공(架空)송전선은 철탑을 이용하여 공중에서 전선을 통하여 전력을 보내는 것으로, 한 쪽이 고장나도 다른 쪽에서 전력을 공급하는 2회선 송전선이 많이 사용되고 있어.

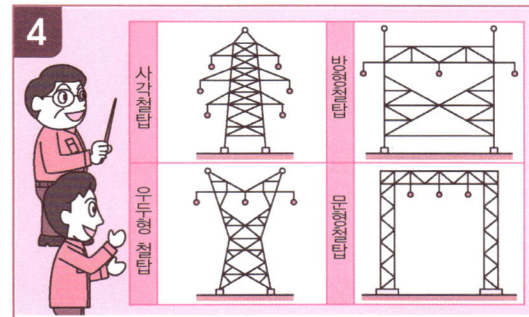

**4**

사각철탑 / 방형철탑 / 우두형 철탑 / 문형철탑

S : 가공송전선을 지지하는 것이 철탑이군요.
O : 철탑에는 형상에 따라 주 기둥의 토대가 사각인 사각철탑, 토대가 장방형인 방형철탑, 윗부분이 넓어지는 우두형 철탑, 문의 모양을 한 문형철탑 등이 있어.

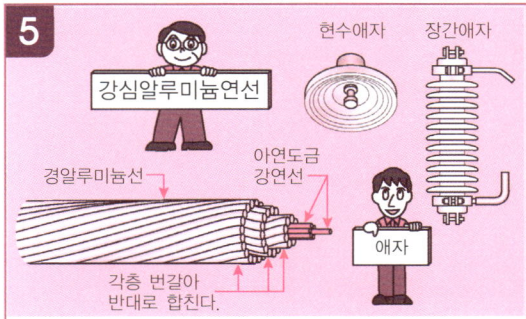

**5**

현수애자 / 장간애자 / 강심알루미늄연선 / 경알루미늄선 / 아연도금 강연선 / 애자 / 각층 번갈아 반대로 합친다.

S : 가공송전선의 전선은 철탑의 하중경감을 위해 강심알루미늄 연선으로, 열의 발산을 좋게 하는 나전선이군요.
O : 송전선과 철탑을 전기절연하는 것이 애자이고, 현수애자, 장간애자 등이 사용되고 있어.

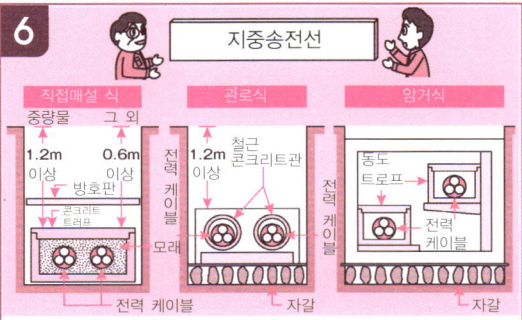

**6**

지중송전선

직접매설식 / 중량물 / 그 외 / 1.2m 이상 / 0.6m 이상 / 방호판 / 콘크리트 트로프 / 전력 케이블

관로식 / 전력 케이블 / 철근 콘크리트관 / 1.2m 이상 / 모래 / 자갈

암거식 / 동도 트로프 / 전력 케이블 / 전력 케이블 / 자갈

S : 지중송전선은 지하에 매설한 송전선이군요.
O : 전력 케이블을 콘크리트 트로프 등에 수용하는 직접매설식, 철근 콘크리트관에 매설하는 관로식, 지하 암거 속에 포설하는 암거식이 있어.

# ⑨ 송배전 계통에서 전압을 변환하는 변전소

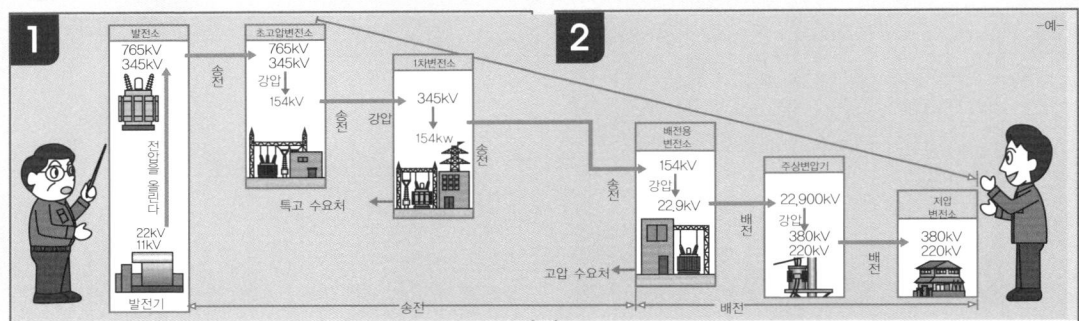

**1**
발전소
765kV
345kV

초고압변전소
765kV
345kV
강압↓
154kV

1차변전소
345kV
강압↓
154kw

전압을 올린다

특고 수요처

22kV
11kV

발전기

송전

**2**
─예─

배전용
변전소
154kV
강압↓
22.9kV

주상변압기
22,900kV
강압↓
380kV
220kV

저압
변전소
380kV
220kV

고압 수요처

송전 · 배전

S : 발전소에서 발전되는 전력은 발전소내 변전소에서 345kV, 765kV로 전압을 높여서 송전선으로 보내는군요.
O : 발전소에서의 높은 전압의 전력은 초고압 변전소로 송전되어 345kV로 강압되는 거야.

S : 초고압 변전소에서의 345kV의 전력은 1차 변전소로 송전되어 154kV로 강압되는 군요.
O : 1차 변전소에서 중간 변전소로 송전되어 154kV, 배전용 변전소로 보내저 22.9kV로 강압되는 거야.

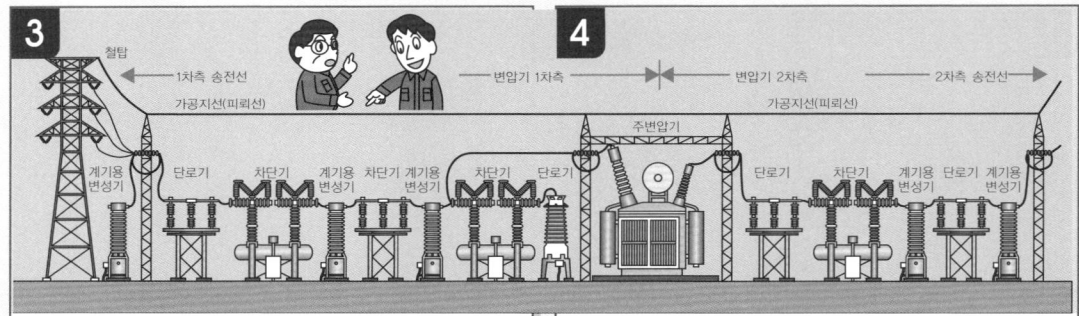

**3**
철탑
←1차측 송전선→
가공지선(피뢰선)

계기용변성기　단로기　차단기　계기용변성기　차단기 계기용　차단기　단로기

S : 변전소의 주요 설비는 단로기, 차단기, 계기용 변성기, 피뢰기, 변압기, 조상설비, 보호계전기이군요.
O : 단로기는 보수 점검 시에 회로 절체로 차단기는 단락 사고 시에 자동 차단되고 평상시는 회로 개폐 조작으로 사용해.

**4**
변압기 1차측 ←→ 변압기 2차측
2차측 송전선→
가공지선(피뢰선)
주변압기

단로기　차단기　계기용변성기 단로기 계기용

S : 계기용변압기, 변류기의 계기용 변성기는 전압, 전류의 변성으로, 피뢰기는 뇌전압의 제한에 사용하는군요.
O : 조상설비는 무효 전력 제어에 사용하며, 보호계전기에는 과전류, 과전압 계전기 등이 있어.

**5**
철심
1차측
$I_1$(A)
철심
$V_1$(V)　$N_1$ 감음　$N_2$ 감음　$V_2$(V)
2차측
$I_2$(A)
〈외철형 변압기〉
철심
〈내철형 변압기〉
철심

이상적인 변압기

변압비 = 권수비

$$\frac{1차\ 변압}{2차\ 변압} = \frac{1차\ 코일\ 권수}{2차\ 코일\ 권수}$$

$$\left\{ \frac{V_1}{V_2} = \frac{N_1}{N_2} \right.$$

S : 변압기는 철심과 코일로 구성되어 있고, 1차 코일에 교류전압을 가하면 권수비에 비례한 전압이 2차 코일에 생겨 전압의 승압 및 강압이 가능하군요.
O : 변압기에는 내철형과 외철형이 있어.

**6**
옥외식 변전소
차단기　주변압기

옥내식 변전소
차단기　주변압기

반옥내식 변전소
차단기　주변압기

지하식 변전소
차단기　주변압기

S : 변전소의 형식으로 주요 설비를 옥외에 설치하는 것이 옥외식이며, 개폐기만 옥내에 설치한 것이 반옥외식이군요.
O : 주요 설비의 옥내설치가 옥내식, 변압기만 옥내설치가 반옥내식, 전부 지하설비가 지하식이야.

## ⑩ 배전 : 수요처로 전력을 배분

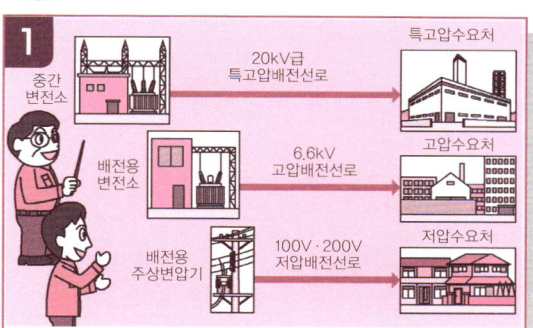

**1**

O : 배전선로에는 중간변전소에서의 22.9kV 급의 특고압배전선로, 배전용변전소에서 고압수요처·배전용 주상변압기로의 고압배전선로, 배전용 주상변압기에서 주택·상점으로의 저압배전선로가 있어.

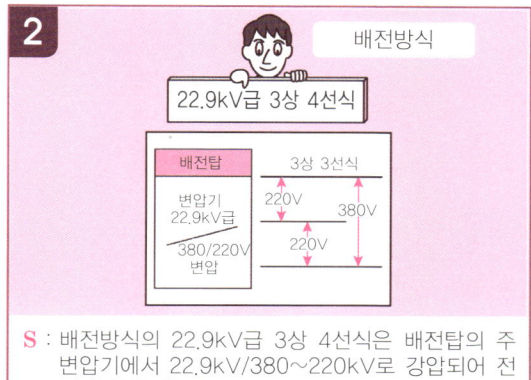

**2**

S : 배전방식의 22.9kV급 3상 4선식은 배전탑의 주변압기에서 22.9kV/380~220kV로 강압되어 전기가 공급되는군요.

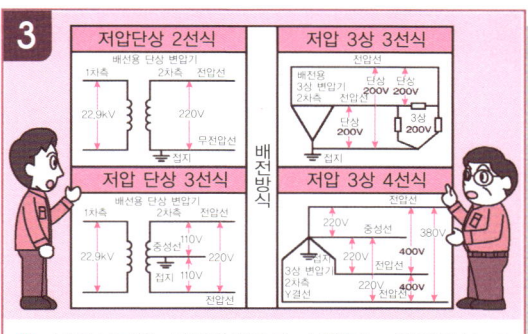

**3**

S : 배전선로의 배전방식으로 사용되는 저압단상 교류방식에는, 단상 2선식과 단상 3선식이 있군요.
O : 배전방식으로서의 3상 교류방식으로는, 저압 3상 3선식, 저압 3상4선식 등이 있어.

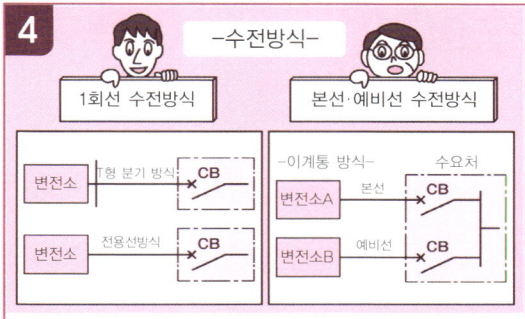

**4**

S : 배전선로의 수전방식의 1회선 수전방식에는 T형 분기 방식과 전용선 방식이 있군요.
O : 수요처가 배전용 변전소에서 본선과 예비선의 두 회선에서 수전하는 것이 본선·예비선 수전방식이야.

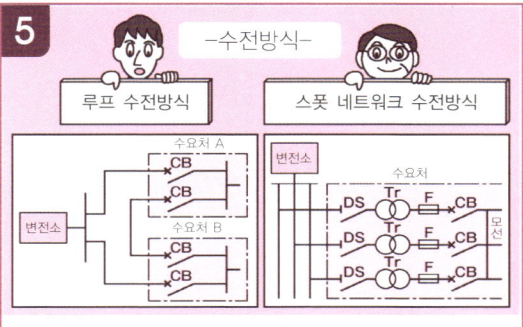

**5**

S : 수전방식으로는 수요처와 배전선로를 루프상으로 구성하여 평상시 2회선으로 수전하는 방식도 있군요.
O : 변전소의 복수 회선에서 T형 분기로 인입하는 것이 스폿 네트워크 수전방식이야.

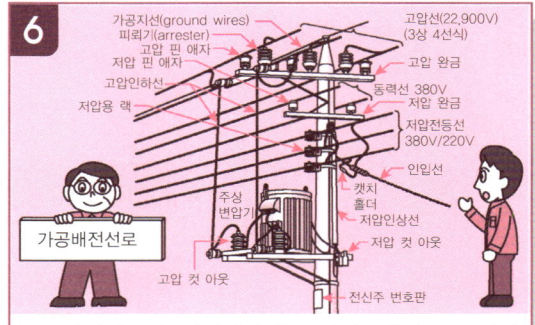

**6**

S : 배전선로의 시설방식에는 변전소에서 수요처의 인입까지 지지물을 사용하여 공중에서 전선을 통하여 전력을 공급하는 가공배전선로가 있군요.
O : 도심부에서는 지중배전선로도 시설돼.

# ⑪ 전신주에서 가정으로 전기를 끌어들이는 인입선

**1**

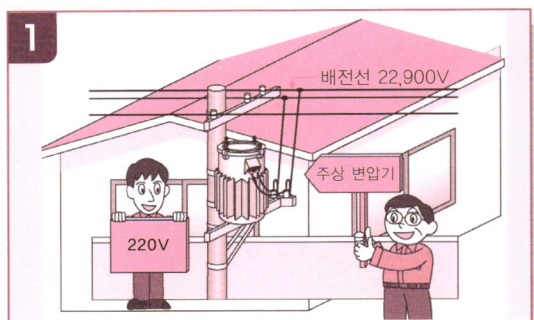

S : 가정 등으로 전기는 어떻게 보내지는 거예요?
O : 배전선의 전주까지는 고압 3상 22,900V가 보내지고, 주상 변압기에서 저압 단상의 220V로 낮추어 가정으로 보내지는 거야.

**2**

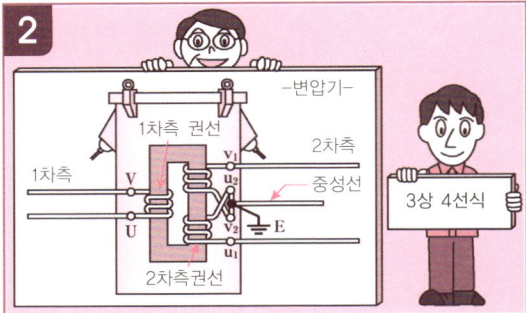

S : 주상 변압기의 2차측에서 3줄의 전선이 나와 있어요.

**3**

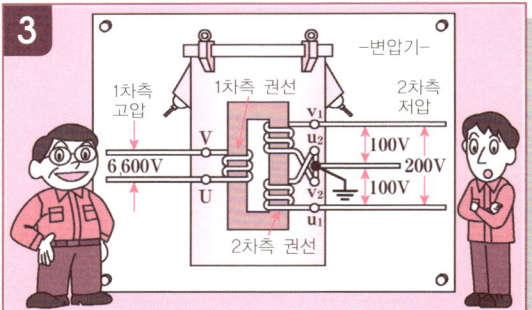

O : 일본은 중성선과 외측선과의 사이의 전압은 100V, 외측 2선 사이의 전압은 200V이므로, 단상 3선식은 100V와 200V 2가지의 전압이 사용가능해.
S : 일본의 가정에서 에어컨 등은 200V로 사용하니까요.

**4**

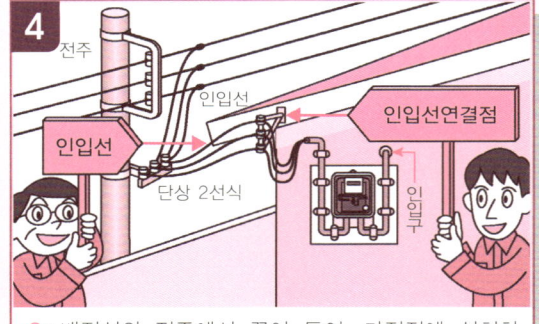

O : 배전선의 전주에서 끌어 들여, 가정집에 설치하는 자리까지의 배선을 인입선이라고 해.
S : 인입선을 가정집에 설치한 자리를 인입선연결점이라 하며, 여기까지의 배선은 일반 송배전업자가 시공하는군요.

**5**

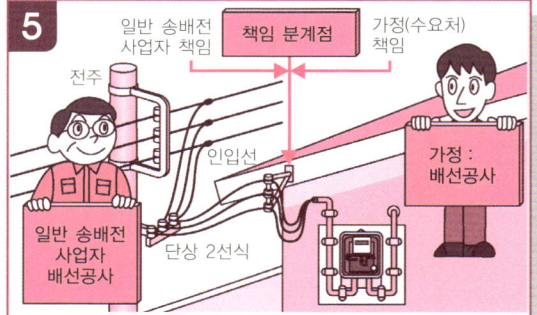

S : 인입선연결점에서 이후의 배선은 각 가정이 전기 사업자에 의뢰하여 배선 공사를 하는군요.
O : 책임 분계점이라고 해서 인입선 연결점까지는 일반 송배전 사업자의 책임이고, 이후에는 각 가정의 책임이야.

**6**

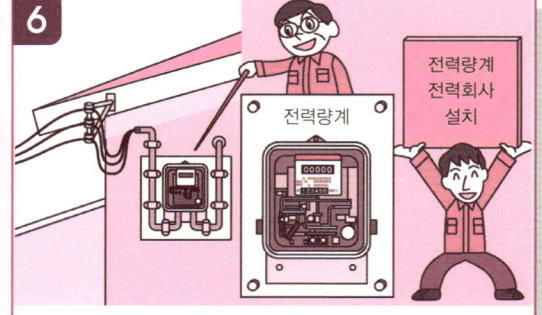

O : 인입선연결점 이후의 옥외에 있는 가정에서 사용하는 전기의 양을 재는 전력량계는 일반 송배전 사업자가 설치하도록 되어있어.
S : 일반 송배전 사업자는 그것을 계측하는군요.

## ⑫ 전력량계 : 사용전력량을 계측한다

**1**

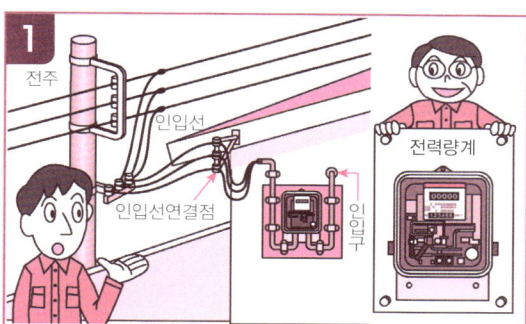

S : 사용전력량을 어떻게 계측해요?
O : 인입선연결점 가까이에 설치된 전력량계를 사용
   하여 안에 있는 원판 회전수로 전력량을 계측해.
S : 최근에는 스마트 미터기도 사용되고 있죠.

**2**

S : 전력량계 안에 있는 원판은 왜 회전하는 거예요?
O : 알루미늄 등의 금속제 원판 주변을 따라서 자석
   을 회전시키면 원판도 같은 방향으로 회전하는
   성질이 있어. 이것을 아라고 원판이라고 하지.

**3**

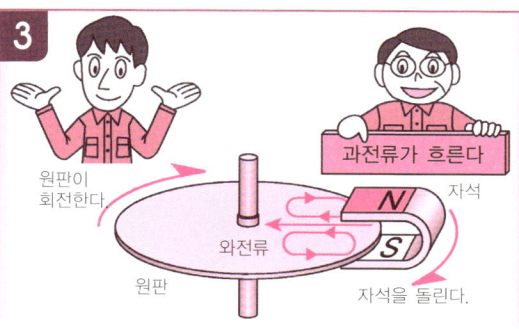

S : 왜 원판은 자석과 같은 방향으로 회전해요?
O : 자석이 이동함으로써 원판을 가로자르는 자기장
   이 변화하기 때문에 전자유도작용으로 인한 와전
   류가 발생하는 거야.

**4**

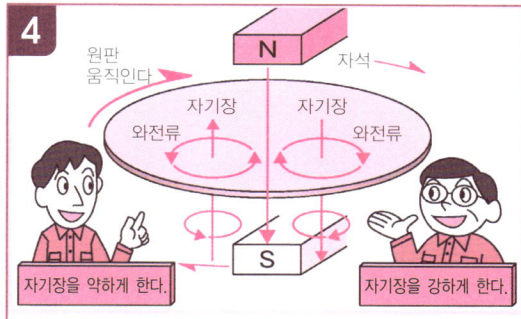

S : 와전류의 방향이 오른쪽과 왼쪽이 반대군요.
O : 렌츠 법칙으로 왼쪽의 와전류 자기장은 자석과
   반대의 위쪽으로 자기장을 약하게 하고, 오른쪽
   은 자석과 같은 아래쪽으로 자기장을 강하게 하
   기 때문에 원판은 오른쪽으로 도는거야.

**5**

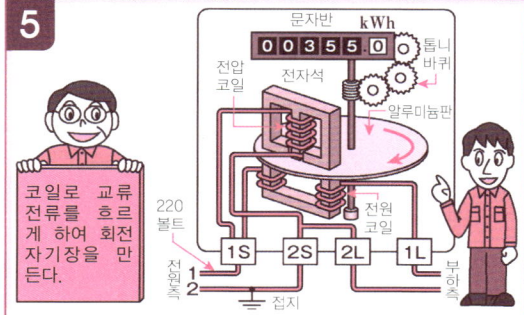

O : 전력량계에서는 자석 대신 원판의 가장자리를 끼
   운 코일에 교류전류를 흘려 회전자기장으로 하고
   와전류를 발생시켜 원판을 회전시키는 거야.
S : 원판의 몇 번의 회전으로 1kWh 전력량이 정해지
   는군요.

**6**

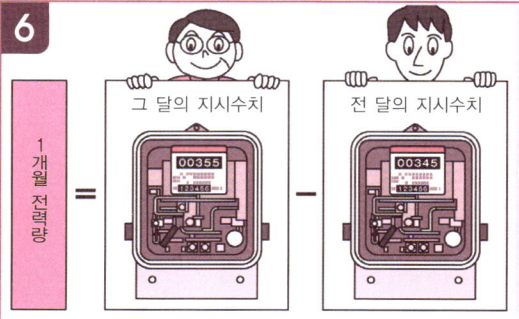

S : 원판의 회전은 톱니바퀴로 속도를 떨어뜨려 몇
   단인가로 해서 전력량을 계량판에 숫자로 표시하
   는군요.
O : 가정에서의 1개월분 사용전력량은 그 달의 전력
   량계의 수치로부터 전달의 수치를 빼는 거야.

# ⑬ 옥내 배선에서 분전반의 역할

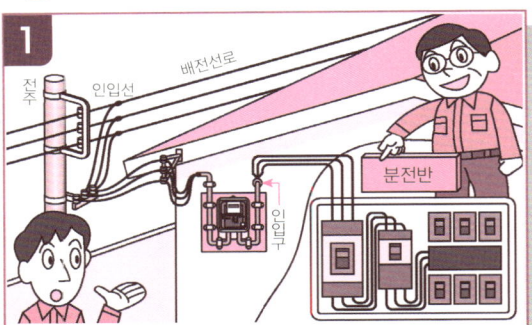

S : 배전선로의 주상변압기에서 배전된 전기는 인입선 연결점, 전력량계를 통한 후 어떻게 돼요?
O : 전기는 옥내로 끌어들여 분전반을 통하여 각 방으로 나누어 가는 거야.

S : 그렇다면 분전반은 어떠한 역할이 있어요?
O : 분전반에는 통상 전류 차단기, 누전 차단기, 배선용 차단기 3개의 차단기가 있고 각각 다른 역할이 있어.

계약한 전류 이상으로 흐르면 자동으로 차단한다.

S : 분전반에서 가장 먼저 설치되어 있는 전류 차단기는 어떤 역할을 해요?
O : 전기 사업자와 계약한 이상의 전류가 흐르면 자동적으로 전기를 차단하고 공급을 멈추는 장치야.

누전을 검출하여 자동 차단한다.

S : 전류 차단기에서 누전 차단기로 배선되었는데 누전 차단기의 역할은 뭐예요?
O : 누전 차단기는 옥내 배선과 전기제품이 누전되었을 때 그것을 감지하여 자동적으로 전기를 차단하는 거야.

규정 이상의 전류가 흐르면 자동 차단한다.

S : 누전 차단기에서는 많은 배선용 차단기가 설치되어 있는데 어떤 역할을 해요?
O : 배선용 차단기는 각 분기 회로 마다 설치되어 규정 이상의 전류가 흐르면 자동적으로 차단하는 거야.

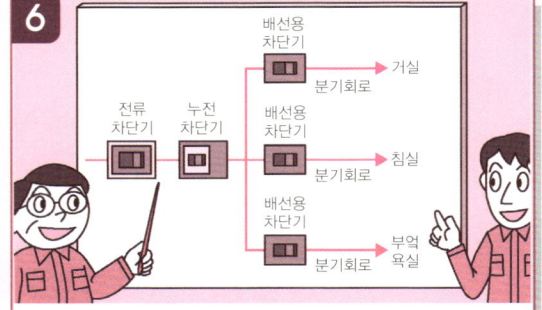

S : 그런데 분기회로는 무슨 회로예요?
O : 분전반에서 각 방으로 전등과 콘센트의 용도별 전용배선을 하고 있는데 이것을 분기 회로라고 하는 거야.
S : 회로마다 전기 과다 사용을 막고 있네요.

**1**

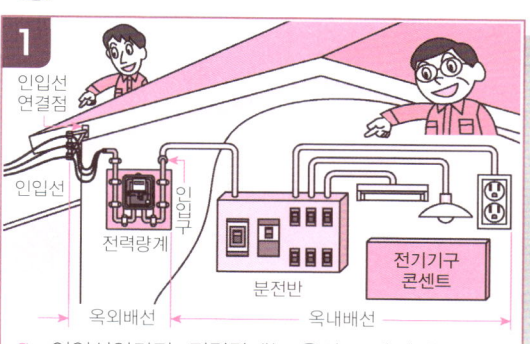

S : 인입선연결점·전력량계는 옥외로 배선되는군요.
O : 거기에서 앞의 건물로 배선 입구인 인입구에서 분전반을 통해 비치된 전기기구와 콘센트에 다다른 배선을 옥내배선이라고 하는 거야.

**2**

S : 일본 가정에서 전기기구의 전압은 100V뿐만이 아니고 에어컨과 전자 조리기 등은 200V 인데요. 옥내 배선 방식은 어떻게 되어 있어요?
O : 100V와 200V가 사용되는 단상 3선식이 주류를 이루고 있어.

**3**

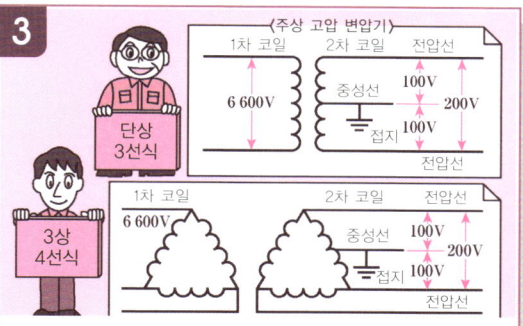

S : 단상 3선식이란 어떠한 방식이에요?
O : 원리적으로는 고압 단상 변압기 2차 코일의 정중앙의 선을 중성선으로서 접지 하는 거야.
S : 고압 3상 변압기 2차 코일 1상에서도 좋군요.

**4**

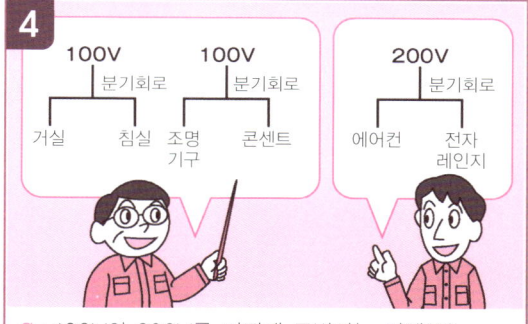

S : 100V와 200V를 어떻게 구별하는 거예요?
O : 100V는 방마다의 분기회로로 하든가 조명기구와 콘센트로 분리하든가, 200V는 에어컨, 전자 레인지 등 각각 전용 회로로 하는 거야.

**5**

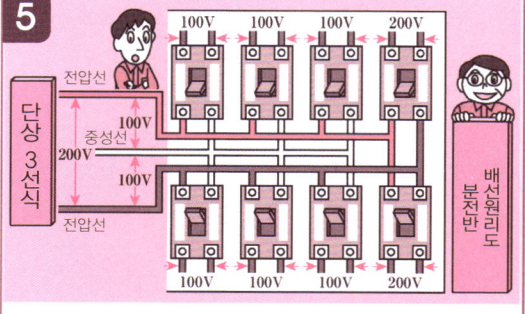

S : 분기회로는 옥내 분전반에서는 어떻게 배선해요?
O : 단상 3선식에서는 전압선은 선간 전압 200V이니까 양측선을 또는 전압선과 중성선은 100V이니까 각각을 배선용 차단기의 입력 단자로 연결하는 거야.

**6**

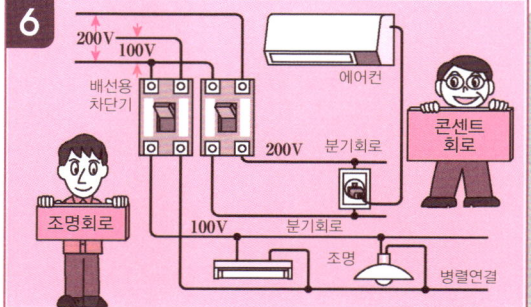

S : 전기기구 종류는 분기회로에 어떻게 배선해요?
O : 전기기구, 콘센트는 분기회로 선간에 각각 한 개씩 병렬로 연결하여, 100V, 200V의 전압이 각각 걸리게 하는 거야.

# ⑮ 부하전류의 개폐와 과전류를 막는 배선용 차단기

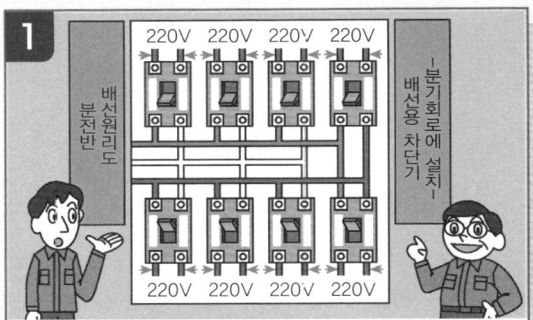

**1**

220V 220V 220V 220V

배선원리도 / 배전용 분전반

분기회로에 설치 - 배선용 차단기

220V 220V 220V 220V

S : 옥내 배선의 분전반에 설치되어 있는 배선용 차단기에 대하여 그 구조와 기능을 알려 주세요.
O : 배선용 차단기는 분기회로마다 설치되어 있으니까 No Fuse Breaker라고도 해.

**2**

폐 / 개

(배선용 차단기) / (배선용 차단기)

O : 배선용 차단기는 보통 부하전류 개폐와 함께 전류가 너무 많이 흘러. 즉, 과전류가 되면 자동적으로 회로를 차단하는 거야.
S : 과전류 차단기로서의 기능이 있군요.

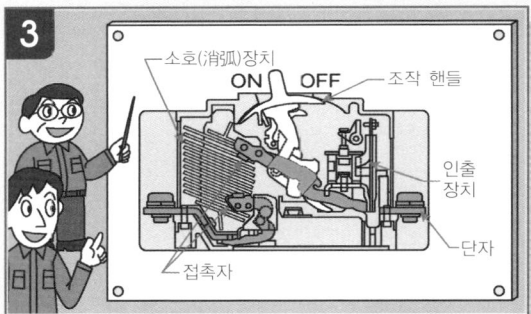

**3**

소호(消弧)장치 / ON OFF / 조작 핸들 / 인출장치 / 단자 / 접촉자

S : 배선용 차단기 구조는 어떻게 되어 있나요?
O : 배선용 차단기는 개폐기구(조작 핸들·접촉자), 인출장치, 소호(消弧)장치 등을 절연물 용기에 일체로 통합한 구조로 되어 있어.

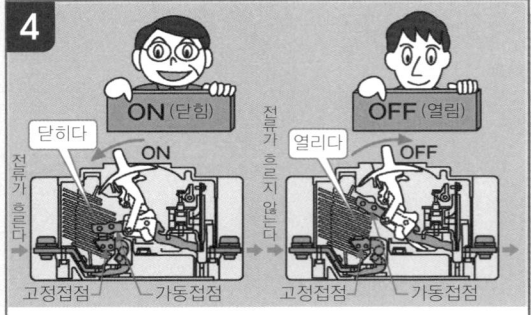

**4**

ON (닫힘) / OFF (열림) / 닫히다 / 전류가 흐른다 / ON / 열리다 / 전류가 흐르지 않는다 / OFF / 고정접점 / 가동접점 / 고정접점 / 가동접점

S : 어떻게 부하전류를 개폐하는 거예요?
O : 배선용 차단기 조작 핸들을 "ON" "OFF" 하면 링크 기구, 래치 기구에 의해 접촉자의 개폐기구로 연동하여 접촉자가 개폐하는 거야.

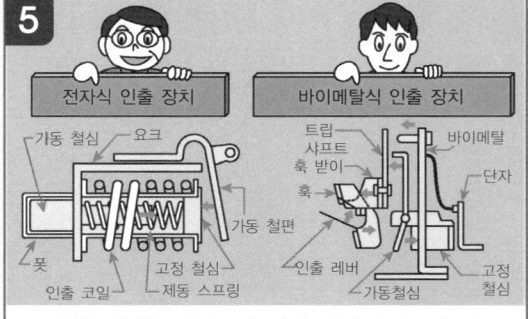

**5**

전자식 인출 장치 / 바이메탈식 인출 장치
가동 철심 / 요크 / 트립 샤프트 / 바이메탈 / 훅 받이 / 훅 / 단자 / 가동 철편 / 못 / 고정 철심 / 인출 레버 / 인출 코일 / 제동 스프링 / 가동철심 / 고정 철심

S : 인출 장치는 과전류가 되면 어떻게 작동해요?
O : 과전류가 코일에 흐르면, 가동철심이 흡인되어 개폐기구가 작용하여 회로를 차단하는 방식과, 과전류로 인한 바이메탈의 완곡(굽힘)으로 검출하는 방식이 있어.

**6**

| 정격전류 구분 | 차단시간 | |
|---|---|---|
| | 정격전류의 1.25배 | 정격전류의 2배 |
| 30A 이하 | 60분 이내 | 2분 이내 |
| 30A 초과 50A 이하 | 60분 이내 | 2분 이내 |
| 50A초과 100A 이하 | 120분 이내 | 6분 이내 |

O : 배선용 차단기는 정격전류 구분에 따라 정격전류의 1.25배와 2배의 전류가 흘렀을 때 자동적으로 회로를 차단하는 시간이 정해져 있는 거야.
S : 위 게시판의 표가 「일본 내선 규정(規程)」에 규정되어 있는 특성이군요.

# ⑯ 누전으로 인한 감전·화재를 막는 누전 차단기

**1**

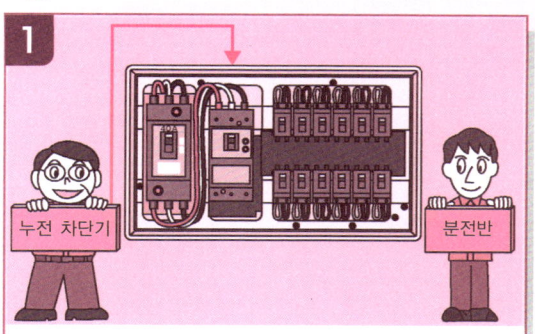

누전 차단기 / 분전반

**S**: 옥내 배선의 분전반에 설치되어 있는 누전 차단기는 어떤 기능이 있어요?
**O**: 누전 브레이커라고도 하며, 누전은 감전과 화재의 원인이 되므로 자동적으로 전로(電路)를 차단하는 거야.

**2**

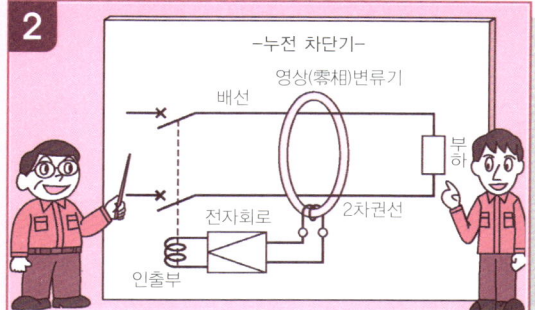

-누전 차단기-
영상(零相)변류기
배선 / 부하 / 2차권선 / 전자회로 / 인출부

**O**: 누전차단기의 구성은 어떻게 되어 있어요?
**S**: 누전차단기는 누전을 검출하는 영상 변류기와 그 신호를 증폭하는 전자회로, 전자회로에서의 신호를 받아서 전로를 차단하는 인출부 등으로 되어 있어.

**3**

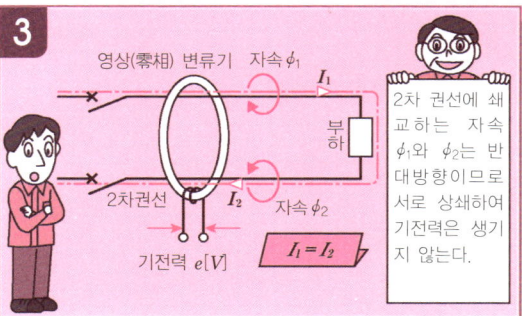

영상(零相) 변류기 / 자속 $\phi_1$ / $I_1$ / 부하 / 2차권선 / $I_2$ / 자속 $\phi_2$ / 기전력 $e[V]$

$I_1 = I_2$

2차 권선에 쇄교하는 자속 $\phi_1$와 $\phi_2$는 반대방향이므로 서로 상쇄하여 기전력은 생기지 않는다.

**S**: 정상시의 영상변류기는 어떻게 되어 있어요?
**O**: 링형의 영상변류기를 관통하는 배선에 부하를 통해 흐르는 전류 $I_1$와 $I_2$는 크기가 같고 반대이므로 자속은 서로 상쇄하여 2차 권선에 기전력이 생기지 않는 거야.

**4**

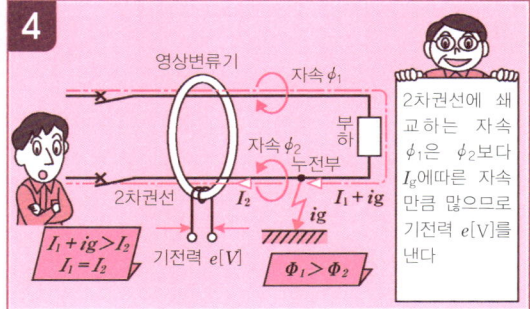

영상변류기 / 자속 $\phi_1$ / 부하 / 자속 $\phi_2$ / 누전부 / 2차권선 / $I_2$ / $ig$ / $I_1 + ig$

$I_1 + ig > I_2$
$I_1 = I_2$

$\Phi_1 > \Phi_2$

2차권선에 쇄교하는 자속 $\phi_1$은 $\phi_2$보다 $I_g$에따른 자속만큼 많으므로 기전력 $e[V]$를 낸다

**S**: 영상 변류기 장착부 이후의 누전에서는 어떻게 되요?
**O**: 누전부에 들어가는 전류는 $I_1$ + 누전전류 $I_g$가 되어 누전부에서 나오는 전류는 $I_2$이므로 그 차이 $I_g$의 자속에 따라, 2차 권선에 기전력을 내는 거야.

**5**

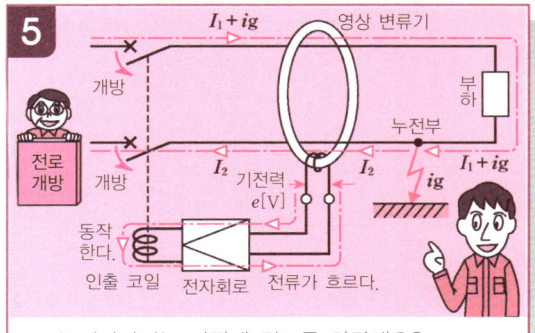

$I_1 + ig$ / 영상 변류기 / 개방 / 부하 / 누전부 / 전로 개방 / 개방 / $I_2$ / 기전력 $e[V]$ / $I_2$ / $ig$ / $I_1 + ig$ / 동작한다. / 인출 코일 / 전자회로 / 전류가 흐르다.

**S**: 누전차단기는 어떻게 전로를 차단해요?
**O**: 누전의 신호인 영상변류기의 2차권선에 생긴 기전력을 전자회로에서 증폭하고, 분리 코일로 인가하여 차단부를 개방하고, 전로를 차단하는 거야.

**6**

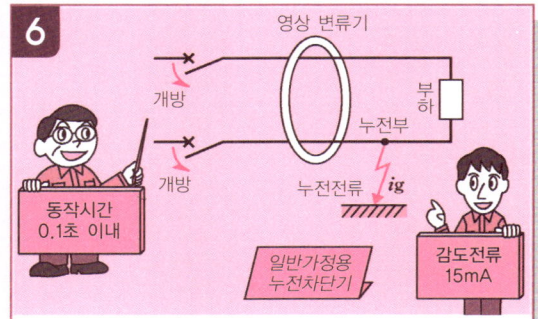

영상 변류기 / 개방 / 부하 / 누전부 / 개방 / 누전전류 $ig$ / 동작시간 0.1초 이내 / 일반가정용 누전차단기 / 감도전류 15mA

**O**: 누전을 검출하고 나서 전로를 차단하기까지의 시간과 검출되는 누출 전류는 어느 정도예요?
**S**: 일반 가정의 누전 차단기는, 예를 들어 동작시간 0.1초 이내, 감도전류 15mA정도가 되지.

# 17 조명을 켰다 껐다 하는 스위치(일본의 경우)

**1**

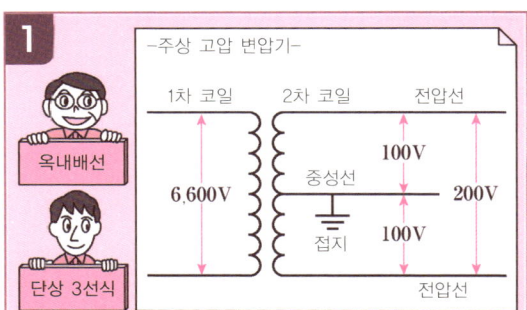

−주상 고압 변압기−

옥내배선

단상 3선식

1차 코일　2차 코일　전압선

6,600V　　중성선　100V　200V

접지　100V

전압선

S : 일본의 경우 단상 3선식의 옥내 배선에서 조명을 켜거나 끄는 스위치에는 어떤 종류가 있어요?
O : 편절(片切) 스위치, 양절(兩切) 스위치, 3로(三路) 스위치 등이 자주 사용되지.

**2**

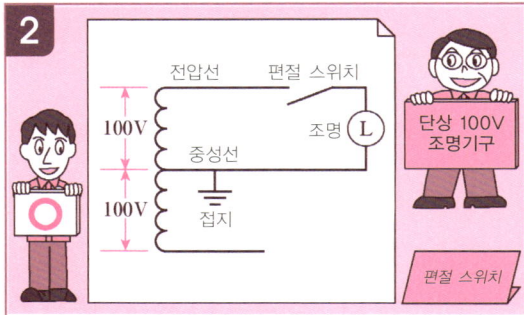

전압선　편절 스위치

100V　조명 L

중성선

100V　접지

단상 100V 조명기구

편절 스위치

S : 편절 스위치란 어떤 스위치예요?
O : 단상 100V의 조명에서는 전원배선 2줄 중 전압선만 켰다, 껐다 하면서 편절 스위치라고 해.

**3**

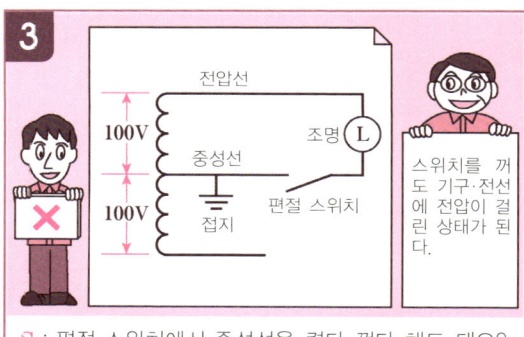

전압선

100V　조명 L

중성선

100V　접지　편절 스위치

스위치를 꺼도 기구·전선에 전압이 걸린 상태가 된다.

S : 편절 스위치에서 중성선을 켰다 껐다 해도 돼요?
O : 스위치를 끄면 전류가 흐르지 않아 조명은 꺼지지만, 기구와 전선에 전압이 걸린 상태이므로 사람이 만지면 감전될 우려가 있어.

**4**

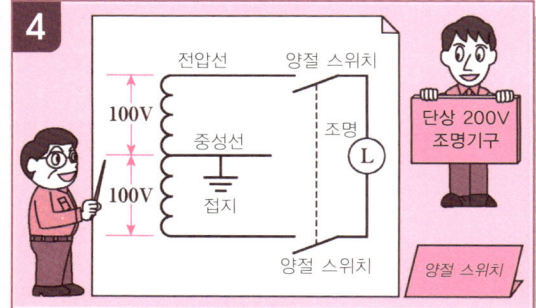

전압선　양절 스위치

100V　조명 L

중성선

100V　접지

양절 스위치

단상 200V 조명기구

양절 스위치

S : 양절 스위치란 어떤 스위치예요?
O : 단상 200V 의 조명에서는 전원배선 2줄이 전압선에서 모두 켰다 껐다 하므로 양절 스위치라고 해.
S : 편절일 때 조명은 꺼져도 전압은 걸리네요.

**5**

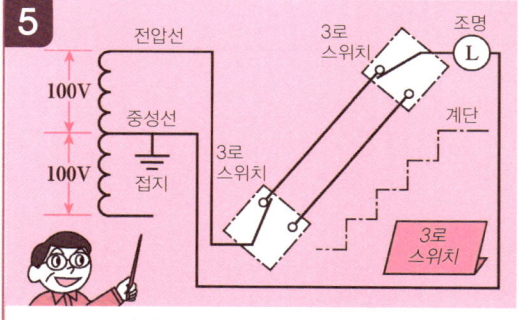

전압선　3로 스위치　조명 L

100V

중성선　계단

100V　접지　3로 스위치

3로 스위치

S : 3로 스위치란 어떤 스위치예요?
O : 조명을 계단의 위와 아래로 설치하거나, 방의 입구와 출구에 설치하는 방식으로 2군데에서 온, 오프하는 것이 3로 스위치야.
S : 그 말은 3로 스위치를 2개 사용하는 것이군요.

**6**

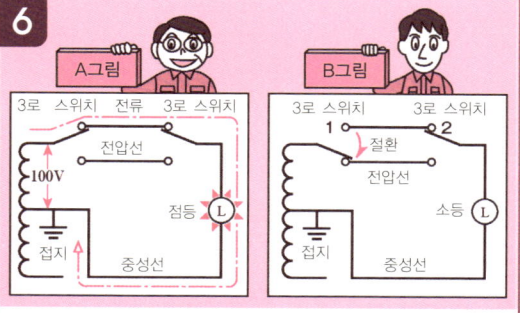

A그림　　B그림

3로 스위치　전류　3로 스위치

100V　점등 L

접지　중성선

3로 스위치　3로 스위치

1　절환　2

전압선

소등 L

접지　중성선

S : 3로 스위치는 어떻게 조작해요?
O : A 그림에서, 조명에 전류가 흘러서 점등되었을 때, B 그림 처럼 스위치 1, 2 둘 중 하나를 절환하면 전류가 흐르지 않아 소등되는 거야.

# ⑱ 전기기구에 전원을 공급하는 콘센트(일본의 경우)

**1**

콘센트

S : 단상 100V 옥내배선 가정에서는 어떠한 콘센트가 사용되고 있어요?
O : 정격전압 125V 정격전류 15A 콘센트가 일반적으로 사용되고 있어.

**2**

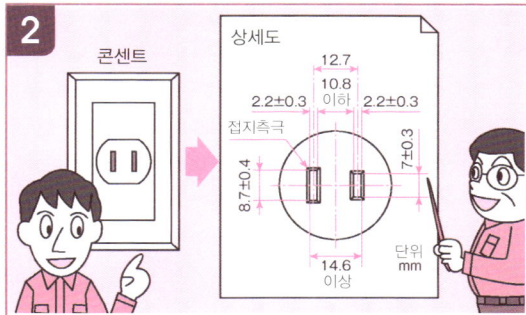

콘센트
상세도
12.7
10.8 이하
2.2±0.3      2.2±0.3
접지측극
8.7±0.4      7±0.3
14.6 이상
단위 mm

S : 가정에서 자주 볼 수 있는 콘센트는 가늘고 긴 플러그 입구가 2개 있네요.
O : 부착면에서 보아 오른쪽의 플러그 입구 폭이 7mm이며 전압선측 왼측이 9mm로 중성선(접지)측이야.

**3**

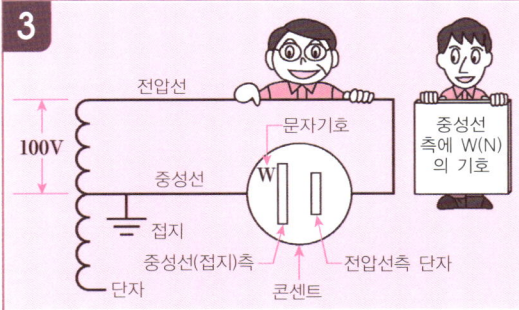

전압선
문자기호
중성선 측에 W(N)의 기호
100V
중성선
W
접지
단자
중성선(접지)측    전압선측 단자
콘센트

S : 단상 100V의 콘센트 배선은 전압선측과 중성선(접지)측을 틀리지 않도록 하는군요.
O : 콘센트의 중성선(접지)측 단자에는 W 혹은 N의 문자 기호가 있어.

**4**

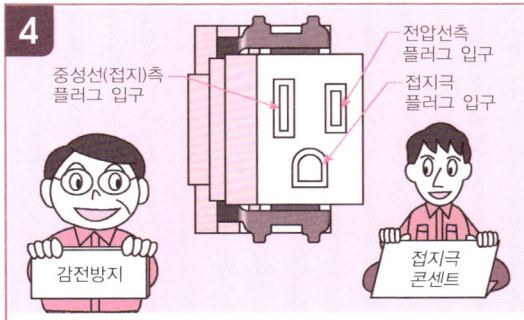

전압선측 플러그 입구
중성선(접지)측 플러그 입구
접지극 플러그 입구
감전방지
접지극 콘센트

S : 주택에 시설하는 콘센트는 접지극 부착 콘센트를 사용하도록 추천하고 있군요.
O : 가전제품이 누전했을 경우, 지락전류가 인체를 통해 지하로 흐르는 감전사고를 방지하는 거야.

**5**

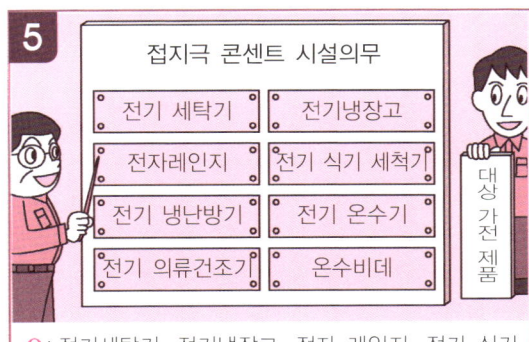

## 접지극 콘센트 시설의무

| | |
|---|---|
| 전기 세탁기 | 전기냉장고 |
| 전자레인지 | 전기 식기 세척기 |
| 전기 냉난방기 | 전기 온수기 |
| 전기 의류건조기 | 온수비데 |

대상 가전 제품

O : 전기세탁기, 전기냉장고, 전자 레인지, 전기 식기 세척기, 전기 냉난방기, 전기 온수기 등은 접지극 콘센트 시설이 의무화 되어 있다.
S : 내선 규정(規程)에 규정되어 있군요.

**6**

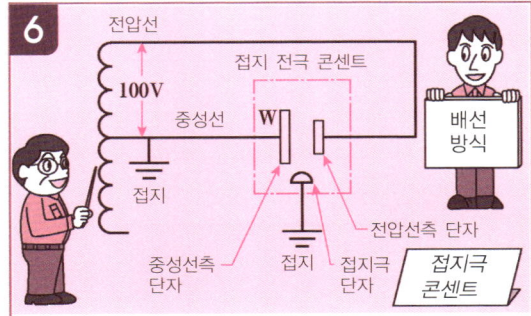

전압선
접지 전극 콘센트
100V
중성선
W
배선 방식
접지
중성선측 단자
접지    전압선측 단자
접지극 단자
접지극 콘센트

S : 접지극 콘센트는 어떻게 배선해요?
O : 단상 100V 전압선을 콘센트 전압선측 단자에, 중성선을 콘센트 중성선측 단자에, 접지극을 콘센트의 접지극 단자에 연결하는 거야.

# 19 형광등은 어떻게 발광하는 걸까?

S : 주택이나 오피스 빌딩, 공장 등의 조명으로 폭넓게 사용되고 있는 형광등에 대해 알려 주세요.
O : 형광등은 방전으로 발생하는 자외선을 형광체에 쬐어 가시광선으로 변환하여, 조명으로서 있는 거야.

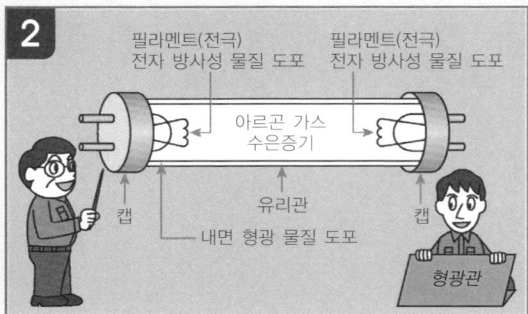

S : 형광관은 어떤 시스템으로 되어 있어요?
O : 유리관내에 형광물질을 도포하여 아르곤 가스와 수은증기를 봉입하여 필라멘트로 전자 방사성물질을 도포한 전극을 양단에 설치하는 거야.

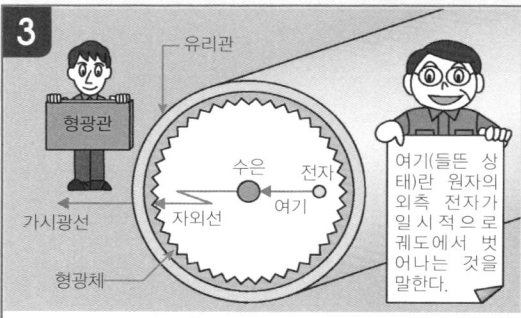

S : 그럼, 어째서 형광관은 발광하는 거예요?
O : 전극에서의 방전에 의한 전자가 수은원자에 닿아 여기(들뜬 상태)시켜, 이것이 정상으로 복귀할 때에 축적 에너지를 자외선으로서 형광체에 부딪혀 발광시키는 거야.

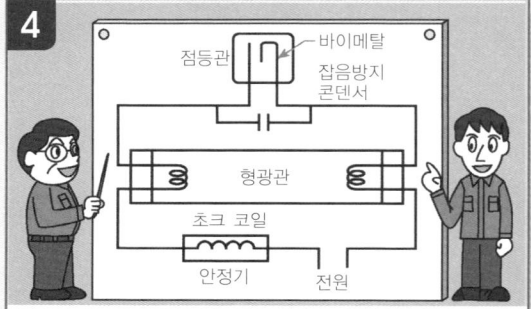

S : 형광등 점등회로는 어떻게 구성되어 있어요?
O : 형광관과 바이메탈 전극에 의한 글로우 방전 열로 전극에 전류를 통하게 하여 전극을 예열하는 점등관과, 고전압을 발생하여 방전을 일으키는 안정기로 이루어져 있어.

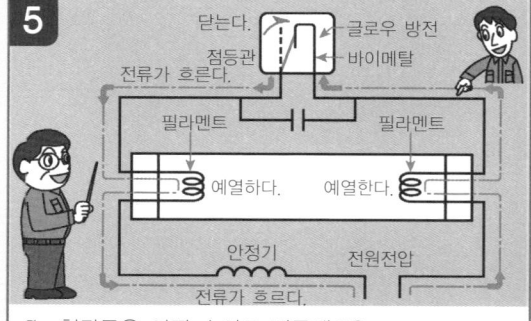

S : 형광등은 어떤 순서로 점등해요?
O : 전원전압이 점등관에 가해지면 글로우 방전의 열로 바이메탈이 닫히며, 폐회로가 되어 점등관을 경유하여 흐르는 전류가 양단의 필라멘트를 예열하는 거야.

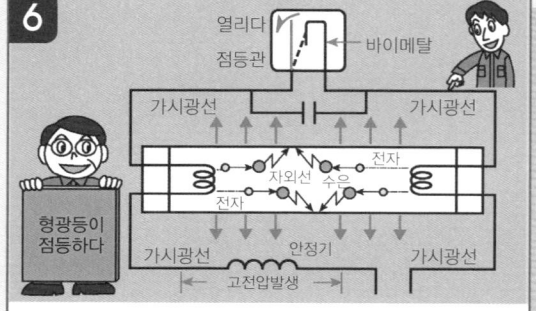

O : 방전이 끝나면 바이메탈이 식어 열리고, 안정기의 전류가 제로가 되고, 자기 유도 작용으로 발생한 고압에서 전극이 방전되고, 튀어나온 전자가 수은원자에 부딪혀 생긴 자외선으로 형광체가 발광하는 거야.

# 20 주택의 각방 조명 포인트

**1**

S : 우리들이 평소 쾌적한 생활을 하기 위한 주택의 조명은 어떻게 하면 좋은지 알고 싶어요.
O : 방의 사용 목적에 따라 다르므로 이 집의 각 방을 앞으로 같이 돌아보도록 하죠.

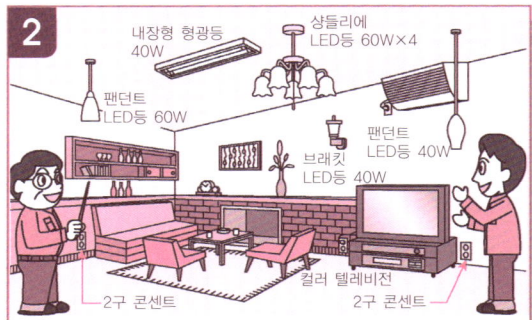

**2**

- 내장형 형광등 40W
- 샹들리에 LED등 60W×4
- 팬던트 LED등 60W
- 팬던트 LED등 40W
- 브래킷 LED등 40W
- 컬러 텔레비전
- 2구 콘센트
- 2구 콘센트

S : 거실의 조명은 전체 조명으로 벽조명, 팬던트 등을 사용하여 악센트를 주고 있군요.
O : 사용하는 전기기구가 많으므로 콘센트는 5m²에 1군데 설치하고 있어.

**3**

- 직부형 형광등 200W×4
- 팬던트 LED등 40W
- 팬던트 조명 LED등 40W
- 2구 콘센트
- 에어컨 (바닥설치형히트 펌프)

S : 거실은 중앙 천장에 조명이 있어서 전반 조명으로 되어 있군요.
O : 여기 조명은 심플하면서 안정이네요.

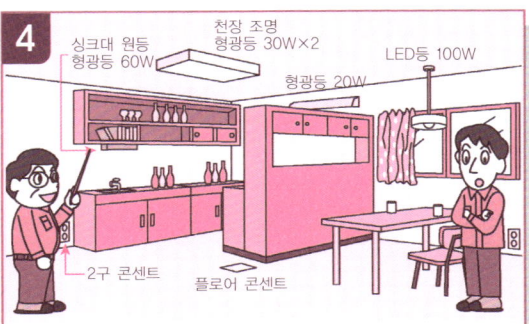

**4**

- 싱크대 윗등 형광등 60W
- 천장 조명 형광등 30W×2
- LED등 100W
- 형광등 20W
- 2구 콘센트
- 플로어 콘센트

S : 식당 식탁을 비추는 조명은 그림자를 내지 않도록 와트수가 큰 기구가 사용되어 있네요.
O : 콘센트는 사용하기 편리한 곳에 6군데 있으며 전자 레인지는 전용회로로 되어 있어.

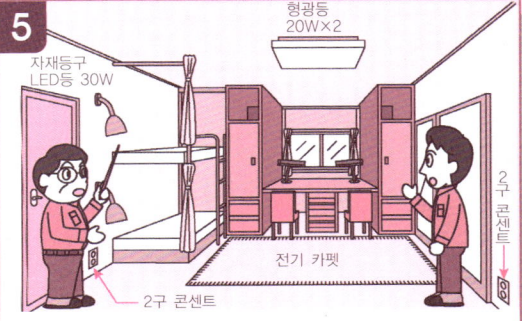

**5**

- 형광등 20W×2
- 자재등구 LED등 30W
- 전기 카펫
- 2구 콘센트
- 2구 콘센트

S : 아이 방의 조명은 전체조명으로, 책상에 보조 조명이, 그리고 침대에 침대 등이 있네요.
O : 콘센트는 4군데 있어. 난방으로는 전기 카펫이 깔려있어.

**6**

- LED등 60W
- LED등 40W
- LED등 40W
- 2구 콘센트
- 2구 콘센트

S : 복도, 계단 조명은 사람이 지나는 좁고 긴 곳이므로 밝기의 불균일이나 어두운 그림자가 없도록 되어 있군요.
O : 조명은 방의 입구나 복도의 모퉁이, 계단의 부근에 설치되어 있는 것을 알 수 있겠지?

# 21 저압 옥내 배선 공사의 시설장소

**1**

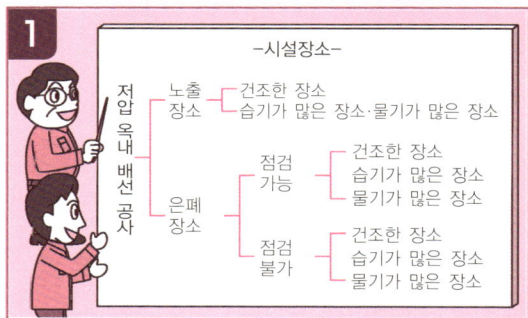

-시설장소-

저압 옥내 배선 공사
- 노출 장소
  - 건조한 장소
  - 습기가 많은 장소·물기가 많은 장소
- 은폐 장소
  - 점검 가능
    - 건조한 장소
    - 습기가 많은 장소
    - 물기가 많은 장소
  - 점검 불가
    - 건조한 장소
    - 습기가 많은 장소
    - 물기가 많은 장소

S : 저압 옥내 배선은 어떤 장소에 시설되어요?
O : 노출 장소와 점검 가능한 은폐장소와 점검할 수 없는 은폐 장소가 있으며, 각각 건조한 장소와 습기가 많은 장소·물기가 있는 장소가 있어.

**2**

천장의 안 점검 가능한 은폐장소
점검 입구
붙박이장
벽
점검할 수 없는 은폐 장소
점검 가능한 은폐장소
벽장
노출 장소
습기가 많은 장소
욕실 물기가 많은 장소
점검 할 수 없는 은폐 장소
욕조
점검할 수 없는 은폐 장소
콘크리트
바닥 밑 습기가 많은 장소

S : 노출 장소란 옥내의 천장 아래쪽 면, 벽면 등이 네요.
O : 점검 가능한 은폐 장소란 벽장, 점검 입구가 있는 천장 안 등이고, 점검할 수 없는 것은 바닥 밑, 벽속, 천장 내부, 콘크리트 속 등 아닐까?

**3**

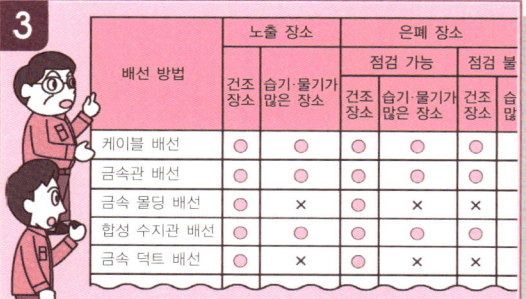

| 배선 방법 | 노출 장소 | | 은폐 장소 | | | |
|---|---|---|---|---|---|---|
| | | | 점검 가능 | | 점검 불 | |
| | 건조 장소 | 습기·물기가 많은 장소 | 건조 장소 | 습기·물기가 많은 장소 | 건조 장소 | 습 많 |
| 케이블 배선 | ○ | ○ | ○ | ○ | ○ | |
| 금속관 배선 | ○ | ○ | ○ | ○ | ○ | |
| 금속 몰딩 배선 | ○ | × | ○ | × | × | |
| 합성 수지관 배선 | ○ | ○ | ○ | ○ | ○ | |
| 금속 덕트 배선 | ○ | × | ○ | × | × | |

S : 습기가 많고 물기가 있는 장소로서 욕실과 세면장, 마루 밑 등이 있네요.
O : 저압 옥내 배선 공사에는 종류가 있지만 각각의 시설 장소에 적합한 공사 방법이 정해져 있어.

**4**

케이블
애자

케이블 배선
애자 사용 배선

S : 저압 옥내 배선 공사에는 어떤 공사가 있어요?
O : 케이블 배선은 노출장소, 은폐장소에서도 시공이 가능 하므로 일반 주택의 옥내 배선에 사용되고 있어.
S : 애자 사용 배선은 목조주택에 사용하고 있어.

**5**

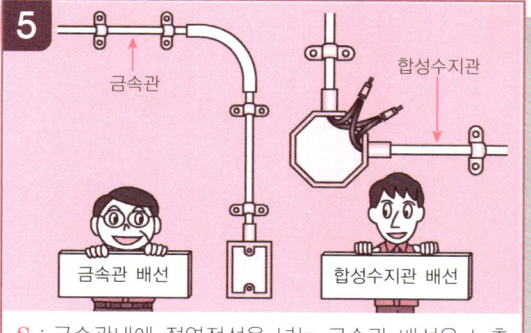

금속관
합성수지관

금속관 배선
합성수지관 배선

S : 금속관내에 절연전선을 넣는 금속관 배선은 노출 장소, 은폐장소에서도 시공 가능하네요.
O : 합성 수지관내에 절연 전선을 넣는 합성 수지관 배선도 노출 장소, 은폐장소에 시공 가능해.

**6**

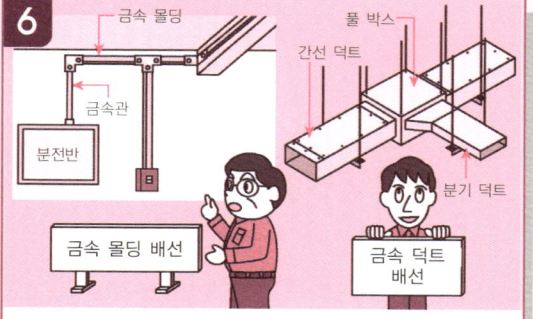

금속 몰딩
풀 박스
간선 덕트
금속관
분전반
분기 덕트

금속 몰딩 배선
금속 덕트 배선

O : 노출장소, 은폐장소의 건조시킨 장소만으로 시설할 수 있는 예로는 몰딩 또는 덕트 내에 절연전선을 넣는 금속 몰딩 배선, 금속 덕트 배선이 있어.
S : 둘 다 노출 배선으로 사용되고 있는 듯하네요.

## 22 금속관 공사 : 금속관에 전선을 넣어 배선한다

**1**

S : 금속관 공사란 어떤 공사에요?
O : 콘크리트 속에 매입하거나 건축재의 표면에 고정한 금속관 안에 전선을 넣어 시설하는데, 노출장소는 물론 은폐장소에도 공사가 가능해.

**2**

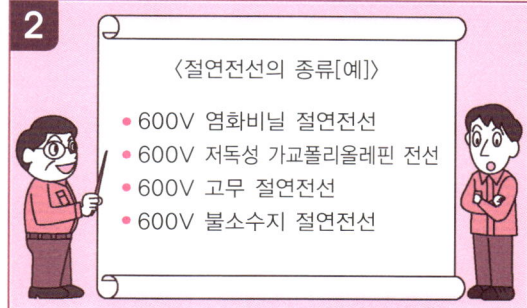

〈절연전선의 종류[예]〉

- 600V 염화비닐 절연전선
- 600V 저독성 가교폴리올레핀 전선
- 600V 고무 절연전선
- 600V 불소수지 절연전선

S : 금속관 공사에서는 어떤 전선을 사용해요?
O : 절연전선이 사용되고 있어. 옥외용 비닐 절연전선은 제외하지만 말야. 그리고 연선(撚線 : stranded wire)을 사용하는데 직경 3.2mm 이하의 것은 단선을 사용할 수 있어.

**3**

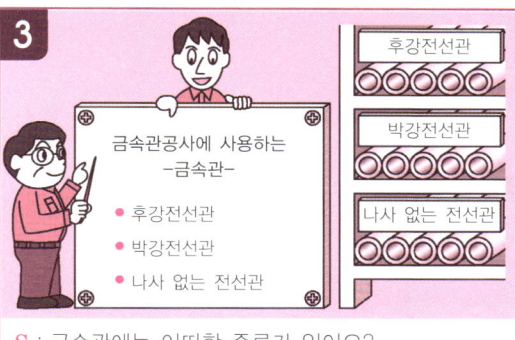

금속관공사에 사용하는
-금속관-

- 후강전선관
- 박강전선관
- 나사 없는 전선관

후강전선관
박강전선관
나사 없는 전선관

S : 금속관에는 어떠한 종류가 있어요?
O : 후강전선관, 박강전선관, 나사 없는 전선관 정도이려나? 관의 굵기는 콘크리트에 매입하는 것은 1.2mm 이상, 그 이외는 1mm 이상으로 되어 있어.

**4**

건축재에 따라 난 배관

행거식 배관

S : 금속관공사는 어떻게 시공해요?
O : 노출 배관공사에서는 건축재 측면이나 아랫면에 따라 시설되는 경우와, 대들보 아래 등에 행거로 매달아 배관하는 경우가 있으며, 수평이나 수직으로 시공해.

**5**

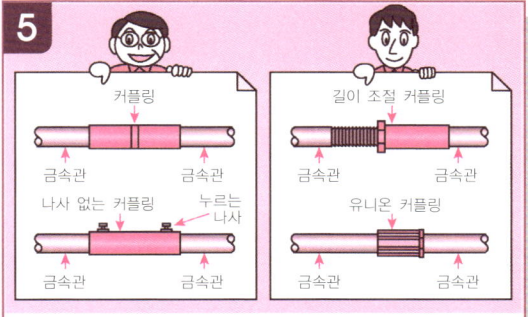

커플링
금속관 / 금속관
나사 없는 커플링 / 누르는 나사
금속관 / 금속관

길이 조절 커플링
금속관 / 금속관
유니온 커플링
금속관 / 금속관

S : 금속관 상호 연결은 어떻게 해요?
O : 커플링이나 나사 없는 커플링을 사용하거나 금속관을 돌리지 못할 때에는 길이 조절 커플링이나 유니온 커플링을 사용하면 돼.

**6**

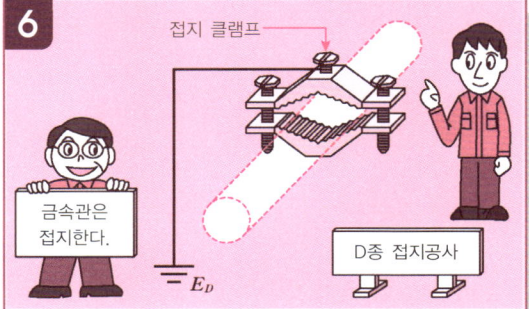

접지 클램프

금속관은 접지한다.

$E_D$

D종 접지공사

S : 금속관 속의 전선 절연열화로 누전이 되는 군요.
O : 금속관과 부속품은 접지공사를 하며, 금속과과 접지선과의 연결은 접지 클램프 등을 사용하면 돼.

# 23 케이블 공사 : 케이블을 사용하여 배선한다

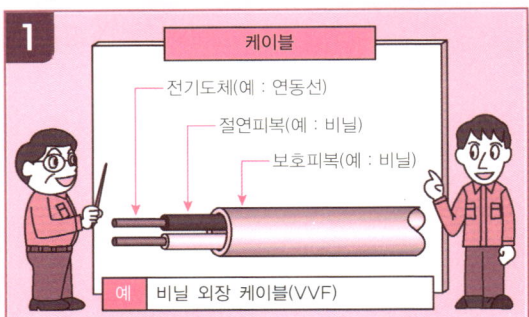

**1**

케이블

전기도체(예 : 연동선)

절연피복(예 : 비닐)

보호피복(예 : 비닐)

예 | 비닐 외장 케이블(VVF)

S : 케이블이란 무엇인가요?
O : 전기도체를 절연물로 피복하여 그 위를 보호층으로 피복한 전선을 케이블이라고 하는 거야.
S : 케이블을 사용한 배선공사가 케이블 공사이군요.

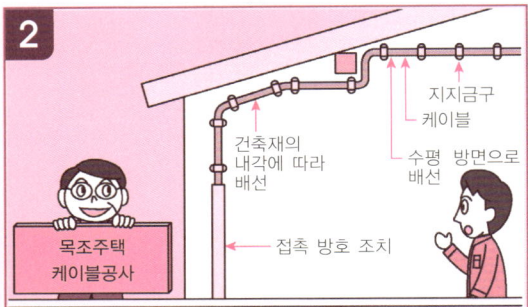

**2**

지지금구
케이블
수평 방면으로 배선
건축재의 내각에 따라 배선
목조주택 케이블공사
접촉 방호 조치

S : 저압 옥내 배선으로 케이블공사는 어떤 곳에 시설 되는 거예요?
O : 예를 들어 평형 비닐 외장 케이블 배선은 주택 배선 등으로 자주 사용되고 있어.

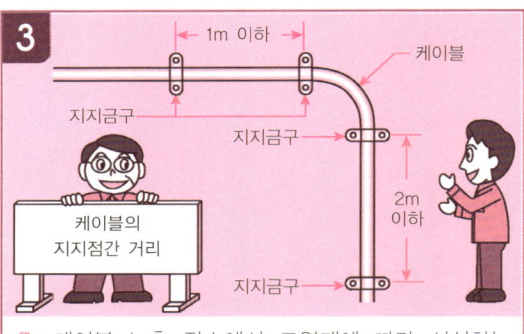

**3**

1m 이하
케이블
지지금구
지지금구
2m 이하
케이블의 지지점간 거리
지지금구

S : 케이블 노출 장소에서 조영재에 따라 시설하는 경우, 어느 정도의 지지점간 거리를 둬요?
O : 2m 이하로 해. 조영재의 측면, 아래면 부분에 수평방향으로 시설하는 것은 1m 이하로 하고 있어.

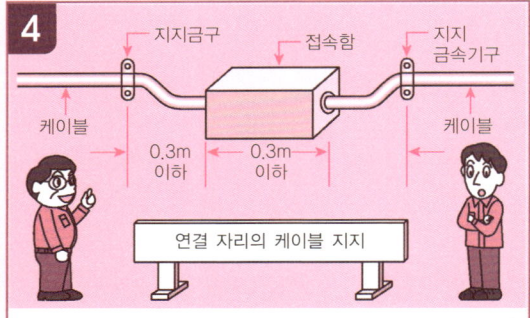

**4**

지지금구
접속함
지지 금속기구
케이블
0.3m 이하
0.3m 이하
케이블
연결 자리의 케이블 지지

S : 접촉방호조치를 하고 있지 않은 경우는 케이블의 지지점간 거리는 1m 이하이군요.
O : 케이블 상호, 케이블과 박스 및 기구와의 연결 자리에서는 연결 자리에서 0.3m 이하로 해.

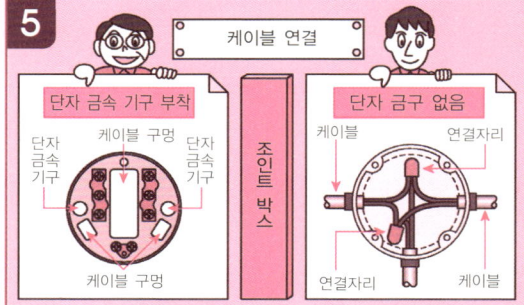

**5**

케이블 연결

단자 금속 기구 부착
단자 금속 기구
케이블 구멍
단자 금속 기구
조인트 박스
단자 금구 없음
케이블
연결자리
케이블 구멍
연결자리
케이블

S : 케이블의 연결은 어떻게 해요?
O : 케이블 상호 연결은 조인트 박스, 아웃렛 박스 (outlet box), 캐비닛 등의 내부에서 하거나 알맞은 접속함을 사용하면 돼.

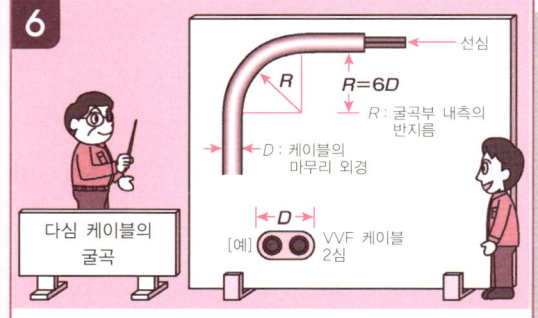

**6**

선심
$R$
$R = 6D$
$R$ : 굴곡부 내측의 반지름
$D$ : 케이블의 마무리 외경
다심 케이블의 굴곡
$D$
[예] VVF 케이블 2심

S : 케이블은 어느 정도 굴곡이 있어도 괜찮아요?
O : 굴곡되는 경우는 피복을 손상시키지 않도록 하고 그 굴곡부 내측의 반지름은 케이블의 마무리 외경의 6배 이상, 단심에서는 8배 이상으로 하면 돼.

# 제2장

# 발전설비·송배전설비의 기초지식

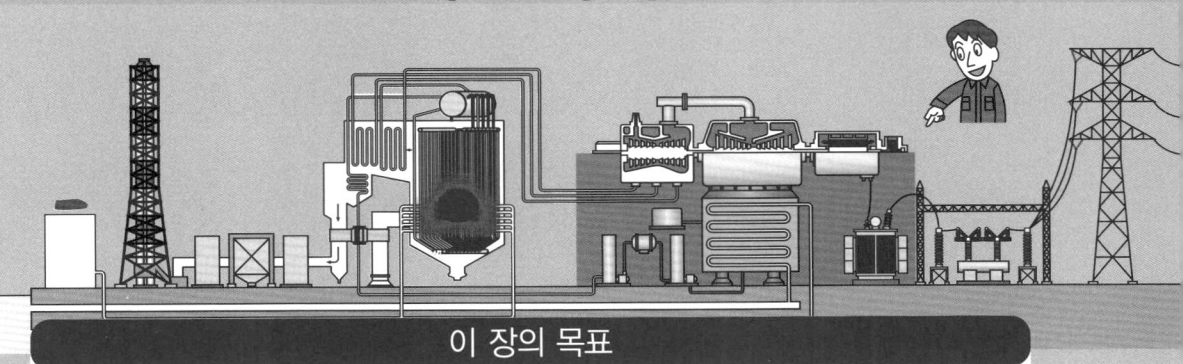

## 이 장의 목표

　　이 장에서는 발전설비·송배전설비에 대한 기초 지식을 쉽게 이해시키기 위해 전체 일러스트로 나타내고 있다.

(1) 우리들이 평소에 사용하고 있는 전기는 발전소에서 만들어져, 송전선·배전선을 통해 보내지는 것을 알아보자.

(2) 물의 힘으로 발전하는 수력 발전, 바람의 힘으로 발전하는 풍력 발전, 태양의 빛 에너지로 발전하는 태양광 발전은 재생 가능 에너지에 의한 발전이라는 사실을 알아보자.

(3) 석탄, 석유, 천연 가스의 연소에 의해 발전하는 화력발전은 한정적인 화석연료에 의해 발전되는 것을 이해하자.

(4) 원자력 발전은 핵분열에 의한 열로 증기를 만들어 터빈을 돌려, 발전기로 발전하는 것을 알아보자.

(5) 재생가능 에너지에 의한 새로운 발전 방식에는 바이오매스 발전, 태양열발전, 지열발전, 해양발전, 연료전지 등이 있는 것을 이해하자.

(6) 발전소에서 발전되는 전기는 도중 변전소에서 전압을 낮추면서 송전선을 통해 배전용변전소로 보내지는 것을 이해하자.

(7) 변전소에는 초고압변전소, 1차 변전소, 2차변전소, 배전용변전소가 있으며 순차전압이 강압된다.

(8) 배전용변전소에서 전기는 변압기로 전압을 낮추면서 배전선을 통해 일반 수요처로 전기가 공급(제3장 참조)되는 것을 알아보자.

## 그림으로 보는  발전·송배전방식

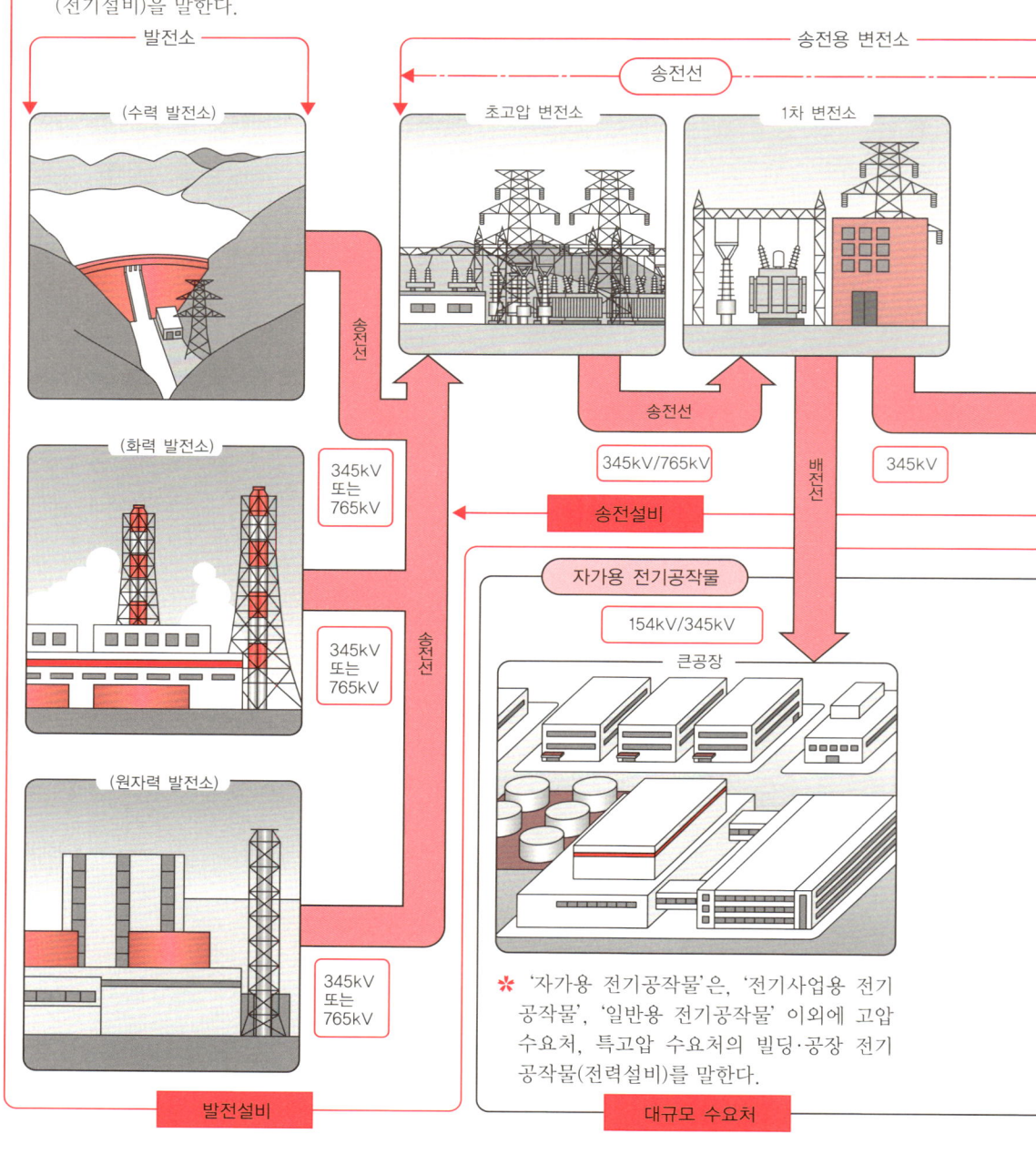

전기사업용 전기공작물

✱ "전기사업용 전기공작물"이란, 전기사업자(전력회사)가 전기 사업을 하기 위해서 설치하는 전기 공작물 (전기설비)을 말한다.

발전소

송전용 변전소

송전선

(수력 발전소)

초고압 변전소

1차 변전소

송전선

345kV 또는 765kV

345kV/765kV

송전선

배전선

345kV

(화력 발전소)

345kV 또는 765kV

송전선

송전설비

자가용 전기공작물

154kV/345kV

큰공장

(원자력 발전소)

345kV 또는 765kV

✱ '자가용 전기공작물'은, '전기사업용 전기 공작물', '일반용 전기공작물' 이외에 고압 수요처, 특고압 수요처의 빌딩·공장 전기 공작물(전력설비)를 말한다.

발전설비

대규모 수요처

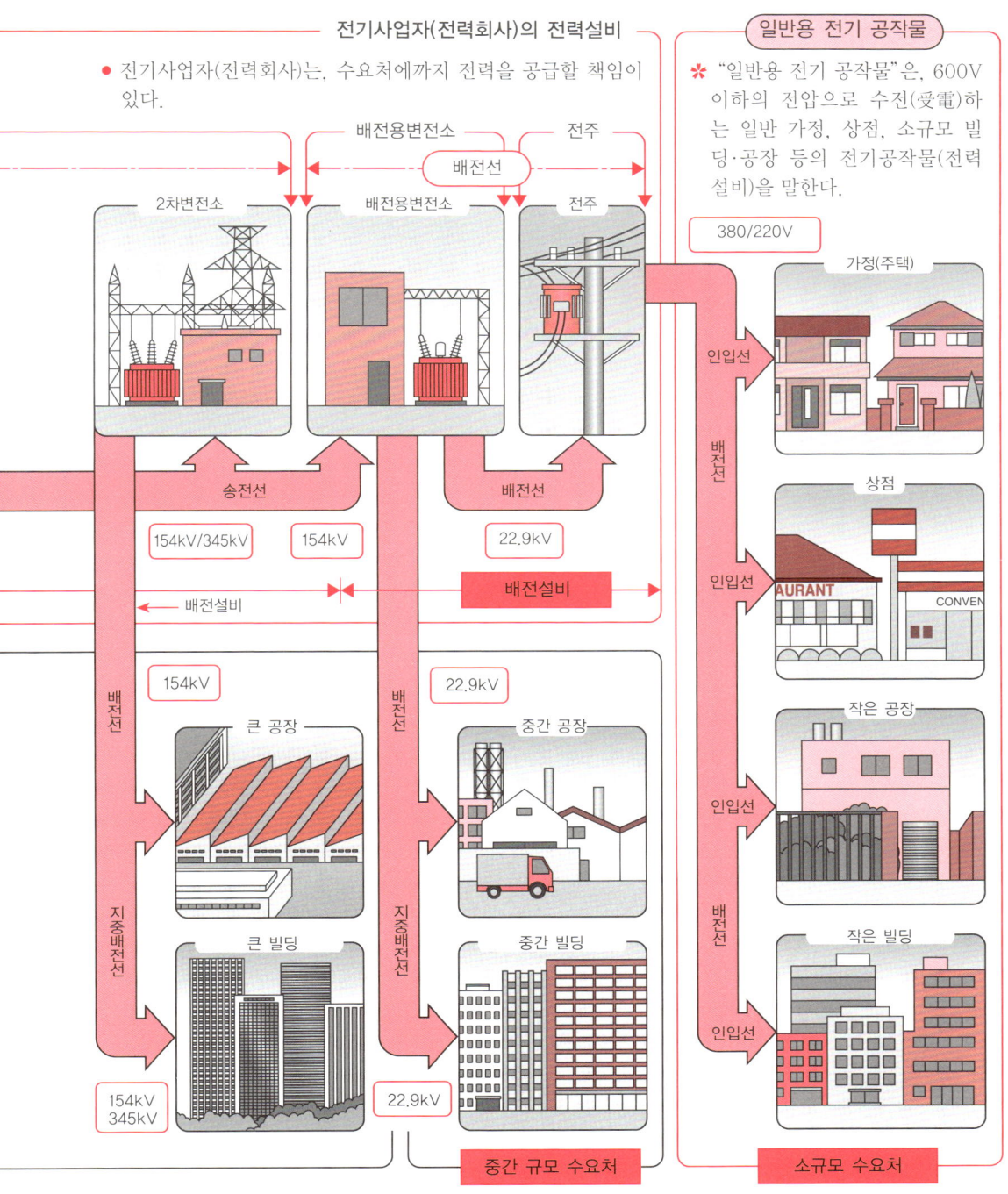

전기사업자(전력회사)의 전력설비

● 전기사업자(전력회사)는, 수요처에까지 전력을 공급할 책임이 있다.

일반용 전기 공작물

✳ "일반용 전기 공작물"은, 600V 이하의 전압으로 수전(受電)하는 일반 가정, 상점, 소규모 빌딩·공장 등의 전기공작물(전력설비)을 말한다.

배전용변전소　　전주

배전선

2차변전소　　배전용변전소　　전주

380/220V

가정(주택)

인입선

배전선

송전선　　배전선

154kV/345kV　　154kV　　22.9kV

배전설비

배전설비

상점

인입선

154kV　　22.9kV

AURANT　　CONVEN

배전선

큰 공장　　중간 공장

작은 공장

인입선

지중배전선　　지중배전선

큰 빌딩　　중간 빌딩

작은 빌딩

배전선

인입선

154kV 345kV　　22.9kV

중간 규모 수요처

소규모 수요처

35

# ◆1 전기가 수요처에까지 보내지는 시스템

## 1 매일 사용하고 있는 전기는 발전소에서 만들어진다

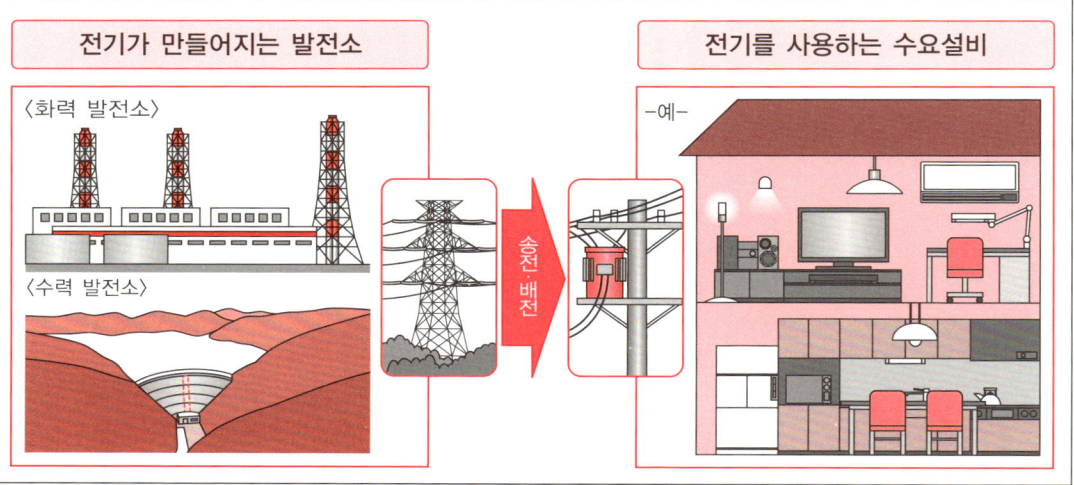

| 전기가 만들어지는 발전소 | 전기를 사용하는 수요설비 |

〈화력 발전소〉

〈수력 발전소〉

송전·배전

-예-

---

### 전기가 발전소에서 수요설비로 보내지기까지의 긴 여행  −전력계통도 : 3·4항 참조−

＊우리들이 매일 사용하고 있는 전기는 발전소에서 갖가지 전기설비를 거쳐 보내지고 있다.

＊발전소에서의 전기는 345kV, 765kV라는 초고전압으로, 송전선을 통해 야산을 넘어 몇 군데의 변전소를 통하여, 조금씩 전압을 낮추면서 배전용 변전소로 보내지고, 배전선을 통해 전기를 사용하는 공장·빌딩이나 상점·주택의 수요설비로 전기가 공급된다. 이것을 **전력계통**이라고 한다.

● 전기가 만들어지는 발전소에는 수력발전소, 화력발전소, 원자력발전소 등이 있다.

● **송전**은 발전소에서 변전소, 변전소에서 변전소로 전기를 보내는 것인데 사용하는 전선을 **송전선**이라고 한다.

● **배전**은 변전소에서 수요처로 전기를 보내는 것인데 사용하는 전선을 **배전선**이라고 한다.

● 발전소에서 발전되는 전기는 11kV·22kV의 전압인데, 이것을 발전소 내의 변압기에서 345kV,

765kV의 전압으로 변환하여 초고압변전소로 보낸다.

● 초고압 변전소에서는 전압을 345kV로 낮추어 1차 변전소로 보낸다. 소규모의 발전소에서는 직접 1차 변전소에 154kV로 보내는 경우도 있다.

● 1차 변전소에서는 전압을 154kV로 변환하여 2차변전소로 보냄과 동시에 대규모 공장·빌딩으로 배전한다.

● 철도 변전소, 대규모 공장·빌딩에는 154kV·154kV로 배전된다.

● 또한, 1차 변전소는 154kV의 전기를 배전용변전소로 보내며 배전용 변전소에서 22.9kV로 변화하여 배전선 주상 변압기로 보냄과 동시에 직접 중간 규모 공장·빌딩으로 배전한다.

● 주상 변압기에서 380/220V로 변압되어 소규모 공장·빌딩이나 상점·주택으로 배전된다.

# 2 전력계통에서 전기 공작물은 위험도로 구분한다

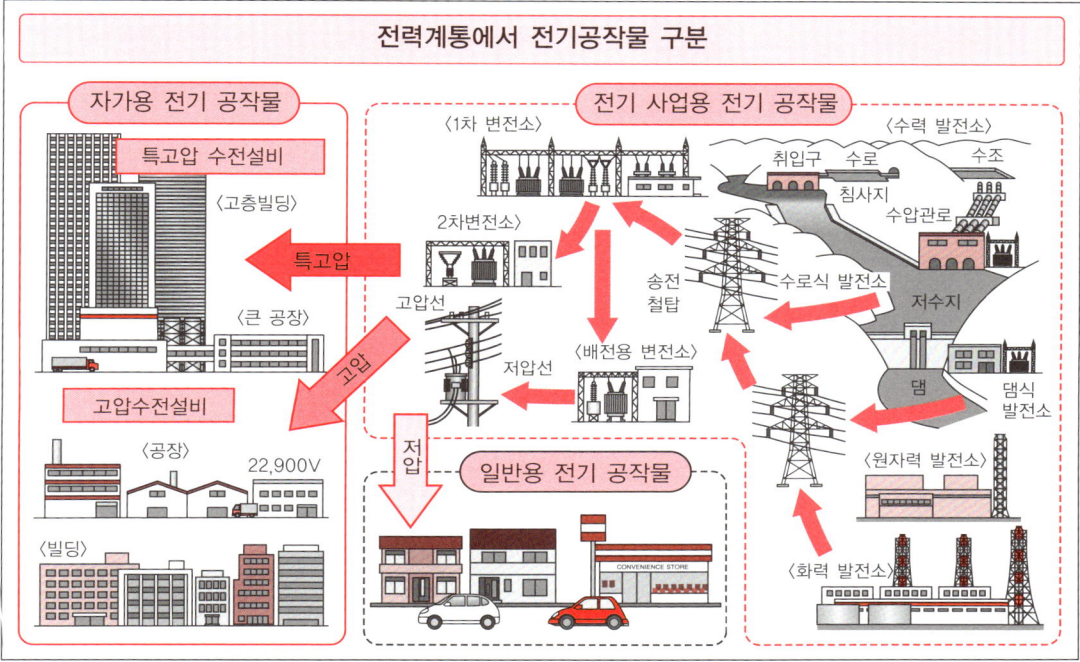

## 전력계통에서 전기공작물 구분

자가용 전기 공작물

특고압 수전설비

〈고층빌딩〉

특고압

고압수전설비

〈공장〉  22,900V

〈빌딩〉

전기 사업용 전기 공작물

〈1차 변전소〉

2차변전소〉

고압선

저압선

송전 철탑

〈배전용 변전소〉

저압

일반용 전기 공작물

CONVENIENCE STORE

〈수력 발전소〉

취입구  수로  수조  침사지  수압관로

수로식 발전소

저수지

댐  댐식 발전소

〈원자력 발전소〉

〈화력 발전소〉

---

## 전력계통에서는 전기사업용 전기공작물·자가용 전기공작물·일반용 전기공작물로 구분된다

✱ 전력계통에 있어서 전기설비(전기공작물이라함)란, 발전, 변전, 송전, 배전 또는 전기 사용을 위해 설치하는 기계, 기구, 댐, 수로, 저수지, 전선로 그 외 공작물을 말한다.

✱ 전력계통에 있어서 전기공작물은, 공공 안전을 확보하는 관점에서 전기공작물로서의 위험도에 따라 구분된다.

● 위험도가 높은 전기 공작물은 '사업용 전기 공작물'로 일괄하며, 위험도가 비교적 낮은 전기 공작물은 '일반용 전기 공작물'로 구분된다.

● 사업용 전기 공작물은 "전기사업용 전기공작물'과 '자가용 전기 공작물'로 구분된다.

✱ 전기 사업용 전기 공작물이란, 전기사업용으로 제공하는 전기공작물을 말한다.

● 일본에서 전기사업자로는, 홋카이도, 도호쿠, 도쿄, 쥬부, 호쿠리쿠, 간사이, 츄고쿠, 시코쿠, 규슈, 오키나와의 10 전력회사가 포함된다.

✱ 자가용 전기 공작물이란, 전기사업자로부터 특별고압, 고압으로 수전하는 수요처(공장·빌딩 등)의 수전설비를 말한다.

● 자가용 전기 공작물에는 수전용량에 관계없이 특고압으로 수전하는 '특고압 수전설비'와 저압으로 수전하는 '저압 수전설비'가 있다.

✱ 일반용 전기 공작물은, 전기 사업자로부터 600V 이하 (예 : 380V, 220V)의 전압으로 수전하는 수요설비 (예 : 소규모 공장·빌딩, 상점, 주택) 및 소출력 발전설비를 말한다.

✱ 소출력 발전설비에는 다음의 설비가 해당한다.

● 태양전지 발전설비 : 출력 50kW 미만

● 풍력 발전설비 : 출력 20kW 미만

● 수력 발전설비 : 출력 20kW 미만
－최대 사용 수량 매초 1m³ 미만－

● 화력 발전설비(내연력) : 출력 10kW 미만

● 연료전지 발전설비 : 출력 10kW 미만

# 3 발전·송전·변전계통도

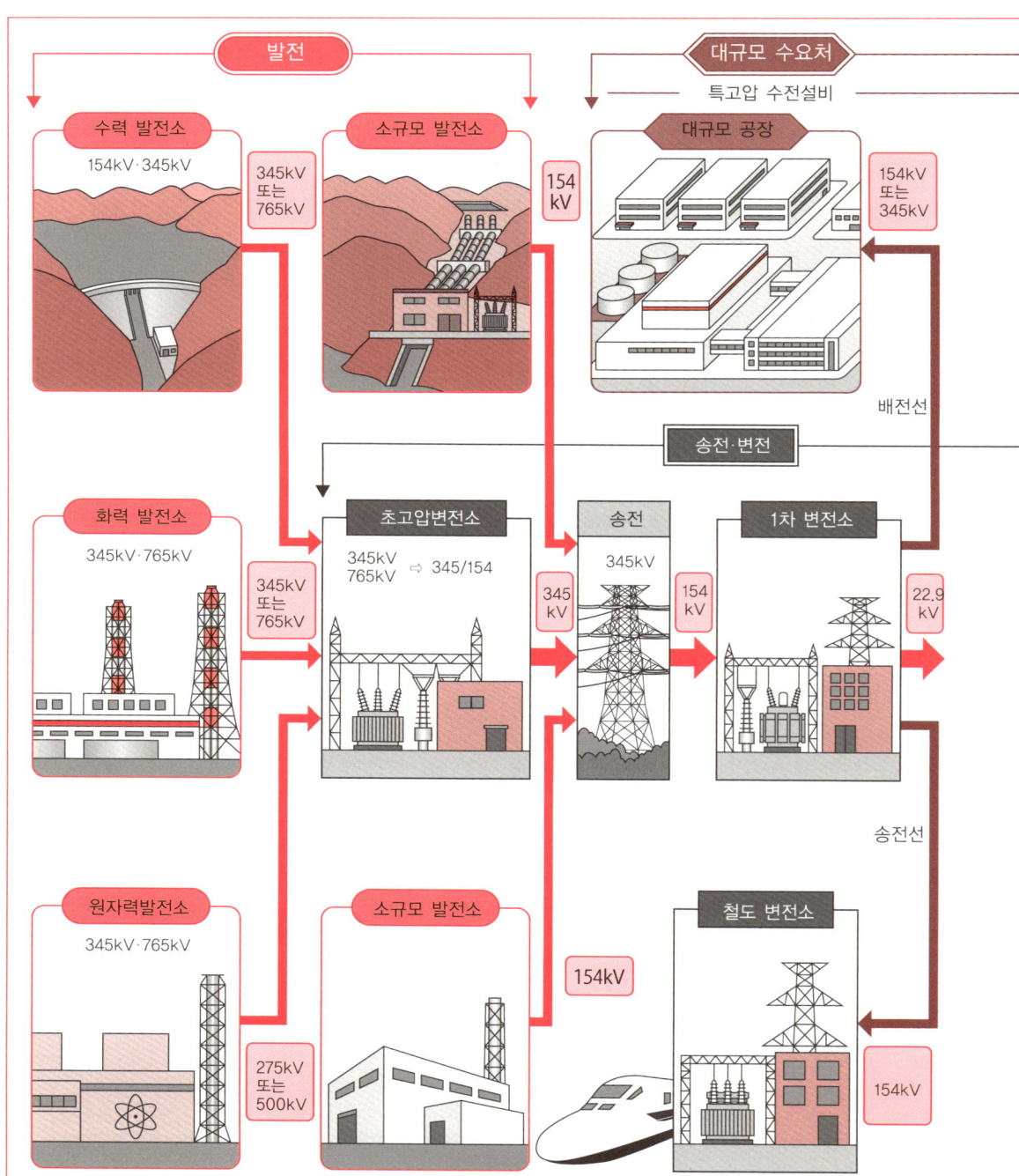

# 4 배전·변전계통도

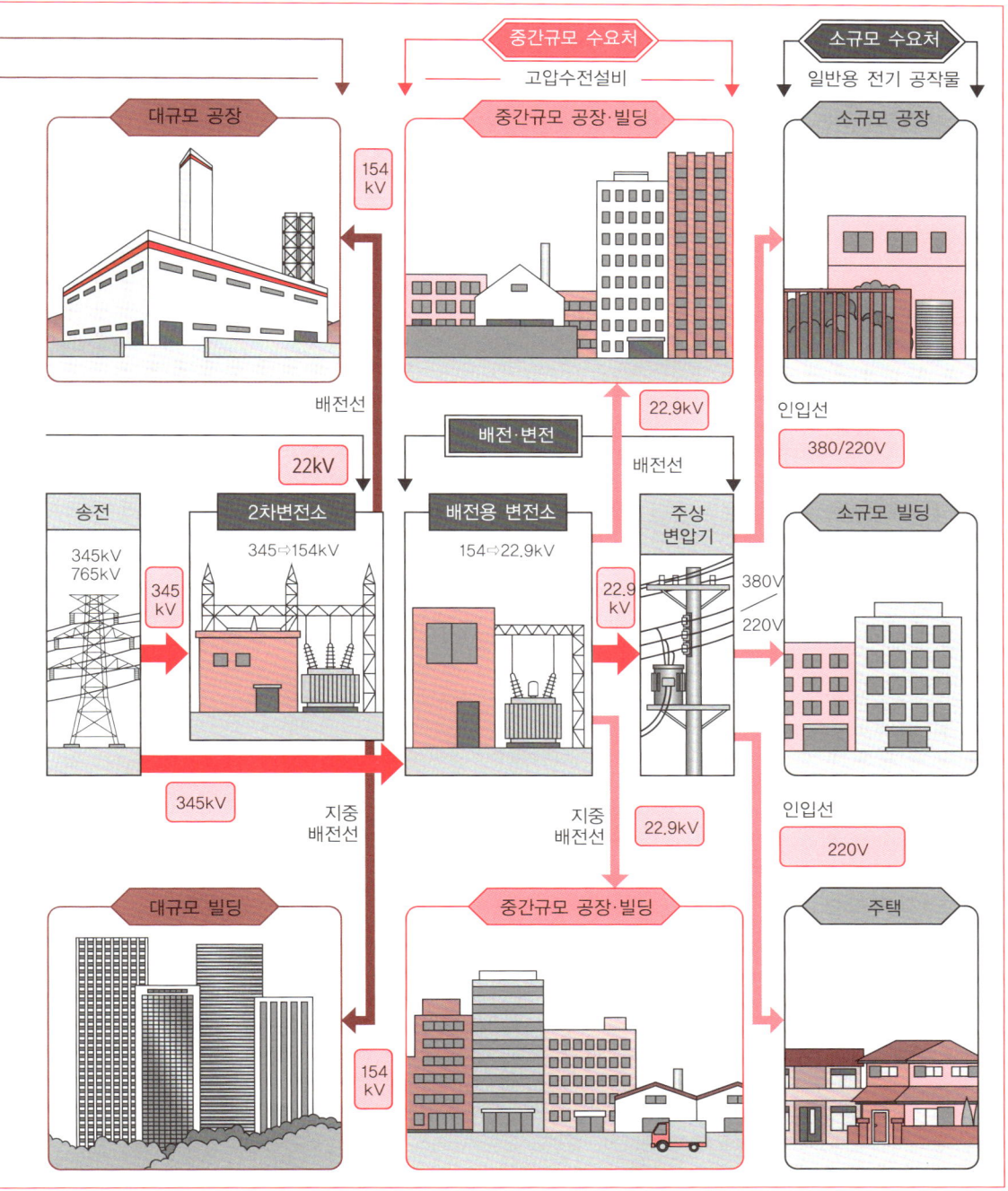

# 5 발전소에서 3상 교류를 발전하여 송전·배전한다

## 직류·교류(단상교류·3상 교류)

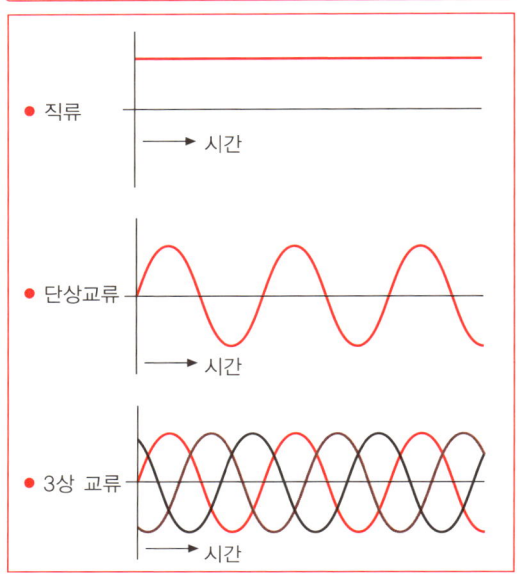

- 직류

→ 시간

- 단상교류

→ 시간

- 3상 교류

→ 시간

## 3상 교류는 단상교류에 비하여 전선이 1/2이 된다

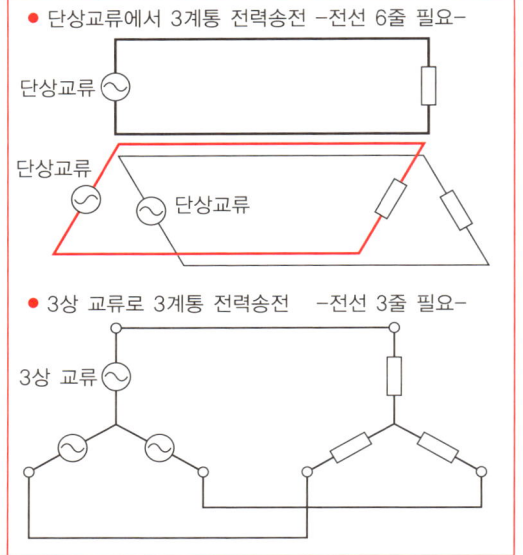

- 단상교류에서 3계통 전력송전 −전선 6줄 필요−

단상교류

단상교류    단상교류

- 3상 교류로 3계통 전력송전    −전선 3줄 필요−

3상 교류

## 왜 발전·송전·배전의 전력 계통에서는 3상 교류가 사용되는가

* 전기에는 직류와 교류의 2종류가 있다.
- **직류**란, 시간이 경과되어도 크기와 방향이 변하지 않는 전기를 말한다.
- **교류**는, 시간의 경과와 함께 크기와 방향이 주기적으로 변하는 전기를 말한다.
* 전력계통에 있어서 발전소에서 발전되어 수요처로 송전(배전)되는 전기는 교류이다.
- 교류가 이용되는 것은, 교류는 변압기에서 간단히 전압을 바꿀 수 있지만 직류는 어렵기 때문이다.
* 교류에는 단상교류와 3상 교류가 있다.
- 발전소에서 발전되는 교류는, 단상교류를 3개 조합한 3상 교류이다.
* 3상 교류가 이용되는 것은 다음의 이유에 따른다.
- 3계통에 단상교류로 전력을 송전(배전)하려면 6줄의 전선이 필요하지만 3상 교류에서는 절반의 3줄로 전력을 송전(배전)할 수 있다.
- 3상 교류 3줄의 송전선(배전선) 중, 어느 2줄을

택하여도 같은 전압의 단상교류를 낼 수 있다.
- 3상 교류는, 회전자계를 쉽게 만들 수 있으며 전동기를 회전시키는 데 편리하다.
- 발전함에 있어서 3상교류 발전기가 단상교류 발전기보다 효율적이다.
* 발전소에서 보내지는 교류는 3상교류이지만, 배전선 주상변압기에서 단상교류로 변환하여 일반 주택으로 배전된다.
- 일반 주택 옥내배선은 2줄의 전선을 통한 단상교류로 하여 콘센트에 플러그를 꽂으면 가정전화제품이 사용할 수 있도록 되어 있다.
* 전압은 저압, 고압, 특고압으로 구분된다.
- **저압** : 직류 750V 이하, 교류 600V 이하(2021년 부터는 직류 1,500V 이하 교류 1,000 이하)
- **고압** : 직류 750V 이하를 초과하여 7,000V 이하 교류 600 V를 초과하여 7,000V 이하
- **특고압** : 직류·교류 모두 7,000V 초과

# 6 일본에서는 주파수가 지역에 따라 다르다

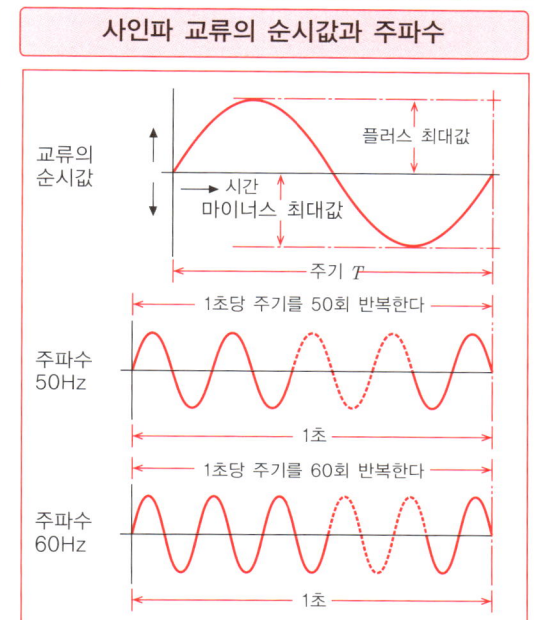

| 사인파 교류의 순시값과 주파수 | 일본의 상용전원의 주파수 |
| --- | --- |

**사인파 교류의 순시값과 주파수**

- 교류의 순시값
- 플러스 최대값
- 시간
- 마이너스 최대값
- 주기 $T$
- 1초당 주기를 50회 반복한다
- 주파수 50Hz
- 1초
- 1초당 주기를 60회 반복한다
- 주파수 60Hz
- 1초

**일본의 상용전원의 주파수**

- 동일본 50Hz
- 이토이강을 경계로 한다.
- 서일본 60Hz
- 후지강을 경계로 한다.

## 동일본에서는 50Hz, 서일본에서는 60Hz의 주파수가 사용되고 있다

- 교류는 시간의 경과와 함께 크기와 방향이 바뀌므로 어느 순시의 값을 순시값이라 한다.
- 이 순시값의 파형이 삼각 함수의 사인 정리, 즉 sin 함수에 따르므로 '**사인파교류**'라고 호칭한다.
- 사인파 교류의 순시값이 가장 크게 되었을 때의 값을 '**최대값**'이라고 한다.
- 사인파 교류에서 그 순시값의 반복 단위를 '**주파**' 또는 '**사이클**'이라하며, 1주파에 필요한 시간을 '**주기**'로해서 기호 $T$로 표시하고 단위는 $t$[초]를 사용한다.
- 사인파 교류에서 1초당 교류파형이 반복되는 주기 횟수를 '**주파수**'라 하며, 기호 $f$로 표시하며 단위는 Hz(헤르츠)를 사용한다.
- 주파수 50Hz란, 1초당 파형의 주기가 50회 반복되는 것을 말하며 60Hz는 1초당 파형의 주기가 60회 반복된다.
- 일반 송배전 사업자로부터 수요처로 보내지는 전기(상용전원)은 같은 교류이지만, 지역에 따라 2종류의 주파수로 나뉘어져 있다.
- 상용전원의 주파수는, 시즈오카현의 후지강과 니가타현의 이토이강을 경계로 관동지방을 포함한 동일본에서는 50Hz, 간사이지방을 포함한 서일본에서는 60Hz로 되어 있다.
- 이것은 메이지시대에 발전기를 도쿄에서는 독일제의 50Hz를 수입하고, 오사카에서는 미국제의 60Hz를 수입하여 적용한 것에 의한다.
- *현재, 오키나와를 제외한 홋카이도에서 큐슈까지의 전력계통을 송전선으로 연결하여 네트워크를 형성하여, 지역적인 전력수요 과부족에 대해 각 전기사업자의 공급 구역을 넘어 전력의 상호 융통을 하고 있다.
- 동일본과 서일본에서는 주파수가 다르므로, 전력 상호융통을 위하여 50Hz와 60Hz의 주파수 변환소가 설치되어 있다.

## 2 수력발전 : 물의 힘으로 발전한다

## 7 발전은 에너지의 변환에 다르다

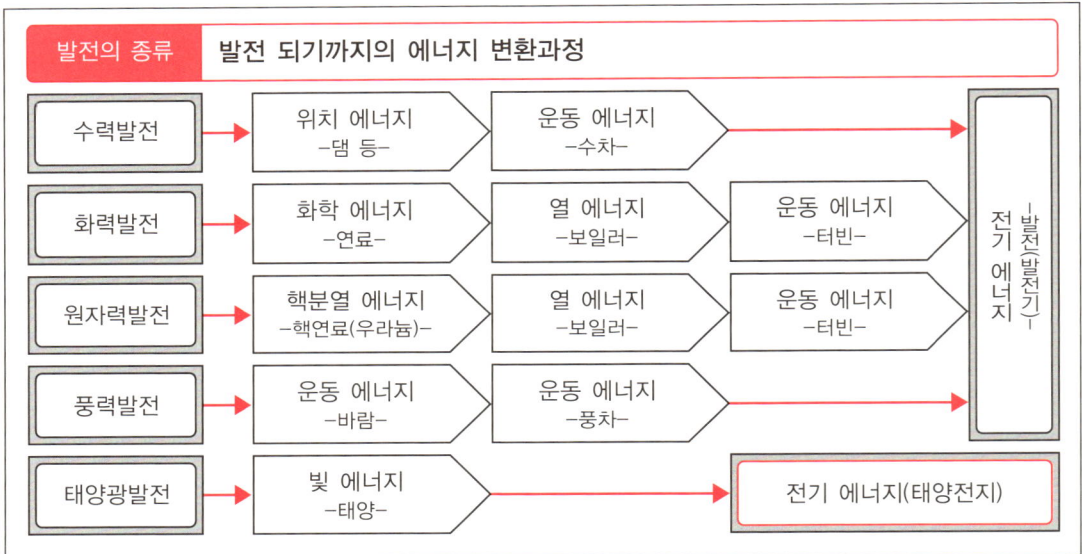

| 발전의 종류 | 발전 되기까지의 에너지 변환과정 |
|---|---|

| 수력발전 | 위치 에너지 -댐 등- | 운동 에너지 -수차- | | 전기 에너지 -발전(발전기)- |
| 화력발전 | 화학 에너지 -연료- | 열 에너지 -보일러- | 운동 에너지 -터빈- | |
| 원자력발전 | 핵분열 에너지 -핵연료(우라늄)- | 열 에너지 -보일러- | 운동 에너지 -터빈- | |
| 풍력발전 | 운동 에너지 -바람- | 운동 에너지 -풍차- | | |
| 태양광발전 | 빛 에너지 -태양- | | 전기 에너지(태양전지) | |

### 발전의 종류 : 수력 발전·화력 발전·원자력 발전·풍력 발전·태양광 발전

*  발전 종류는, 수력·화력·원자력·태양광·풍력 등이 있는데, 다른 점은 어떤 에너지를 전기 에너지로 변환하느냐 하는 것으로, 발전기의 구조는 거의 같습니다.

● 수력 발전은, 높은 곳에 있는 물을 낮은 곳으로 이끌어, 물이 떨어지는 힘, 즉 물이 가지는 위치 에너지를 운동 에너지로 바꾸어 수차를 돌려, 수차에 연결된 발전기에서 발전하여 전기 에너지를 내는 것이다.

● 화력 발전은 석유, 천연 가스, 석탄 등의 화석연료의 화학 에너지를 태워 열 에너지로 변환하여, 보일러에서 물을 증기로 바꾸고, 증기의 힘으로 터빈을 돌려 운동 에너지로 만들어, 그 회전을 발전기에 전달하여 발전함으로써 전기 에너지를 낸다.

● 원자력 발전은 원자로에서 우라늄 등의 핵연료의 핵분열반응으로 생겨난 열 에너지로 인하여 보일러에서 물을 증기로 바꾸고, 증기의 힘으로 터빈을 회전시켜 운동 에너지로 만들어, 그 회전을 발전기에 전달하여 발전한 전기 에너지를 내는 것이다.

● 태양광 발전은 태양광의 빛 에너지를 반도체를 이용한 태양전지로 받아, 직접적으로 전기 에너지로 변환하여 내는 것이다.

● 풍력 발전은 공기의 흐름인 바람이 가지는 운동 에너지로 풍차를 돌려, 그 회전을 발전기에 전달하여 발전한 전기 에너지를 내는 것이다.

● 그 외에 지열발전, 연료전지 발전, 조력발전, 파력발전 등이 있다.

# 8 수력발전은 전력 소비에 맞게 수량을 운용한다

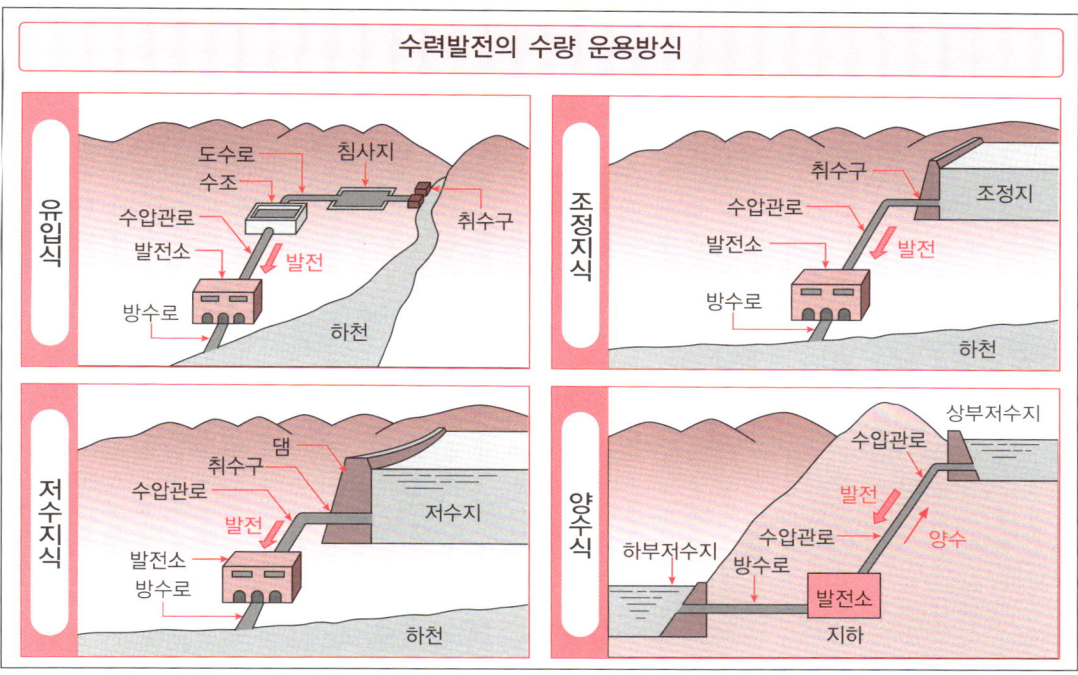

수력발전의 수량 운용방식

**유입식**
도수로　침사지
수조
수압관로
발전소　발전
방수로
취수구
하천

**조정지식**
취수구
수압관로
발전소　발전
조정지
방수로
하천

**저수지식**
취수구　댐
수압관로
발전
발전소
방수로
저수지
하천

**양수식**
상부저수지
수압관로
발전
수압관로　양수
하부저수지
방수로
발전소
지하

## 수력발전 운용방식에는 유입식, 조정지식, 저수지식, 양수식이 있다

✽ 수력발전에 있어서 수량 운용방식에는 유입식 (자류식), 조정지식, 저수지식, 양수식의 4종류가 있다.

✽ 유입식은, **자류식**이라고도 하며 하천에서 수로로 끌어들인 물을 저수하지 않고 자연 그대로 발전으로 사용하는 방식이다.

● 다른 방식에 비하여 설비가 작은 것이 많다.

● 자연유량의 풍수·갈수 변화에 따라 발전량이 증감한다.

● 하천수중의 토사가 수차를 손상시키는 원인이 되므로, 취수구에서 도수로로 들어오기 전에 침사지를 설치하여 토사를 침전시킨다.

✽ **조정지식**은, 수로의 도중 또는 하천에 조정지를 설치하여 모은 물을 방류하여 발전하는 방식이다.

● 전력 소비량은, 1일·1주일 사이에도 변화하므로 야간이나 주말 전력소비가 적을 때에는 발전을 아니하고, 하천수를 조정지에 모아 전력소비량의 증가에 맞추어 수량을 조정하면서 발전한다.

● 1일 또는 수일간의 수량을 조정한다.

✽ **저수지식**은, 조정지식보다 큰 댐으로 막은 인조호 등의 물을 방류하여 발전하는 방식이다.

● 수량이 풍부하고 전력소비가 비교적 적은 봄 가을 등에 하천수를 댐(인조호)에 모아, 전력소비량이 많은 하계와 동계에 방류하여 발전한다.

● 연간으로 수량을 조정한다.

✽ **양수식**은 발전소의 상부와 하부에 저수지 등을 설치하여 풍수기 또는 1일 중 경부하시에 잉여 전력을 사용하여 하부의 저수지 등에서 상부의 저수지 등으로 물을 퍼 올려놓아 갈수기 또는 1일 중의 전력소비가 급증했을 때에 방류하여 발전하는 방식이다.

● 발전소 출력을 하천의 유양에 상관없이 대출력이 가능하며 전력 수요지점 부근에 건설이 가능하다.

# 9 수력발전 : 하천에서 취수한다

## 수력발전의 취수방식

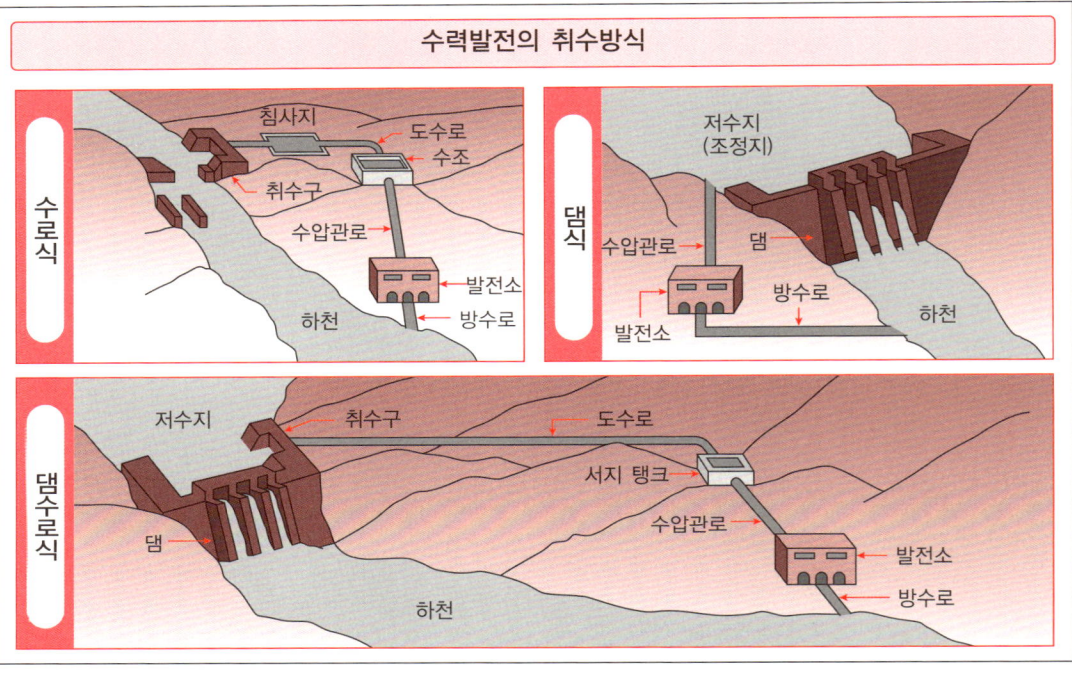

**수로식**
침사지 / 도수로 / 수조 / 취수구 / 수압관로 / 발전소 / 하천 / 방수로

**댐식**
저수지 (조정지) / 수압관로 / 댐 / 발전소 / 방수로 / 하천

**댐수로식**
저수지 / 취수구 / 도수로 / 서지 탱크 / 수압관로 / 댐 / 발전소 / 방수로 / 하천

## 수력 발전 취수방식에는 수로식·댐식·댐 수로식이 있다

* 수력발전은 다음과 같은 장점이 있다.
● 자연계에서 순환하는 물의 에너지를 이용하여 발전하고 있으므로 화력발전, 원자력발전에 비하여 에너지원에 필요로 하는 비용이 적다.
● 사용되는 전력량에 따라 재빨리 발전량을 조정할 수 있다.
● 발전개시까지의 시간이 짧으므로 전력사용량이 급증했을 때 등에 대응할 수 있다.
● 이산화탄소(온실효과 가스)를 배출하지 않는다.
* 수력발전은, 일반적으로 산 속에 건설하므로 전력 소비지까지 먼 이유로 송전이나 댐 건설에 많은 비용과 기간이 필요하다.
* 수력발전에 있어서 취수방식으로는 수로식, 댐식, 댐 수로식의 3종류가 있다.
* 수로식은, 하천의 상류에 둑을 만들어서 물을 받아들이고, 긴 수로로 적절한 낙차를 얻을 수 있는 장소까지 물을 이끌어 발전하는 방식이다.

● 이 방식은 유입식(앞 페이지 참조)과 조합한 것이 일반적이며 급기울기로 굴곡이 많은 하천 상류·중류부에 설치한다.
● 댐식은, 댐을 통해 하천을 막아 인조호를 만들어 댐 직하 발전소와의 낙차를 이용하는 방식이다.
● 강의 폭이 좁고 양쪽 기슭의 바위가 높게 우뚝 솟아있는 곳에 만들어진다.
● 저수지식(앞 페이지 참조) 및 조정지식(앞 페이지 참조) 와 조합하는 것이 일반적이다.
* 댐 수로식은, 댐식과 수로식을 조합한 방식으로 댐에서 모은 물을 수로로 하류에 이끌어 큰 낙차를 이용하여 발전하는 방식이다.
● 댐식, 수로식 단독의 경우와 비교하여 더 큰 낙차를 얻는 것이 가능하다.
● 이 방식은, 저수지식, 조정지식 및 양수식(앞 페이지 참조) 와 조합하는 것이 일반적이다.

## 10 수력발전소는 이러한 시스템으로 되어 있다

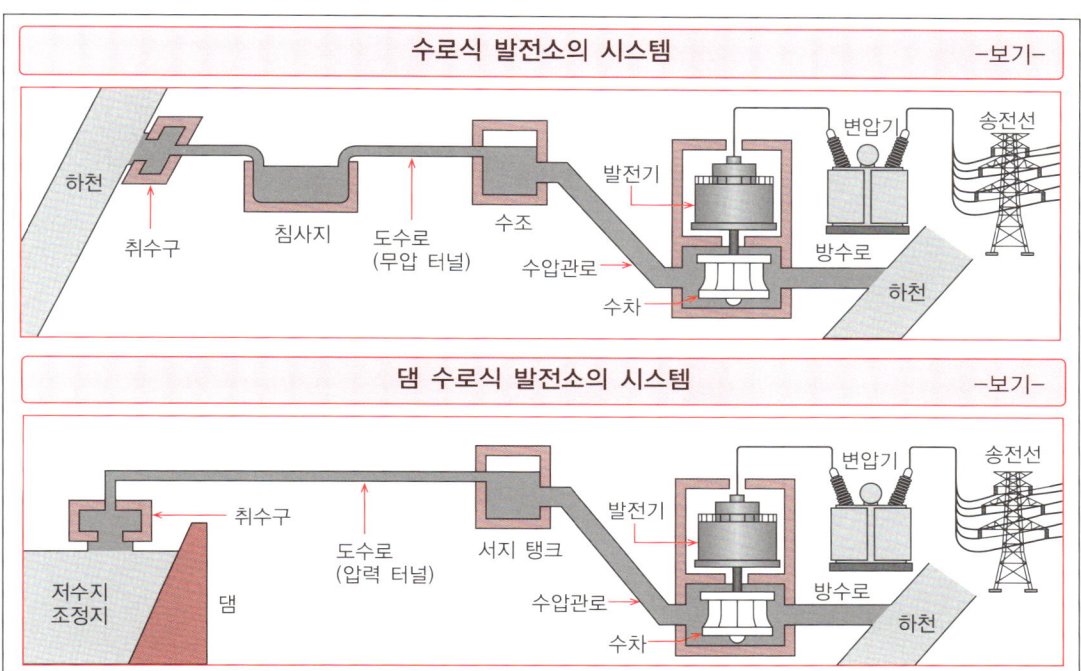

### 수력발전을 구성하는 주요 설비는 다음과 같다

* **댐** 댐은, 하천이나 계곡을 가로질러 막고, 발전을 위한 낙차를 형성하여 수량을 조정하는 토목구조물이다.
● 댐 부속 설비에는, 홍수시 잉여수를 댐에 위험을 미치지 않도록 하류로 방류하는 여수로, 여수로 수문, 방류 밸브 등이 있다.
* **취수구** 취수구는, 댐 또는 하천에서 물을 도수로로 원활하게 이끌어 들이기 위해 설치된다.
* **침사지** 댐 저수지에서 취수하는 경우를 제외하고 수압관로와 수차를 마모하는 원인이 되는 하천에서 취수하는 유수 속에 포함된 토사를 침전, 배제하기 위해 취수구 근처에 설치한다.
* **도수로** 도수로는, 일반적으로 터널을 적용하지만 지형에 따라 암거, 개거를 병용하는 경우가 있다.
● 수로 터널에는, 유입식의 수로에 사용하는 무압 터널과, 저수지식·조정지식의 수로에 사용하는

압력 터널이 있다.
* **수조** 수조는, 무압 수로와 수압관로 연결부에 설치되어 부하 변동에 의한 사용수량 변화의 조정과 부하차단으로 인한 수격압을 완화한다.
* **서지 탱크** 서지 탱크는, 압력 터널에서 도수하는 경우, 부하변동에 의한 유량급변 조정과 부하차단에 의한 수격압을 완화한다.
* **수압관로** 수압관로는, 서지 탱크 또는 수조에서 수차로 직접 도수하는 관을 말한다.
* **방수로** 방수로는, 발전사용수를 하천으로 방류하는 수로이며 하천의 출구를 방수구라고한다.
* **수차** 수차는, 수압관로로 이끌어 들인 물의 힘을 회전하는 기계의 힘으로 바꾼다.
* **발전기** 발전기는, 수차에 연결하여 회전하고, 그 기계의 힘에 의해 전기를 발생한다.
* **변압기** 변압기는, 발전기에서 만들어진 전기의 전압을 높게 하여 송전선으로 보낸다.

# 11 댐에는 콘크리트 댐과 필 댐이 있다

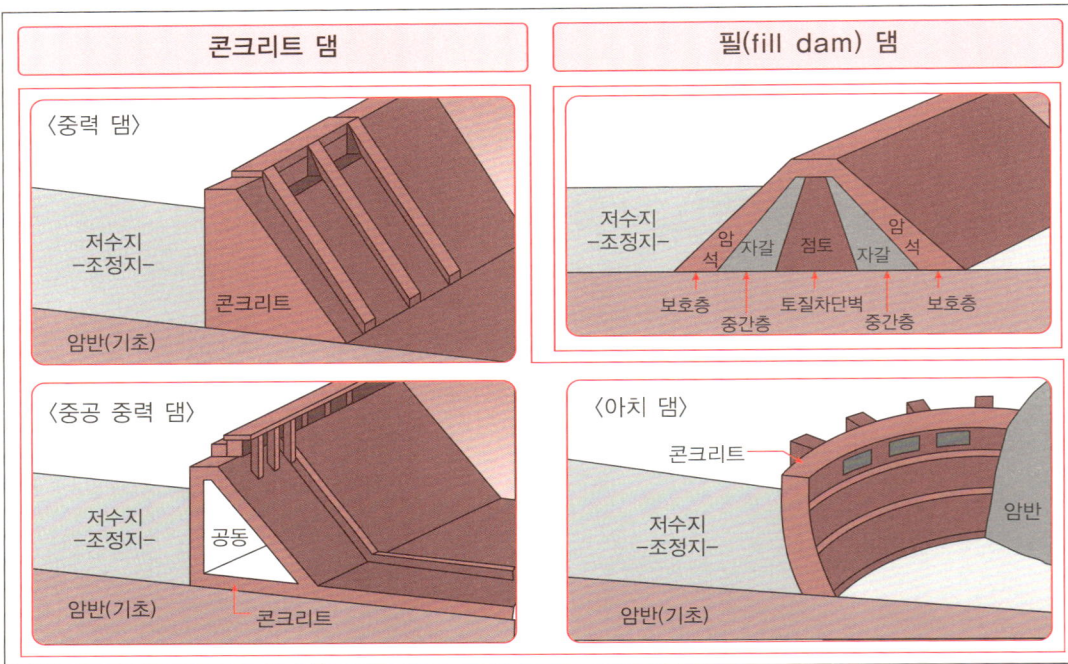

## 콘크리트 댐에는 중력(重力) 댐·중공(中空) 중력 댐·아치(arch) 댐이 있다 　　　 -필 댐-

* 댐의 종류에는 콘크리트 댐과 필 댐이 있다.
* 콘크리트 댐은, 콘크리트를 주원료로 건설하여 중력 댐, 중공 중력 댐, 아치 댐, 중력·아치 댐 등이 있다.
* 중력 댐은, 수압을 댐 자체의 콘크리트 중량에 따라 지지하는 방식의 댐이다.
● 댐의 단면형상은, 거의 직각 삼각형으로, 대량의 콘크리트를 사용한다.
● 안정성이 높으므로 지진이 많은 일본에 적합하며 가장 많이 이용되고 있다.
* 중공 중력 댐은, 중력 댐의 제체내부에 공동(空洞)을 설치하여 댐과 기초지반과의 접지면을 넓게 잡는 것으로 안정성을 유지하는 방식으로 중력 댐의 변형이다.
● 중력 댐과 마찬가지로 제체 자체의 무게에 따라 수압 등의 외력을 지지하는 방식의 댐이다.
● 제체 내부를 공동으로 하므로 중력 댐에 비하여

콘크리트를 사용하는 양을 절약할 수 있다.
* 아치 댐은, 양쪽 강 기슭을 기지점으로 아치(콘크리트 벽이 원호형을 그린 형상)에 의해, 수압을 양쪽 기슭의 암반에 전하는 방식의 댐이다.
● 댐의 두께를 얇게 할 수 있으므로 콘크리트 등의 재료가 줄어든다.
● 양 강 기슭이 좁고 암반이 튼튼한 장소에 적합하다.
* 중력·아치 댐은 중력 댐에 아치 작용을 갖게 하여, 콘크리트의 사용량 감소 방식의 댐이다.
* 필 댐은, 암석 또는 흙을 쌓아올려, 그 자중으로 인해 수압을 지지하는 방식의 댐이다.
● 댐의 단면형상은 기울기의 완만한 둔각 이등변 삼각형이 되어, 댐 부피는 커진다.
● 누수를 방지하기 위해, 댐 내부 또는 상류면을 물이 통하지 않는 재료를 사용하여 구축한다.
● 댐 부근에서 제체 재료를 얻을 수 있는 장소에 적합하다.

# 12 물의 힘으로 회전하는 수차를 통해 발전기는 전기를 일으킨다

## 펠톤 수차 —보기—

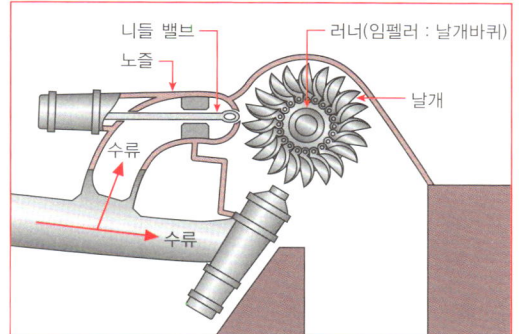

니들 밸브
노즐
러너(임펠러 : 날개바퀴)
날개
수류
수류

## 동기발전기 —원리—

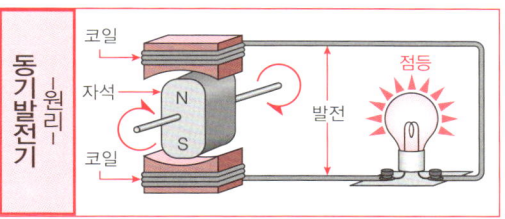

코일
자석
N
S
코일
발전
점등

## 수차발전기 —프란시스 수차—

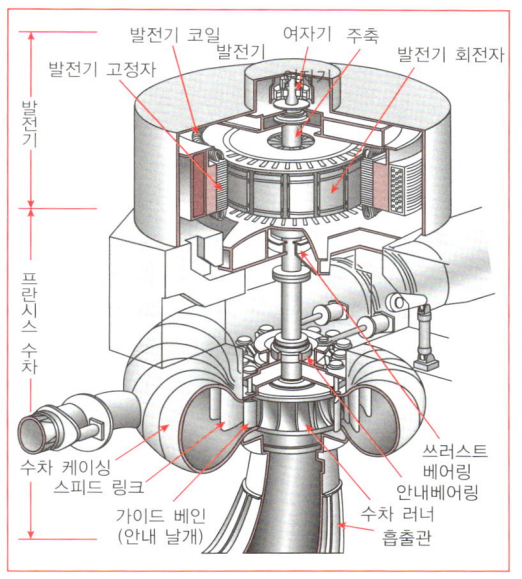

발전기
프란시스 수차

발전기 코일
여자기
주축
발전기
발전기 고정자
발전기 회전자
쓰러스트 베어링
안내베어링
수차 케이싱
스피드 링크
수차 러너
가이드 베인
(안내 날개)
흡출관

## 수차에는 충동수차와 반동수차가 있다 —발전기—

* 수차는, 물이 가지는 위치 에너지를 운동 에너지로 바꾸는 기계로, 그 동작원리에 따라, 충동 수차와 반동 수차가 있다.

* 충동 수차는, 압력수두를 속도수두로 바꾼 유수를 러너(날개차)로 작용시키는 구조의 수차로서 펠톤 수차가 대표적이다.

● 펠톤 수차는, 물 흐르는 속도를 이용한 수차로, 노즐로부터 강한 기세로 분출하는 물을 접시 모양 날개에 날려 그 충동으로 러너를 회전시킨다.

● 펠톤 수차는, 물 분출구 노즐로 분사수량을 변화시켜, 수차 출력을 조정한다.

● 펠톤 수차는, 고낙차 발전소에 적합하다.

* 반동수차는, 압력수두를 보유하는 유수를 러너에 작용시키는 구조의 수차로 프란시스 수차가 대표적이다.

● 프란시스 수차는 물의 압력과 물 흐르는 속도를 이용한 수차로, 소용돌이 모양의 관(케이싱)에서 러너로 물을 이끌어 그 반동으로 수차를 회전시킨다.

● 프란시스 수차는, 안내날개(가이드 베인)의 개도를 바꿈으로써 유량을 변화시켜, 수차 출력을 조정한다.

● 프란시스 수차는, 중고낙차 발전소에 적용되어, 일본의 수차 발전소에서는 많이 이용되고 있다.

● 수차 발전기는, 수차에서의 운동 에너지를 전기 에너지로 바꾸는 기계이다.

* 수력 발전소에 사용하는 발전기는, 일반적으로 동기(同期)발전기가 사용된다.

● 동기 발전기는, 코일(고정자 코일)의 사이에서 자석(자극)을 회전시키면 코일에 전기가 만들어지는 원리를 이용하고 있다.

* 변압기는, 발전기에서 발전한 전기의 전압을 송전에 필요한 높은 전압으로 변환하여 송전선으로 보낸다.

# 3 화력발전 : 불의 힘으로 발전한다

## 13 화력발전소를 연료의 종류에 따라 분류한다

| 화력발전의 장점 | 화력발전의 단점 |
|---|---|
| ● 연료를 조정함으로써 발전량을 손쉽게 조정할 수 있다.<br>● 계절과 시간대에 따라 크게 변하는 전력소비에 맞추어 전력을 공급할 수 있다.<br>● 만일에 사고가 발생해도 원자력에 비해 국부적인 피해로 수습 된다.<br>● 석탄 : 다른 화석연료에 비해 저가격이다.<br>● 석유 : 연료 저장이 손쉽다.<br>● LNG : 이산화탄소의 배출량이 적다. | ● 지구온난화의 원인인 이산화탄소를 다량 배출한다.<br>● 대기오염의 원인이 될 수 있는 황산화물이나 질소 산화물을 배출한다.<br>● 화석연료 공급에 한계가 있어 대부분을 해외의 수입에 의존하고 있다.<br>● 석탄 : 이산화탄소 배출량이 다른 것에 비해 많다.<br>● 석유 : 연료 단가가 다른 것에 비해 비싸다.<br>● LNG : 인프라 정비(수송·저장)가 필요하다. |

### 화력발전소에는 석탄 화력발전소·석유 화력발전소·천연 가스 화력발전소가 있다

＊ 화력발전은 석탄, 석유, 천연 가스(액화 천연 가스 : LNG) 등의 연소에 의한 열 에너지로 만든 증기의 힘으로 터빈을 돌려 그 기계 에너지로 발전기를 작동시켜 발전하고, 전기 에너지로 변환한다.

＊ 화력발전소를 연료의 종류에 따라 분류하면, 석탄 화력발전소, 석유 화력발전소, 천연 가스(LNG)화력 발전소 등이 있다.

＊ 석탄 화력발전소
● 운반선으로 운반된 석탄은, 사용시에 컨베이어 벨트에 실려져 미분 기계로 잘게 분쇄하여 공기에 부유시킨 상태에서 버너에 불어 넣어 연소시킨 고압·고온의 증기를 만들고, 이 증기를 터빈으로 보내서 발전기를 작동시켜 발전한다.

＊ 석유 화력발전소
● 주로 중유를 연료로 하며, 중유는 일단 터빈에 저장되어 점도가 높으므로 사용시에는 가열에 의해 유동성을 더하고 펌프로 버너에 보내어 안개의 미세한 물방울로 보일러에 불어넣어 연소시키고, 고압·고온의 증기를 만들어, 이 증기를 터빈으로 보내 발전기를 작동시켜 발전한다.

＊ 천연가스(LNG) 화력 발전소
● 초저온에서 액화한 천연 가스(LNG)를 전용 탱커로 수송하고 보내진 특수 터빈에 저장하여 사용할 때에는 해수로 데워 기화시키며, 이때 얻어지는 열을 이용해서 발전한다.
● LNG는 메탄을 주성분으로 하여, −162℃ 이하로 냉각시켜서 액화한 것이다.

# 14 화력발전소를 원동기의 종류에 의해 분류한다

## 발전의 종류 —원동기에 의한 분류—

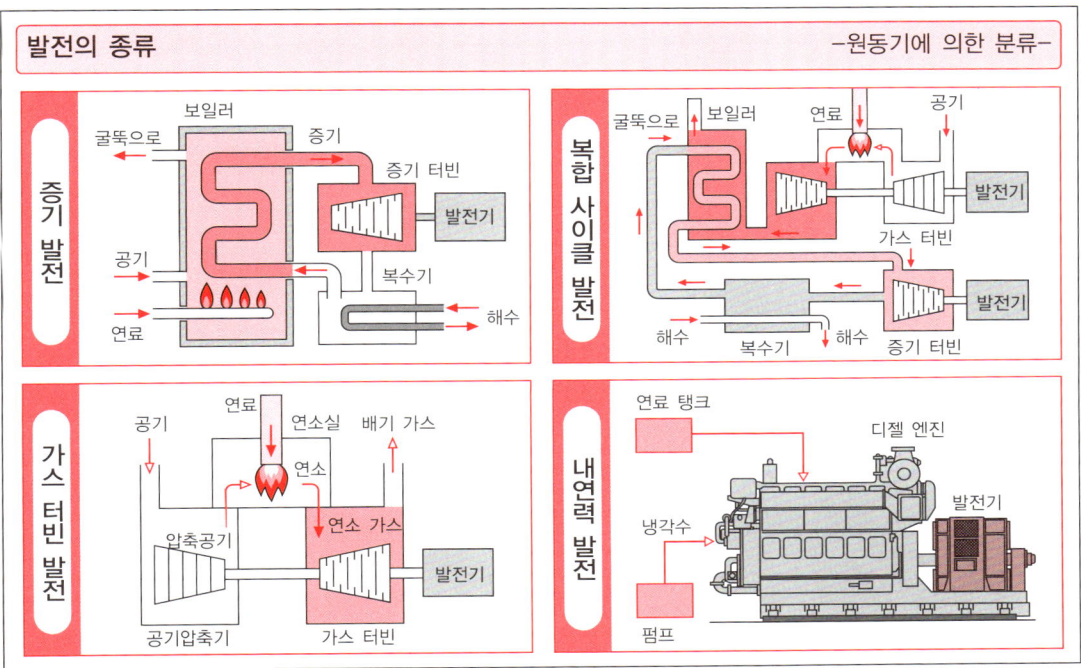

## 증기 발전소·가스 터빈 발전소·복합 사이클 발전소·내연력 발전소

* 화력발전소를 사용하는 원동기의 종류에 따라 분류하면, 증기 발전소, 가스 터빈 발전소, 복합 사이클 발전소, 내연력 발전소 등이 있다.

* 증기 발전소
● 증기 발전소는, 증기 발전의 설비를 가진 발전소를 말한다.
● 증기 발전은, 연료를 화로에서 연소시켜, 그 연소가스로 고압·고온의 증기를 보일러에서 발생시켜 그 증기로 증기 터빈 임펠러를 회전하여 증기터빈에 직접 연결된 발전기에서 발전한다.

* 가스 터빈 발전소
● 가스 터빈 발전소는, 가스 터빈 발전의 설비를 가진 발전소를 말한다.
● 가스 터빈 발전은, 연료와 압축기로 압축한 공기를 연소실로 보내 연소시켜 생긴 고온·고압 연소 가스를 가스 터빈에 보내 터빈의 임펠러를 회전시켜 직접 연결된 발전기에서 발전한다.

* 복합 사이클 발전소
● 복합 사이클 발전소는, 가스 터빈과 증기 터빈을 조합한 복합 사이클 발전의 설비를 가진 발전소를 말한다.
● 처음에 압축공기 속에서 연료를 태워 고온·고압의 연소 가스를 발생시켜 가스 터빈을 돌려 발전하며, 그 배기 가스는 충분한 여열이 있으므로 이것을 보일러로 이끌어 증기를 발생시키고 그 증기로 증기 터빈을 회전시켜 발전한다.

* 내연력 발전소
● 내연력 발전소는, 내연력 발전의 설비를 가진 발전소를 말한다.
● 내연기관은 디젤 엔진이 주로 사용되며 실린더 내에서 직접 연료를 연소시켜 생긴 고온·고압 가스로 피스톤을 상하 운동시켜, 크랭크 축을 통해 발전기를 돌려 발전한다.

# 15 증기 발전소의 설비구성(1)

## 증기 발전소의 설비구성 —연료 취급 설비·보일러 설비·매연 처리 설비—

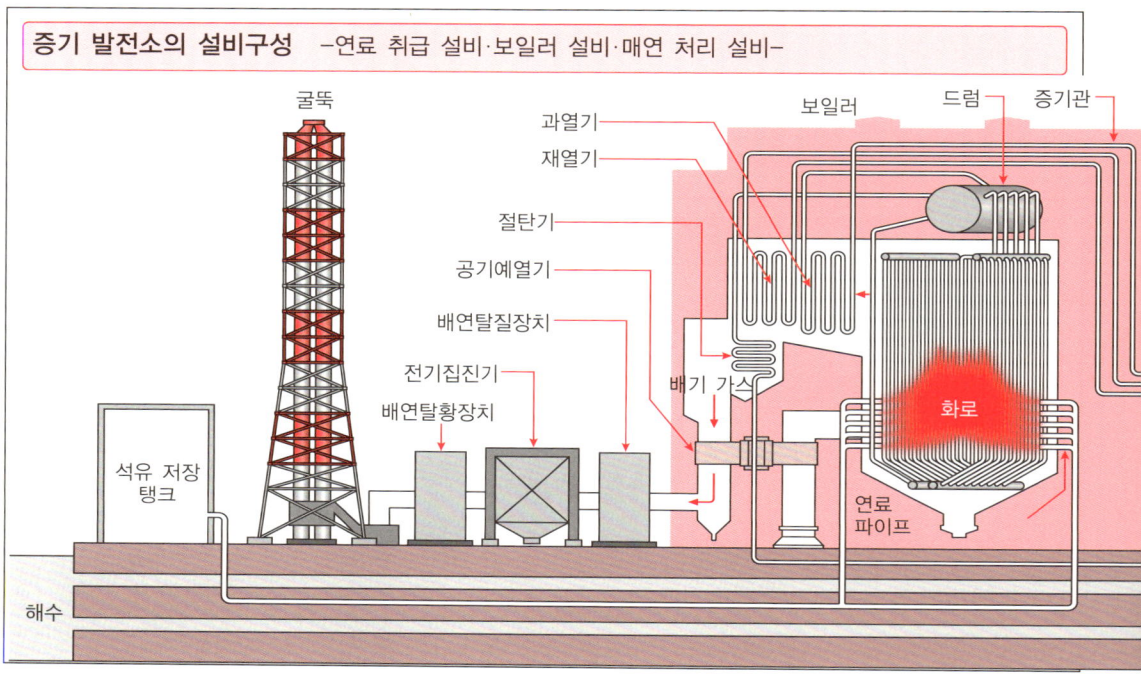

## 연료 취급 설비·보일러 설비·증기 터빈 설비 —증기 발전소—

＊ 화력발전소 안에서 증기 발전소가 가장 많이 사용되므로 그 구성을 다음과 같이 나타낸다.

● 증기 발전소는, 연료 취급 설비, 보일러 설비, 증기 터빈 설비, 복수기 설비, 발전기 설비, 변압기, 개폐소, 매연 처리설비 등으로 구성된다.

〈연료 취급 설비〉

● 석탄은 배 또는 화물차로 수송된 것을 양탄기 등의 운반기계로 탈수 또는 하역하여, 컨베이어를 통해 일단 저탄장으로 저탄되어 사용량만큼 컨베이어로 보일러에 보낸다.

● 석유는 탱커 등을 통한 해송과 탱커 차 등을 통한 육송이 있으며, 석유 저장 탱크에 저장되어, 사용하는 양 만큼 펌프로 보일러에 보낸다.

● 천연 가스(LNG)는 LNG선을 통한 해송과 LNG 기지에서 파이프를 통한 육송이 있고, 액화하여 LNG 탱크에 저장된다.

〈보일러 설비〉 —17항 참조—

● 보일러는 연료 취급 설비에서 보내진 연료를 연소시켜 얻은 열을 물에 전달, 고온·고압의 증기를 발생시켜 그 증기를 증기 터빈에 보낸다.

〈증기 터빈 설비〉 —18항 참조—

● 증기 터빈은 증기가 가진 에너지를 임펠러와 축을 통해서 회전운동으로 변환하는 외연기관이다.

● 보일러에서 만들어진 고온·고압의 증기는 터빈을 회전시키지만, 임펠러에 닿는 증기의 힘을 크게 받기 위하여 임펠러를 몇 단계에서 몇 십 단계로 차례차례로 증기가 충돌하도록 한다.

● 증기 터빈이 고속으로 회전하고, 여기에 직접연결되어 있는 발전기를 회전시킨다. 증기 터빈을 돌린 후의 증기는 복수기로 보내진다.

〈복수기 설비〉

● 복수기는 증기 터빈을 돌린 후의 증기를 냉각하여 응축시켜서 물로 되돌리는 장치이다.

# 16  증기 발전소의 설비구성(2)

-증기 터빈 설비·복수기 설비·발전기 설비·변압기·개폐기-

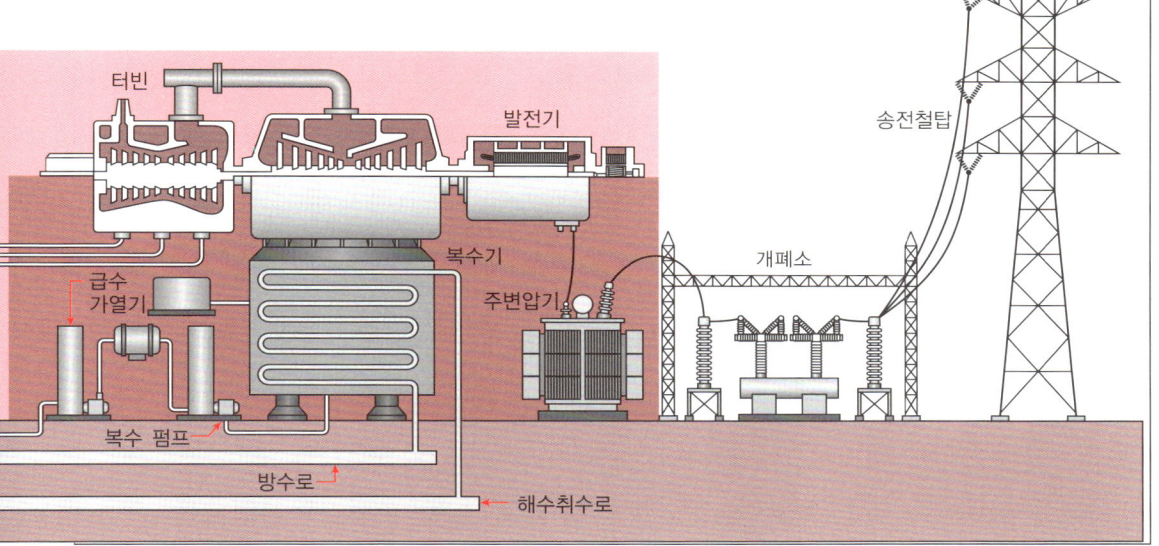

## 복수기 설비·발전기 설비·변압기·개폐소·매연처리 설비

- 복수기에서 만들어진 물은, 또다시 보일러로 보내져 증기로 바뀌어, 이것을 반복한다.
- 복수기의 냉각수는, 대부분 해수를 사용하므로 표면복수기가 사용된다.
- 표면복수기는, 냉각수가 복수기 냉각관 내를 통하여 터빈 증기와는 직접 접촉하지 않는 방식이다.

〈발전기 설비〉
- 발전기는 전자유도의 법칙을 이용하여 운동 에너지에서 얻어지는 회전력을 전력으로 변환하는 기계이다. 발전기는 증기 터빈에 직접 연결되어 있어 그 회전력으로 발전한다.
  –발전된 전기는 변압기로 보내진다.–
- 발전기에는 3상교류 동기발전기가 사용되어, 상용전원으로서, 주파수 50Hz용과 60Hz용으로 나뉘어서 사용되고 있다.

〈변압기〉
- 변압기는 발전기에서 일어나는 전기를 멀리 낭

비 없이 보내기위해 발전전압을 송전전압 (275kV, 500kV)로 승압하여, 개폐소를 통하여 송전선으로 보낸다.

〈개폐소〉
- 개폐소는 구내에 설치된 차단기 등의 개폐장치를 통하여 전로를 개폐하는 곳이다.

〈매연처리 설비〉
- 전기 집진장치는 정전기의 힘을 이용하여 매연 먼지의 배출량을 저감시킨다.
- 배연탈질장치는 암모니아 접촉환원법에 의해 질소산화물($NO_x$)의 배출량을 저감한다.
- 배연탈황장치는 습식흡수법에 의해, 황산화물($SO_x$)의 배출량을 저감시킨다.
- 굴뚝은, 고열로 인한 상승기류의 원리로 배기를 위쪽으로 이끌어, 상공으로 배출하여 배기에 포함된 대기오염물질 농도를 지표에 도달하기까지 확산시킨다.

## 17 화력발전소에서는 수관 보일러가 사용된다

### 물은 증기가 되어 터빈으로 보내져 순환한다 　　　　　　　　　　－자연 순환 보일러－

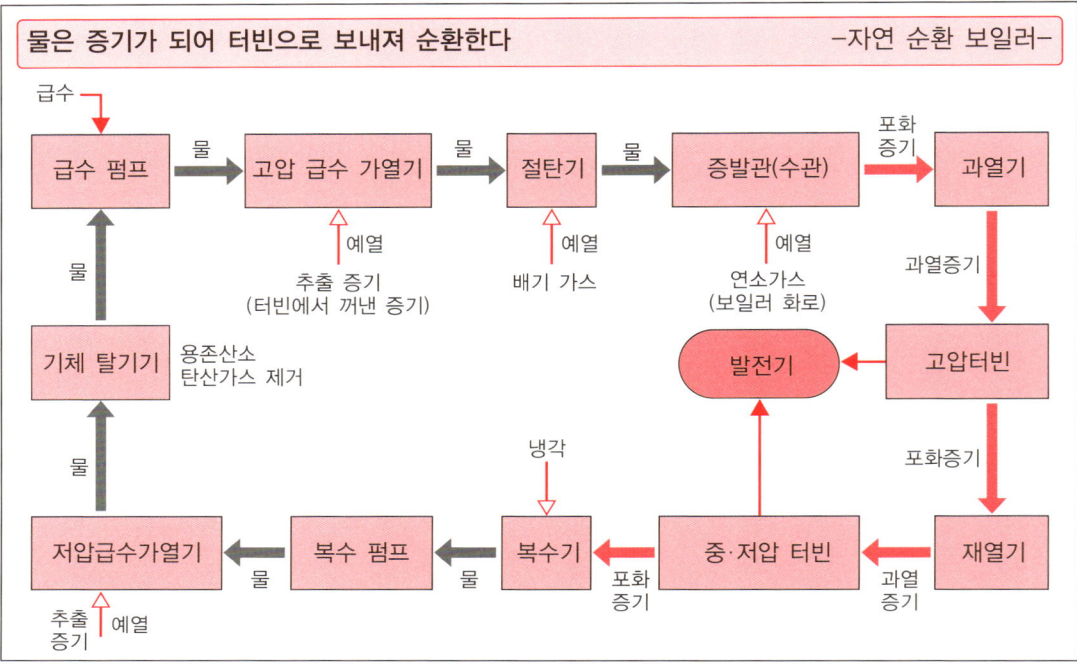

### 수관 보일러에는 자연 순환 보일러·강제 순환 보일러·관류 보일러가 있다

* 화력발전소에서 이용되는 보일러는, 전열부가 수관으로 되어 있는 수관 보일러가 사용되어 그 물 순환방식에 따라, 자연순환 보일러, 강제 순환 보일러, 관류 보일러가 있다.
● 자연 순환 보일러는, 물과 증기의 비중 차이에 따라 물을 순환시키는 형식이다.
● 강제 순환 보일러는, 물을 순환 펌프로 강제적으로 순환시키는 형식이다.
● 관류 보일러는, 급수를 수관의 한 쪽에서 밀어 넣어, 순환시키는 일 없이, 관의 다른 한 쪽의 끝에서 과열증기를 꺼내는 형식이다.
　－순환 보일러에 비해 순도가 높은 급수가 필요－
* 자연 순환 보일러의 주요 설비에 대한 설명
● 급수 펌프는, 보일러에 급수를 보낸다.
● 급수 가열기는, 터빈에서 꺼낸 증기(추출 증기)로 급수를 예열하는데, 급수 펌프를 경계로 하여 저압급수 가열기와 고압급수 가열기가 있다.

● 절탄기는, 보일러 화로, 과열기, 재열기 등으로 열교환하여 온도가 떨어진 배기 가스를 다시 이용하여 보일러 급수를 예열한다.
● 증발관(수관)은, 관내에 흐르는 물을 화로에서 연소 가스와 열교환시켜 증기를 만든다.
● 과열기는, 증발관에서 생기는 습한 포화증기를 과열하여 건조 증기, 그리고 과열증기와 고에너지 상태로 하여, 고압 터빈으로 불어 넣는다.
● 재열기는, 고압 터빈으로 일을 마치고 포화습도에 이른 증기를 재차 과열시켜 중압 터빈·저압 터빈으로 보낸다.
● 복수기는 터빈을 돌린 증기를 냉각하여 물로 되돌린다.
● 복수 펌프는, 복수기의 물을 저압급수가열기로 보낸다.
● 탈기기는 복수기에서 제거하지 못한 복수 중 용존 산소와 탄산가스를 제거하여 급수 펌프로 보낸다.

# 18 화력발전소에서는 증기 터빈이 이용된다

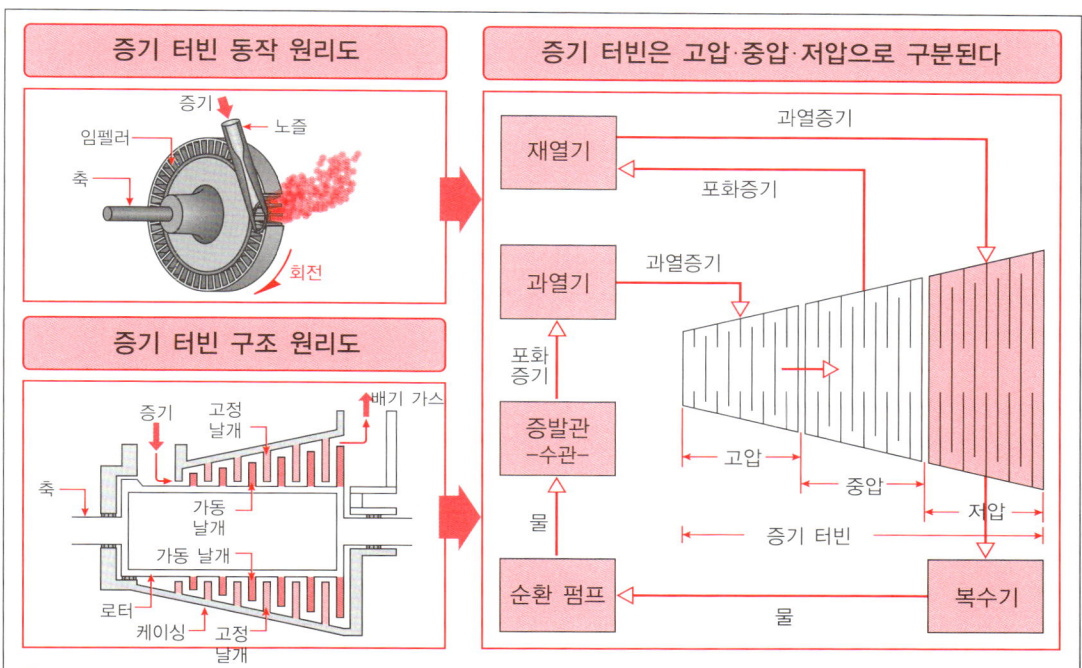

**증기 터빈 동작 원리도**

증기 / 노즐 / 임펠러 / 축 / 회전

**증기 터빈 구조 원리도**

증기 / 고정 날개 / 배기 가스 / 축 / 가동 날개 / 가동 날개 / 로터 / 케이싱 / 고정 날개

**증기 터빈은 고압·중압·저압으로 구분된다**

재열기 / 과열증기 / 포화증기 / 과열기 / 과열증기 / 포화증기 / 증발관 -수관- / 물 / 순환 펌프 / 물 / 복수기 / 고압 / 중압 / 저압 / 증기 터빈

## 증기 터빈의 종류

\* 증기 터빈은, 보일러로 발생시킨 고압·고온의 증기를 노즐 또는 고정 날개를 통하여 분출 시키면, 증기는 팽창·감압함으로 인해 고속류가 되어, 그 고속류의 증기를 가동 날개에 충돌시켜, 그 충격력으로 로터를 회전시킨다.
〈증기 터빈의 종류〉
● 충동 터빈은. 증기의 압력강하를 주로 노즐로 하여 노즐에서 분출하는 증기의 충격력에 의해 로터를 회전시킨다.
● 반동 터빈은, 고정 날개(stationary vane)에서 압력 강하시키는 것과 동시에, 가동 날개(mov-ing vane)을 통해 로터를 회전시킨다.
● 복수 터빈은, 터빈에서 배출된 증기를 복수기에서 냉각·응축시켜 물로 되돌리는 형식이다.
● 재열 터빈은, 증기가 터빈 속에서 팽창한 후, 일을 끝낸 증기를 보일러의 재연기로 증기 온도를 높여서 재차 터빈으로 되돌리는 형식이다.

## -증기 터빈의 구조-

● 다단식 터빈은, 날개의 뒤 단이 될 정도로 압력이 감소, 팽창하여 부피가 늘어나므로 날개의 길이, 즉 회전면의 지름을 크게 한다.
-대규모 터빈에서는 증기의 특성에 맞추어 고압, 중압, 저압으로 나눈다-
〈증기 터빈의 구조〉
\* 다수의 가동 날개가 회전축에 장착되어 있다.
● 케이싱은, 터빈의 로터와 날개 라인을 수납하는 용기이다.
● 노즐은, 케이싱의 증기 입구에서 들어간 증기를 로터를 향해 분사한다.
-반동 터빈에서는 고정 날개가 노즐에 상당하다
● 고정 날개는 고정되어 있어, 증기의 흐름이 효율 있게 가동 날개로 흐르도록 이끈다.
● 가동 날개는 증기에서 에너지를 얻어 회전하는 날개이다.

# 4 ◆ 원자력발전 : 핵분열의 열로 발전한다

## 19 원자력발전 : 원자로에서 증기를 만들어 발전한다

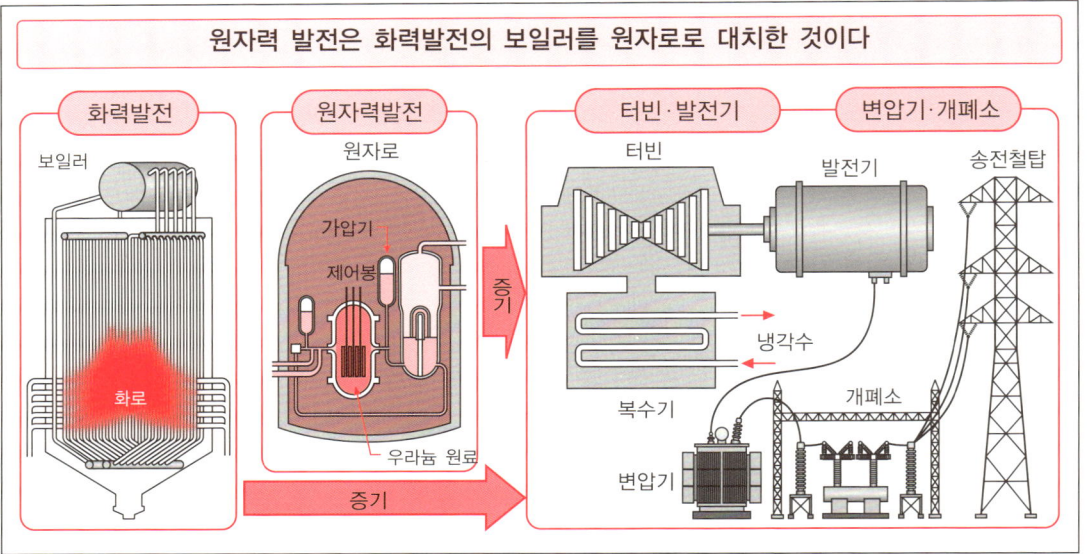

원자력 발전은 화력발전의 보일러를 원자로로 대치한 것이다

---

### 원자력 발전은 핵분열에 의한 열로 증기를 만들어서 터빈을 돌려, 발전기로 발전한다

* 원자력 발전은, 증기의 힘으로 터빈을 돌려, 발전기로 발전하는 것으로, 그 발전의 원리는 화력발전과 같다고 할 수 있다.

● 화력발전은, 보일러에서 석탄, 석유, 천연 가스 등을 태워서 증기를 만들지만, 원자력 발전은 원자로에서 우라늄 등의 연료를 핵분열시켜, 그 때 발생하는 열을 이용하여 증기를 만든다.

* 원자력 발전은 화력 발전의 보일러를 원자로에 대체시킨 것이라고 말한다.

* 원자로에서는 우라늄 및 풀루토늄의 핵분열을 통해 발생된 열이 연료를 에워싼 물에 전해지고 이것을 고온·고압의 증기로 바꾸어, 이 증기가 증기배관을 통해 터빈으로 보내져, 터빈 축에 직접연결한 발전기를 돌려서 발전한다.

● 터빈을 돌린 증기는, 복수기 내에서 냉각되어 물이 되고 재차 원자로에 되돌아간다.

● 복수기에서의 증기 냉각은, 해수를 사용한다.

● 원자로의 시동·정지는, 제어봉의 삽입·인출에 의해 행해진다.

* 원자력 발전은, 안정된 대량의 전력을 공급할 수 있고, 발전시에 지구 온난화 원인이 되는 온실가스, 대기오염의 원인이 되는 황산화물이나 질소산화물을 배출하지 않는 등의 장점이 있지만, 그 반면, 엄격한 방사선 관리가 필요하며, 사고가 일어나면 주변 지역에 막대한 피해를 주며, 접근하기가 어렵고 복원이 곤란하게 되는 단점이 있다.

–예 : 동일본 지진에서의 원자력 발전소 사고–

# 20 우라늄이 핵분열하면 열을 발생한다

## 우라늄 원자핵에 중성자를 충돌시키면 핵분열하며, 발생된 중성자로 연쇄 반응한다

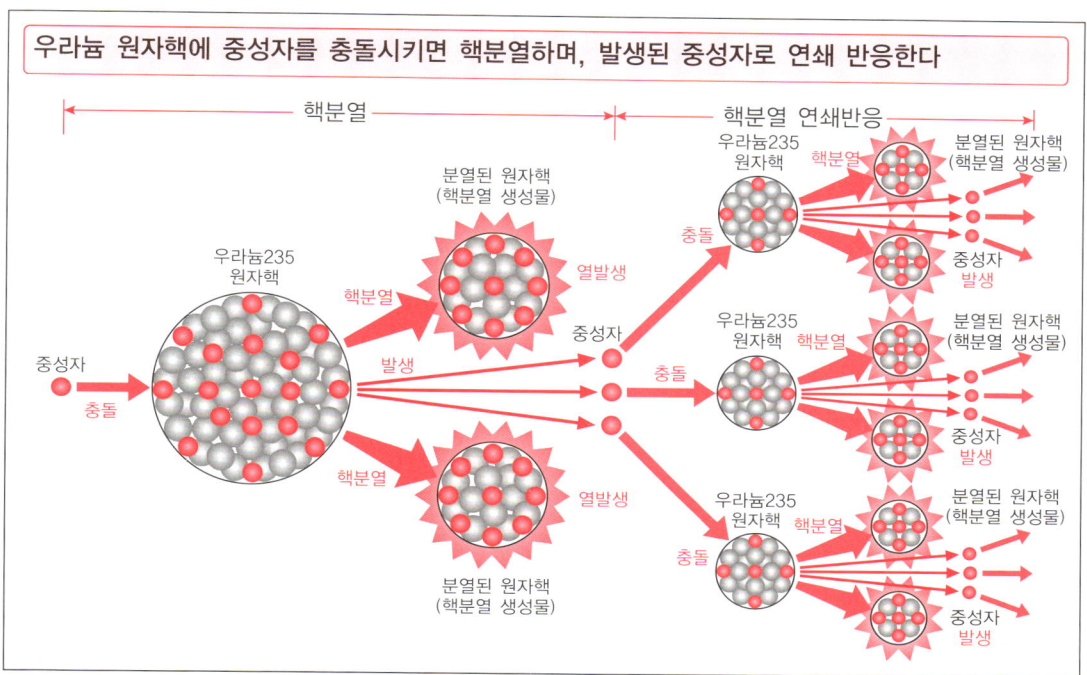

## 우라늄이 핵분열되면 원자핵 결합 에너지가 방출되어 열을 발생한다

* 물질은 모두 원자로 되어 있고, 원자는 원자핵과 그것을 에워싼 전자로 성립된다.
• 원자핵은 양성자와 중성자로 구성되어 있다.
• 원자는 양성자(陽性子)의 수에 맞추어 원자 번호가 매겨져있다.
* 원자핵에서 양성자, 중성자는 결합 에너지로 인해 결합되어 있다.
• 원자핵이 2개 이상의 원자핵으로 분열하는 것으로 **핵분열**이라 하며, 원자핵이 핵분열하면, 여태껏 원자핵내에 있던 결합 에너지가 열에너지가 되어 방출된다.
* 핵분열은 여러 원자핵에서 일어나지만, 특히 핵분열 되기 쉬운 물질로는 원자핵에 92개의 양자를 가진 원자번호 92의 우라늄이 있다.
• 우라늄에는 양자의 수가 92개여도 중성자가 142개의 우라늄 234, 중성자 143개의 우라늄 235, 중성자 146개의 우라늄 238이 있다.

• 예를 들어 우라늄 235란, 양자의 수 92와 중성자의 수 143을 더하면 235가 되기 때문이다.
• 우라늄 235는 핵분열을 일으키기 쉬우며, 우라늄 238은 핵분열을 일으키기 어려운 성질이 있다.
* 핵분열 하기 쉬운 우라늄 235에 중성자를 부딪히면 2개의 원자핵으로 핵분열하며, 결합에너지가 방출되어, 대량의 열이 발생하면 동시에 새로운 2~3개의 중성자가 발생한다.
• 새롭게 발생한 중성자가 다른 우라늄 235에 충돌하면, 핵분열이 일어나 중성자가 발생하며 핵분열의 연쇄반응이 일어나, 방대한 열이 발생한다.
• 일정의 상태에서 핵분열 연쇄를 **임계**라 한다.
* 원자로내의 핵분열이 어려운 우라늄 238이 중성자를 흡수하면 플루토늄 239가 만들어진다.
• 플루토늄 239는 핵분열성이므로 더욱 중성자를 흡수하면, 핵분열하여 결합 에너지를 방출하고 대량의 열을 발생한다.

# 21 핵연료는 연료집합체로 가공하여 원자로에 넣는다

## 연료 집합체는 비등수형로와 가압수형로에서는 구조가 다르다

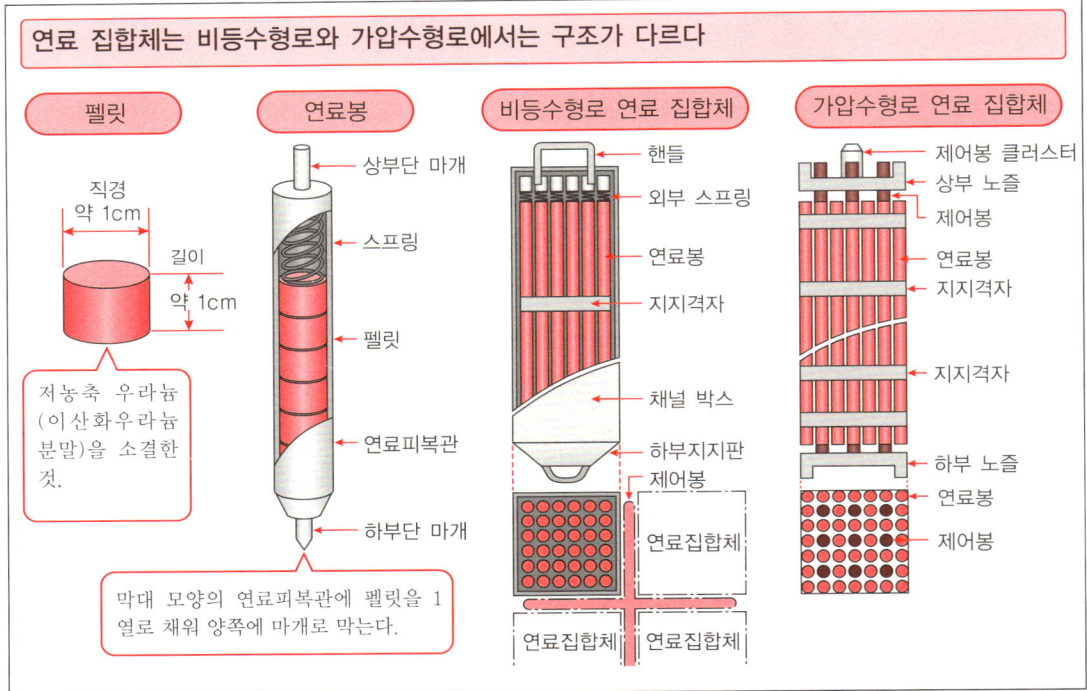

**펠릿**

직경 약 1cm
길이 약 1cm

저농축 우라늄(이산화우라늄 분말)을 소결한 것.

**연료봉**

상부단 마개
스프링
펠릿
연료피복관
하부단 마개

막대 모양의 연료피복관에 펠릿을 1열로 채워 양쪽에 마개로 막는다.

**비등수형로 연료 집합체**

핸들
외부 스프링
연료봉
지지격자
채널 박스
하부지지판
제어봉
연료집합체
연료집합체

**가압수형로 연료 집합체**

제어봉 클러스터
상부 노즐
제어봉
연료봉
지지격자
지지격자
하부 노즐
연료봉
제어봉

## 연료집합체는 저농축 우라늄을 소결한 펠릿을 채운 연료봉의 모임을 말한다

* 천연 우라늄에는, 핵분열하기 쉬운 우라늄 235가 약 0.7%, 핵분열하기 어려운 우라늄 238이 약 99.3%(우라늄 234는 0.005%)포함되어 있다.
● 원자력발전에 이용되는 우라늄 연료는, 핵분열 반응을 천천히 진행시켜, 되도록 긴 기간에 걸쳐 열을 발생하도록 하기 위해, 핵분열하기 쉬운 우라늄 235가 3~5%(우라늄 238이 95~97%)포함된 저농축 우라늄이 사용되고 있다.
● 저농축 우라늄에서는, 단시간에 핵분열시키려고 해도, 우라늄 238이 중성자를 흡수하여 핵분열을 억제하므로 장기간에 걸쳐 열을 발생시킬 수 있다.
● 1g의 우라늄 235의 핵분열에 의해 발생하는 에너지는, 석유 2,000 리터 정도, 석탄 3톤 정도에 상당한다고 하고 있다.
* 핵연료는, 원자로 안에 넣거나, 꺼낼 때에 흩어

지지 않도록 묶은 **연료 집합체**라는 형태로 가공, 성형해서 원자로에 넣는다.
● 핵연료는, 저농축 이산화우라늄 분말을 원기둥 모양으로 소결하여 펠릿으로 가공한다.
● 펠릿은, 금속(지르코늄 합금)으로 만들어진 막대 모양의 연료피복관에 1열로 담겨 있다. 이것을 **연료봉**이라 한다.
● 연료봉을 묶은 것을 연료집합체라 한다.
● 비등수형로(24항 참조)의 연료집합체는 채널 박스로 씌워 십자형을 한 제어봉이 4개의의 연료집합체 사이에 들어 있다.
● 가압수형로(23항·24항 참조)의 연료집합체는, 그 내부에 제어봉을 분산하여 넣어, 지지격자를 통해 유지하고 상하 노즐로 고정되어 있다.

## 22 원자로는 핵분열로 생긴 열을 효과적으로 빼낸다

원자로(경수로) 운전          -제어봉을 뺀다-

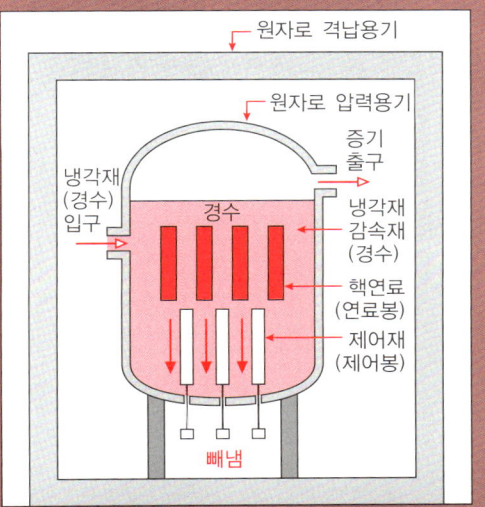

- 원자로 건물
- 원자로 격납용기
- 원자로 압력용기
- 냉각재(경수)입구
- 경수
- 증기 출구
- 냉각재 감속재(경수)
- 핵연료(연료봉)
- 제어재(제어봉)
- 빼냄

원자로(경수로) 정지          -제어봉을 넣는다-

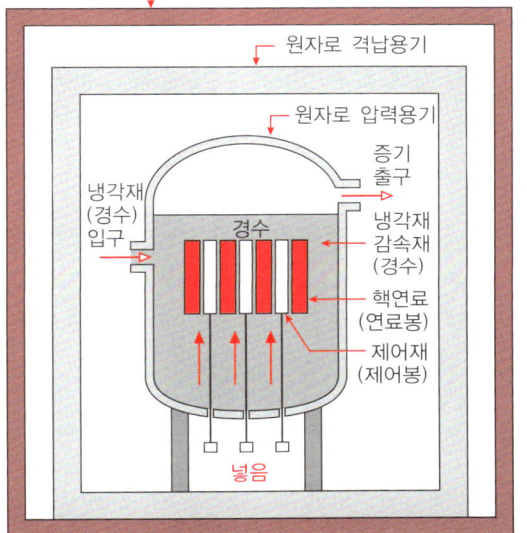

- 원자로 건물
- 원자로 격납용기
- 원자로 압력용기
- 냉각재(경수)입구
- 경수
- 증기 출구
- 냉각재 감속재(경수)
- 핵연료(연료봉)
- 제어재(제어봉)
- 넣음

### 원자로를 구성하는 요소          -감속재·반사재-

* 원자로는, 핵연료의 핵분열 연쇄반응을 안정적으로 제어하면서 일으켜, 발생하는 열 에너지를 효과적으로 추출하는 장치이다.

- 원자로는, 방사성 물질을 넣기 위해, 원자로 압력용기에 보관되어, 그것을 원자로 격납용기로 덮어, 원자로 건물 안에 설치된다.

* 원자로는 다음과 같은 요소로 구성되어 있다.
〈핵분열 반응을 일으키는 핵연료〉

- 핵연료에 대해서는, 앞 장에서 기재 되어 있다.
〈중성자의 속도를 느리게 하는 감속재〉

- 원자로 안에 핵분열로 인해 방출되는 중성자는 빛의 속도의 약 10분의 1이라는 스피드를 가지고 있으므로 고속중성자라고 말한다.

- 고속 중성자의 스피드로는, 너무 빨라서 효율적으로 핵분열을 일으킬 수 없다.

- 고속 중성자는, 원자로 내에서 원자핵과 몇 번이나 충돌을 반복하면 에너지를 잃고, 결국에는 평형상태까지 감속되어, 열중성자가 된다.

- 원자로내에 고속중성자의 속도를 열중성자로 까지 감속하기 위해 이용하는 것이 감속재이다.

- 원자로에서 사용되는 감속재에는, 경수, 중수, 흑연 등이 있다.

- 경수는, 보통의 물을 말하며, 중수란 수소의 동위체인 중수소($^2$H) 2개와 산소가 결합한 물을 말한다.

- 감속재에 경수를 이용하는 원자로를 경수로, 중수를 이용하는 것을 중수로, 흑연을 이용하는 것을 흑연로라 하며, 일본의 원자로는 경수로를 주로 사용하고 있다.
〈중성자가 노심에서 누출되는 것을 줄이는 반사재〉

- 원자로 내에서 핵분열로 인해 발생한 중성자가 밖으로 누출되는 것을 산란을 통해 노내에 되돌리는 작용을 하는 것을 반사재라 한다.

- 반사재는, 감속재와 같은 성질이 요구되므로, 같은 재료가 사용되고 있다.

# 23 원자로는 어떤 요소로 구성되어 있는가?

## 가압수형 경수로는, 증기발생기로 인해 노의 물과는 다른 물로 증기를 만들어 발전한다

## 원자로를 구성하는 요소(앞 페이지에 이어 계속)　　　　　　－냉각수·제어재－

〈열을 노심에서 옮겨 내는 냉각재〉
- 핵분열에 의해 연료속에 생긴 열을 노심 밖으로 운반하기 위해 사용하는 유수를 냉각재라 한다.
- 경수 및 중수(重水)는, 비열이 크고, 열전도의 정도도 상당히 양호하며, 점성도 비교적 낮으므로 냉각재로서 적합하며, 감속재를 겸하여 사용되고 있다.
- 경수는 저렴하지만, 중수는 고가이므로 냉각재로서는 경수가 보다 많이 사용되고 있다.
〈핵분열 반응을 제어하는 제어재(제어봉)〉
- 핵분열을 느리게 계속적으로 일으키기 위해서는, 중성자의 수를 제어할 필요가 있다.
- 중성자의 수를 제어하기 위해서는 **제어재(제어봉)**이 사용된다.
- 제어재(제어봉)은, 중성자를 흡수하는 성질이 있어, 이것으로 원자로의 반응 정도를 조절한다.
- 제어재로서는, 일반적으로 붕소, 카드뮴 등이 사용된다.
- 제어재(제어봉)은, 핵분열로 인해 발생하는 중성자(20항 참조)의 일부를 다음의 핵분열을 위해 우라늄235에 충돌시켜, 남은 중성자를 흡수하여 중성자의 수를 일정하게 유지하는 역할이 있다.
- 원자로 출력(핵분열의 비율)은, 제어봉의 출입과 노심을 흐르는 냉각수 유량의 조정(비등수형 경수로) 또는 일차 냉각수 속에 녹아있는 붕산 수용액의 농도 조정(가압수형 경수로)에 의해 일정하게 되도록 제어한다.
- 제어봉을 원자로에서 뺌으로써, 제어봉에 흡수되는 중성자의 수가 감소하며, 핵분열의 횟수가 증가하고, 출력이 상승한다.(22항 참조)
- 제어봉을 원자로 안에 넣음으로써 많은 중성자가 제어봉으로 흡수되므로 핵분열의 횟수가 감소하며, 출력이 저하한다.

# 24 가압수형 경수로와 비등수형 경수로의 시스템

## 비등수형 경수로는 원자로에서 발생한 증기를 직접 터빈으로 보내 발전한다

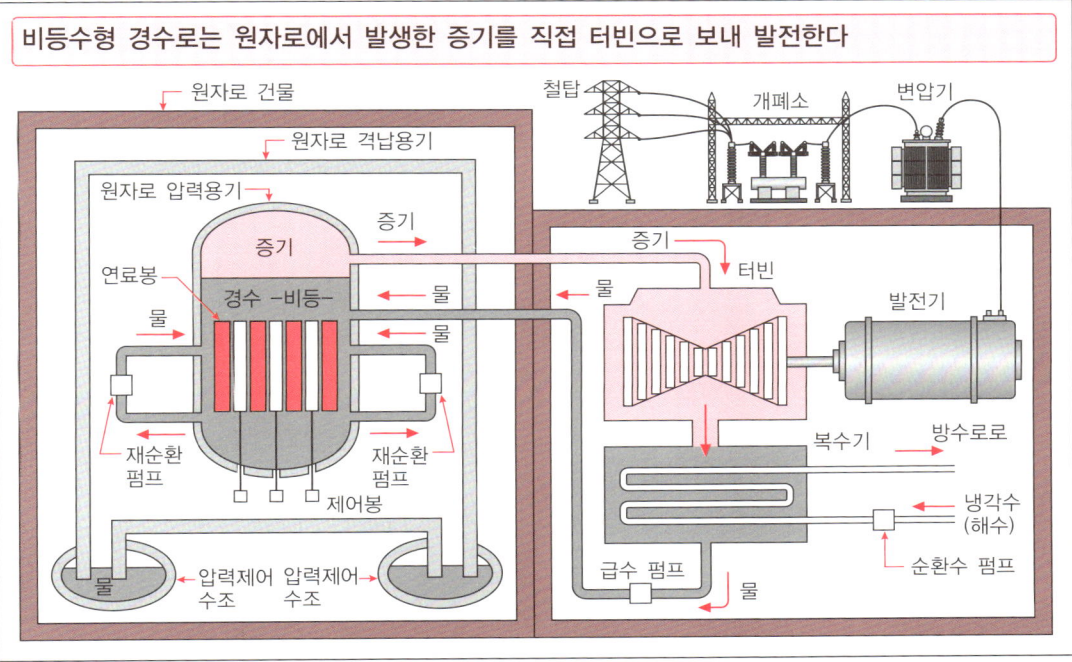

## 경수로에는 증기를 발생하는 시스템의 차이에 따라 가압수형 경수로와 비등수형 경수로가 있다

✱ 경수로는, 경수(보통 물)가 감속재와 냉각재로 겸용되는 것이 특징이며, 증기를 발생시키는 구조의 차이에 따라 가압수형 경수로(앞 페이지 상란 참조)와 비등수형 경수로가 있다.

✱ 가압수형 경수로에서는, 냉각수에 1차와 2차의 2가지 계통이 있으며, 1차 냉각수가 원자로 내에서 비등하지 않도록 가압기로 포화압력 이상의 압력을 가하고 있으므로 가압수형이라고 한다.

● 1차 냉각수는 가압기에서 포화압력 이상으로 높아져 있으므로 원자로 용기 내에서의 핵연료의 핵분열에 의한 열에서는 증기가 되지 않고, 열수 상태에서 증기발생기로 보내져, 증기 발생기 안의 U형관 내부를 통하여 냉각수 펌프에 의해 원자로 용기로 돌아온다.

● 증기발생기 U형관 외측으로 흐르고 있는 2차 냉각수는, 1차 냉각수에서 열을 얻어 고온고압 수증기가 되어 터빈을 돌려 발전기가 발전한다.

● 가압수형은 방사성 물질을 포함한 증기가 터빈과 복수기로 흐르지 않으므로 보수점검이 손쉽다.

✱ 비등수형 경수로에서는, 원자로 용기 내에서의 핵연료의 핵분열로 발생한 열로 인해, 주위의 냉각재(감속재)인 물을 고온고압의 증기로 만들어, 이 증기를 그대로 터빈으로 보내어, 발전기를 돌려 발전한다. 그리고 터빈에서 사용된 증기는 복수기를 통하여 원자로 용기에 되돌아간다.

● 터빈을 통한 냉각수 이외에, 원자로의 노심 내를 재순환 펌프로 냉각수를 순환시킨다.

● 비등수형 경수로는, 가압수형 경수로와 달라, 로심에서 물을 비등시킴으로써 비등수형이라 한다. 또한, 증기발생기를 통하지 않으므로 그만큼 열효율이 높아진다.

● 비등수형은 방사성 물질을 포함한 증기가, 직접 터빈과 복수기로 연결되므로 방사선의 관리가 필요해진다.

# 5 풍력발전 : 바람의 힘으로 발전한다

## 25 재생 가능 에너지로 인한 여러 가지 발전

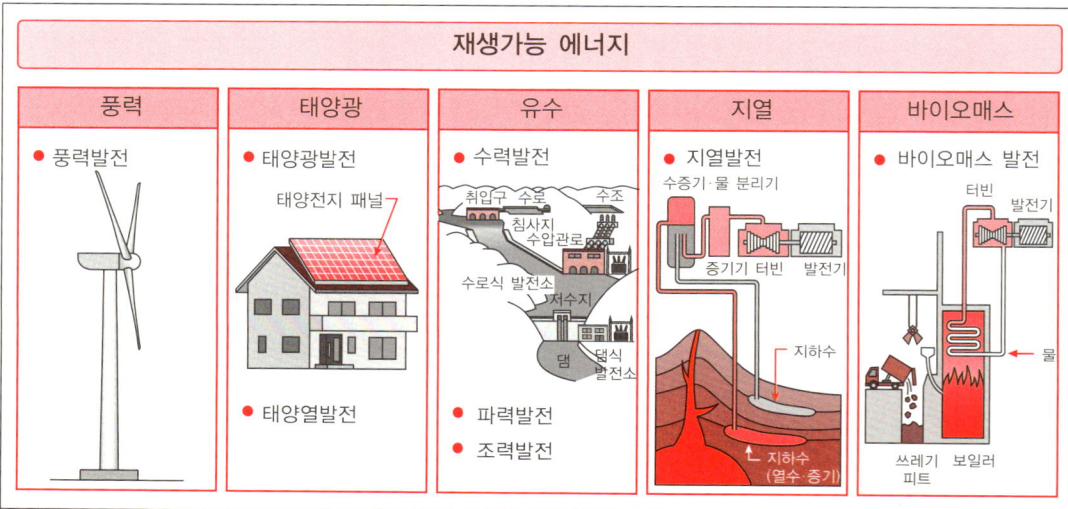

### 풍력·태양광·유수·지열·바이오매스 등의 재생 가능 에너지로 인한 발전방식

* 재생 가능 에너지는, 태양·지구물리학적, 생물학적인 자원에 유래하며, 자연계에 의해 이용되는 이상의 속도로 보충되는 에너지를 말한다.
● 풍력, 태양열, 유수, 지열, 바이오매스 등, 자연의 힘으로 정상적, 반복적으로 보충되는 에너지 자원이 발전에 사용되고 있다.
* 재생 가능 에너지를 이용한 발전방식의 예는 아래와 같다.
 (1) **풍력**−풍력발전−
● 풍력발전은, 바람의 힘을 이용하여 풍차를 돌리고, 그 회전운동으로 발전기를 구동하여 발전하는 방식이다.
 (2) **태양광**−태양광발전·태양열발전−
● 태양광발전은, 태양전지를 이용하여 태양의 빛을 직접 전력으로 변화시키는 발전방식이다.
● 태양열발전은, 태양의 빛을 반사경 등으로 집열

기로 모아, 그 열로 물을 증기로 바꾸어 터빈 발전기로 발전하는 방식이다.
 (3) **유수**−수력발전·파력발전·조력발전−
● 수력발전은, 수력으로 수차를 회전시켜 발전기를 구동하여 발전하는 방식이다.(7~11항 참조)
● 파력발전은, 파도에 의한 해수면의 상하 움직임으로 장치내부로 기류를 일으켜 터빈으로 발전하는 방식이다.
● 조력발전은, 바다의 조수 간만에 의한 조수 차이를 이용하여 수차를 돌려 발전하는 방식이다.
 (4) **지열**−지열발전−
● 지열발전은 마그마로 따뜻해진 지하수의 수증기와 뜨거운 물로 터빈을 돌려 발전하는 방식이다.
 (5) **바이오매스**−바이오매스 발전−
● 바이오매스 발전은, 바이오 자원을 고체연료·기체연료로 변경하여 발전하는 방식이다.

# 26 풍력발전에는 여러 가지 특징이 있다

풍력발전의 구조                                                      -개략도-

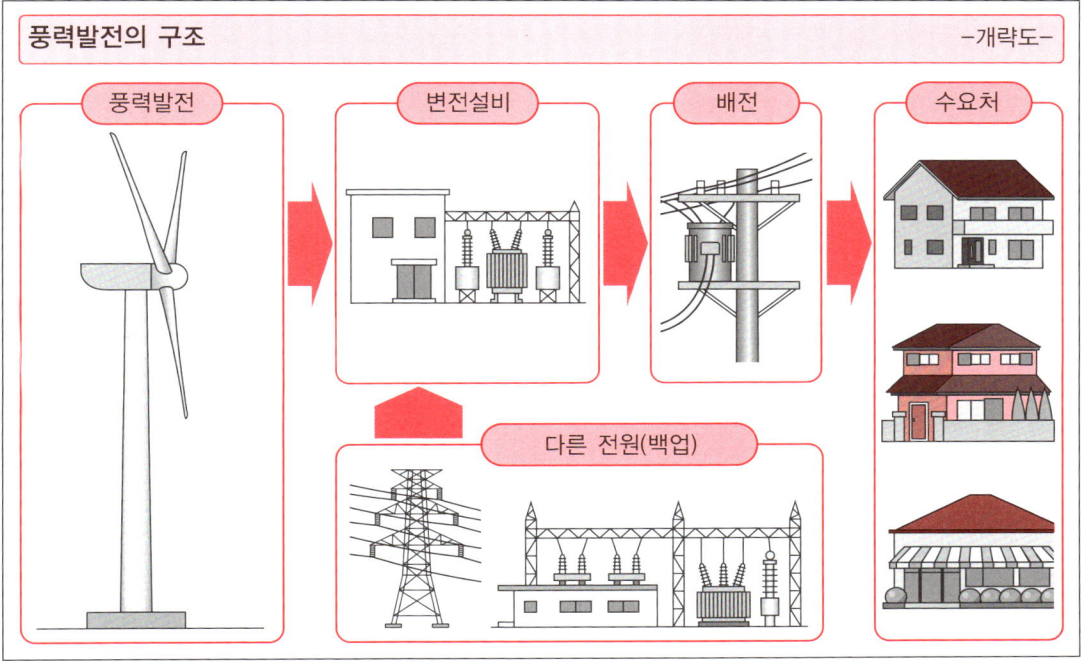

**풍력발전은 재생가능 에너지에 의한 발전 중에서는 발전 비용이 저렴하다**

* 풍력발전의 자원량은, 개발가능한 양 만큼, 세계에서 필요로 하는 전력 수요를 충분히 조달할 수 있다고 여겨진다.
● 풍력발전은, 발전량 당 이산화탄소 등의 온실 가스 배출량이 적다고 할 수 있다.
● 풍력발전은, 재생 가능 에너지 중에서는 발전 비용이 저렴하고 비교적 사업화가 쉽다.
● 풍력발전은, 한 번 설치하면 그 후 경비는 보수 비용 등으로 제한되므로 사업이 안정적이다.
● 풍력발전의 가치는, 바람이 강한 계절·시간대와 전력수요가 많은 계절·시간대가 겹치는 경우에 상대적으로 커진다.
● 풍력발전의 가동은, 풍속의 변동·부족, 낙뢰, 고장, 정기보수, 계통고장 등으로 인해 각각의 풍차의 가동률은 보통 40%라고 알려져 있다.
● 풍력발전은, 풍속의 변동에 따라 출력의 변동, 전압의 변동을 초래한다.
● 다른 장소로 분산하여 설치된 풍차끼리는, 거리가 멀어질 수록 출력 변동의 상관성이 낮아져, 전체로서의 출력은 어느 정도 평준화되므로 분산배치가 효과적이라고 할 수 있다.
● 풍력발전의 출력은, 밤낮을 불문하고 무의식적으로 변동되므로 수요의 추종은 기본적으로 조정력이 있는 화력발전, 저수식 수력발전 등에 의존하게 된다.
● 풍력발전이 화력발전을 줄여 대체함에 있어서는 출력변동 등의 대책 및 송전망의 확장, 예비발전설비의 확보가 필요하다고 말할 수 있다.
● 풍력발전의 설치에 있어서는 사전에 풍황 조사를 해서, 발전량을 예측할 필요가 있다.
● 풍력발전의 설치공사에 필요한 기간은, 규모와 환경에 따라 다르지만, 대체로 다른 발전방식보다 짧은 것이 특징이다.

# 27 풍력 발전에는 여러 가지 장점·단점이 있다

## 풍력 발전의 장점 -장점-

1. 바람이 있으면 언제나 발전할 수 있다
   -바람이 불면 밤낮을 불문하고 발전할 수 있다-
2. 자연의 힘인 풍력은 고갈할 일이 없다
   -고갈성인 화석연료를 사용하지 않는다-
3. 반영구적으로 발전이 가능하다
   -구성기기가 고장나지 않는 한 반영구적이다-
4. 발전시에 이산화탄소를 배출하지 않는다
   -바람의 힘을 이용한 깨끗한 발전방식이다-
5. 발전효율(40%)이 높다
   -다른 재생가능 에너지와 비교해서 효율이 높다-
6. 발전 비용이 저렴하다
   -다른 재생가능 에너지와 비교해서 비용이 저렴하다-
7. 건설하는 공사 기간이 짧다
   -다른 재생가능 에너지와 비교해서 기간이 짧다-
8. 사고가 일어나도 광범위하게 영향이 미치지 않는다
   -소규모 분산형 발전방식이기 때문이다-

## 풍력 발전의 단점 -단점-

1. 발전량이 안정적이지 않다
   -바람은 항상 불지는 않는다-
2. 태풍 등 과도한 강풍의 내구성이 필요하다
   -강풍의 경우에는 자동적으로 정지된다-
3. 평지에 설치할 필요가 있다
   -대량으로 설치하려면 넓은 평지를 확보해야한다-
4. 낙뢰로 인해 고장 나는 경우가 있다
   -타워가 높으면 낙뢰의 위험이 있다-
5. 소음문제가 일어나는 경우가 있다
   -바람소리 등-
6. 낮은 주파진동으로 인한 건강피해가 나오는 경우가 있다
   -현기증·이명·심장 두근거림 등의 위화감-
7. 풍차의 블레이드에 새가 부딪히는 경우가 있다
   -조류의 충돌로 고장이 난다-
8. 보수(保守)점검·보수(補修)가 쉽지 않다
   -대형화로 높은 장소에서 작업이 진행된다-

## 풍력발전의 최대 과제는 너무 강한 바람이다 -태풍에 의한 강풍-

* 풍력발전은, 환경부하가 작다고는 하나, 자연의 영향도 있다.
- 풍력발전 건설공사로 생기는 삼림 채벌 등의 토지 개변으로 인해 유출되는 토사가 하류역을 오염시키는 경우가 있다.
- 풍력발전은 설치하는 것으로 인해 자연경관(풍광 경치)을 망가뜨리는 경우가 있다.
- 조류가 풍력 발전설비에 충돌하여 죽는 경우가 있다.
* 풍력발전의 바람소리 등의 소음이나 저주파 진동 등이 원인이 되는 이명·현기증 등의 건강피해의 예도 있다.
* 최대의 과제는 너무 강하게 부는 바람이다.
● 풍력발전기에는, 정격풍속이 있고 정격을 크게 추월하는 속도로 운전하면 블레이드 파손과 발전기의 소손을 일으키는 경우가 있다.
● 그래서 태풍 등으로 강풍이 불어 풍속이 너무 클 경우에는, 보호를 위해 속도를 제어하거나, 경우에 따라서는 일시적으로 발전을 정지하는 안전 제어 시스템이 갖추어져 있다.
* 바다 위에 풍력발전을 설치하는 것을 양상 풍력발전, 해양 풍력발전, 해상 풍력발전 등이라 한다.
● 양상 풍력발전은, 지형이나 건물에 따른 영향이 적어, 보다 안정적인 풍력발전이 가능하다.
● 양상 풍력발전은, 위치의 확보, 소음·저주파 진동 등의 문제도 완화된다.
● 일본에서도, 풍력발전의 항만 내 등의 건설 예를 볼 수 있다.
* 일본은 서양국가와 비교하여 보급이 발전되지 않은 것은 태풍에 견딜 수 있는 풍차를 건설하면, 구미와 비교하여 비용이 올라가는 것과 대량의 풍차를 설치하는 평지 확보에 어려운점 등이 있지만, 전력 확보의 관점에서 풍력 발전의 도입 확대는 급선무라 말할 수 있다.

# 28 풍력발전 : 풍차의 회전 에너지로 발전한다

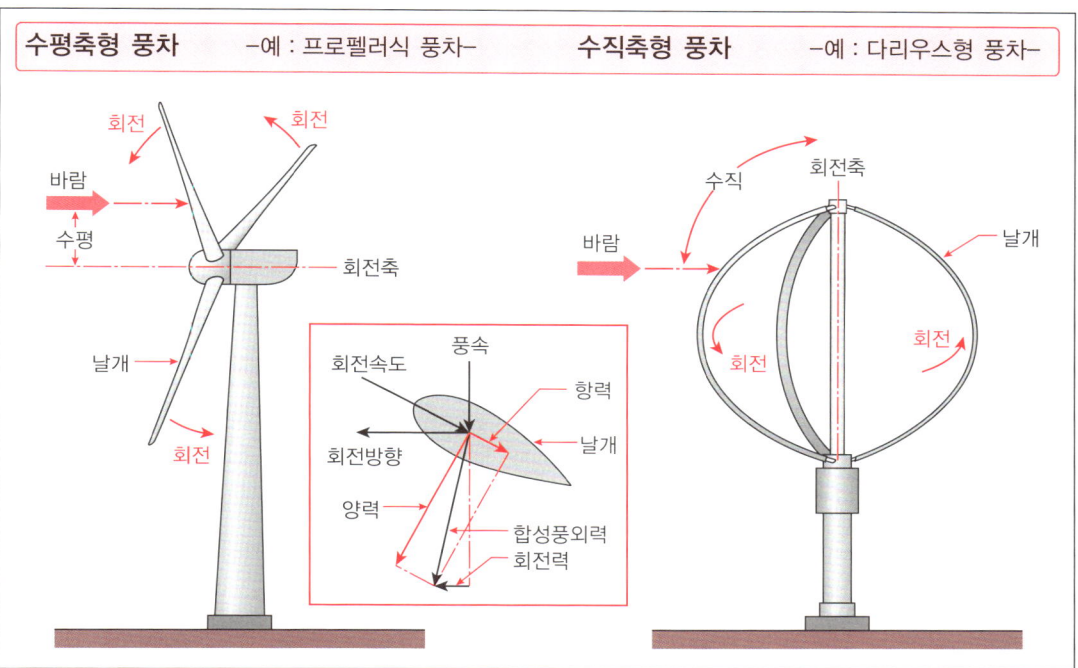

| 수평축형 풍차 | —예 : 프로펠러식 풍차— | 수직축형 풍차 | —예 : 다리우스형 풍차— |

## 풍차의 출력은 수풍면적에 비례하며, 풍속의 3제곱에 비례한다

* 풍력발전은 풍차의 회전 에너지에 의해, 발전기를 회전하여 발전하며, 발전전압을 변압기로 승압하여 송전한다.

● 풍차는, 바람(공기의 흐름)이 가지는 운동 에너지를 회전 에너지로 변경시킨다.

* 유속 $V$의 바람(공기의 흐름)이 있을 때 흐르는 수직 단면적 $A$를 통과하는 공기의 부피는 $AV$가 된다.

● 공기밀도를 $\rho$라 하면, 단위 부피당 공기의 운동 에너지는 $(1/2)\rho V^2$이다.

– 운동 에너지는 운동하는 물체의 질량을 $m$, 속도를 $V$라 하면, $(1/2)mV^2$이다–

● 단면적 $A$를 단위시간에 통과하는 바람(공기의 흐름)이 갖는 운동 에너지 $P$는

$$P = \frac{1}{2}\rho V^2 \times AV = \frac{1}{2}\rho AV^3 \text{이 된다.}$$

● 이렇게 바람(공기의 흐름)이 갖는 운동 에너지는, 흐르는 수직 단면적 $A$에 비례하며, 속도의 3제곱에 비례한다.

● 바람이 갖는 운동 에너지는 유속의 변화로 크게 바뀐다.

– 예를 들어 풍속이 2배가 되면 운동 에너지는 8배가 된다. –

● 풍차의 출력은 풍차의 수풍면적(날개가 회전하는 원의 면적)에 비례하므로 풍차를 크게 하면 그 만큼 많은 전력을 얻을 수 있다.

● 풍차의 날개(블레이드)의 반지름보다 조금 높은 타워로 하면, 날개를 회전할 수 있지만, 지표 부근의 바람은, 지면과 장애물 등으로 인한 마찰에 의해 힘을 잃기 쉬우므로, 타워를 높게 하여 대형화하는 경향이 있다.

– 대형화하면 타워가 높아지고 날개도 길어지므로 보수 점검·보수에 문제가 생기기 쉽다. –

– 타워가 높아지면 낙뢰의 위험이 증가한다. –

# 29 풍차에는 수평축형과 수직축형이 있다

## 풍차의 종류
−수평축형·수직축형, 양력형·항력형−

| 수직축형 풍차 | | 수평축형 풍차 | |
|---|---|---|---|
| **양력형** 〈다리우스식〉 | 〈자이로밀식〉 | **양력형** 〈프로펠러식〉 | 〈네덜란드식〉 |
| **항력형** 사보니우스식 | 패들식 | 〈세일 윙식〉 | 〈다익식〉 |

## 풍차에는 회전 토크의 발생 방식에 따라 양력형과 항력형이 있다

* 풍력발전에서, 바람의 운동 에너지를 회전 에너지로 바꾸는 풍차로는, 그 회전축의 방향에 따라, 수평축형과 수직축형이 있다.

● **수평축형 풍차**는, 회전축이 변화하는 풍향과 평행으로 계속되기 위해서, 풍향 변화에 대해 자세를 바꾸는 방위제어기구가 필요하다.

● 수평축형 풍차에는, 프로펠러식, 네덜란드식, 세일 윙식, 다익식 등이 있다.

● 프로펠러식은, 넓은 풍속도의 범위로 이론 효과가 높으므로, 풍력발전의 주류가 되어 있다.
　−3날개의 프로펠러식이 주류−

● **수직축형풍차**는, 회전축이 지면과 수직으로 되도록 설치되어 있어, 항상 회전축과 직각으로 바람이 불기 때문에 풍향의 변화에 대해 자세를 바꾸는 방향 제어는 필요 없다.

● 수직축형 풍차로는, 다리우스식, 자이로밀식, 사보니우스식, 패들식 등이 있다.

* 풍차의 날개에 바람이 닿으면, 날개에는 양력과 항력이 작용한다. (전항 상란 참조)

* 주로 양력에 의해, 회전 토크를 발생하는 방식의 풍차를 **양력형 풍차**라 한다.

● 양력형 풍차는, 비행기가 나는 원리의 양력으로 인해 회전하는 풍차이다.

● 양력형 풍차에는, 수평축형에 프로펠러식 풍차, 네덜란드식 풍차, 세일 윙식 풍차, 다익형 풍차가 있으며, 수직축형에 다리우스식 풍차, 자이로밀식 풍차, 등이 있다.

* 주로 항력에 의해 회전 토크를 발생시키는 방식의 풍차를 **항력형 풍차**라 한다.

● 항력형 풍차는 바람의 압력을 직접 받아서 돛단배를 움직이는 돛의 원리인 항력으로 회전하는 풍차이다.

● 항력형 풍차에는, 수직축형에 사보니우스식 풍차, 패들식 풍차 등이 있다.

# 30 풍차를 구성하는 기기와 그 기능

## 프로펠러식 풍차의 구조 —예—

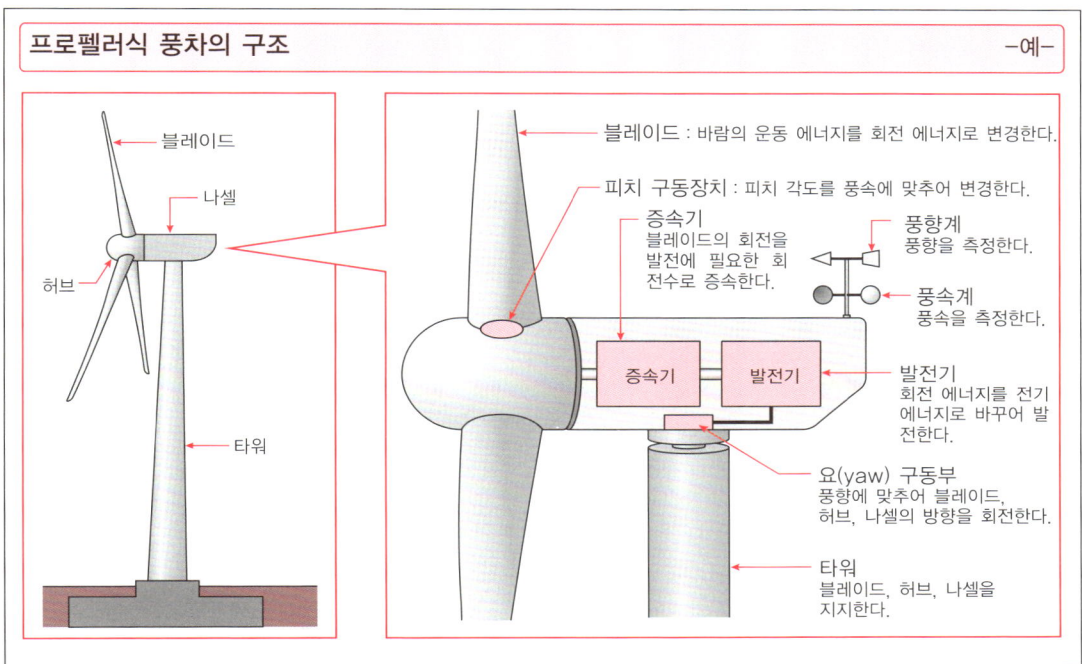

블레이드

나셀

허브

타워

블레이드 : 바람의 운동 에너지를 회전 에너지로 변경한다.

피치 구동장치 : 피치 각도를 풍속에 맞추어 변경한다.

증속기
블레이드의 회전을
발전에 필요한 회
전수로 증속한다.

풍향계
풍향을 측정한다.

풍속계
풍속을 측정한다.

증속기

발전기

발전기
회전 에너지를 전기
에너지로 바꾸어 발
전한다.

요(yaw) 구동부
풍향에 맞추어 블레이드,
허브, 나셀의 방향을 회전한다.

타워
블레이드, 허브, 나셀을
지지한다.

## 프로펠러식 풍차를 구성하는 기구와 그 기능 —예—

✱ 풍차의 시스템은, 블레이드가 바람을 받아 돌며, 로터 축을 통해 증속기에서 회전 속도를 올려 발전기에 전달하여 발전한다.

✱ 프로펠러식(수평축형·양력형)을 예를 들면, 풍차의 구성은 아래와 같다.

● 블레이드 : 블레이드는 바람을 받아 회전하며, 바람의 운동 에너지를 회전 에너지로 변경한다.

● 허브 : 허브는 블레이드의 부착 부분을 로터 축에 연결하고, 제어장치를 내장한다.

● 증속기 : 증속기는 허브에서 로터 축을 통하여 연결되어 있으며, 블레이드의 회전을 발전기에 필요한 회전수까지 기어를 이용하여 증속시킨다.

● 발전기 : 발전기는 증속기에서의 회전 에너지를 전기에너지로 바꾸어 발전한다.

● 제어장치 : 제어장치에는 피치 제어와 요 제어가 있다.

■ 피치 제어는 발전출력을 조절하기 위하여, 블레이드의 부착 각도(피치 각도)를 변화시키고, 풍속에 맞추어 바람을 받는 양을 조정한다.

– 태풍 등으로 인한 강풍 시에는, 피치 각도를 풍향과 병행으로 하여 바람을 보내 정지시킨다–

■ 피치 구동장치는 블레이드와 허브의 연결부에 설치된다.

■ 요(yaw) 제어는 낭비없이 바람을 받기 때문에, 블레이드, 허브, 나셀의 방향을 풍향에 맞춰 추종시킨다.

■ 요(yaw) 구동부는 나셀과 타워의 연결부에 설치된다.

● 나셀 : 나셀은 증속기, 발전기 등을 수납한다.

● 타워 : 타워는 블레이드, 허브, 나셀을 받쳐 케이블의 통로가 된다.

# 6 태양광 발전 : 태양전지로 발전한다

## 31 태양광 발전 : 태양의 빛 에너지를 활용한다

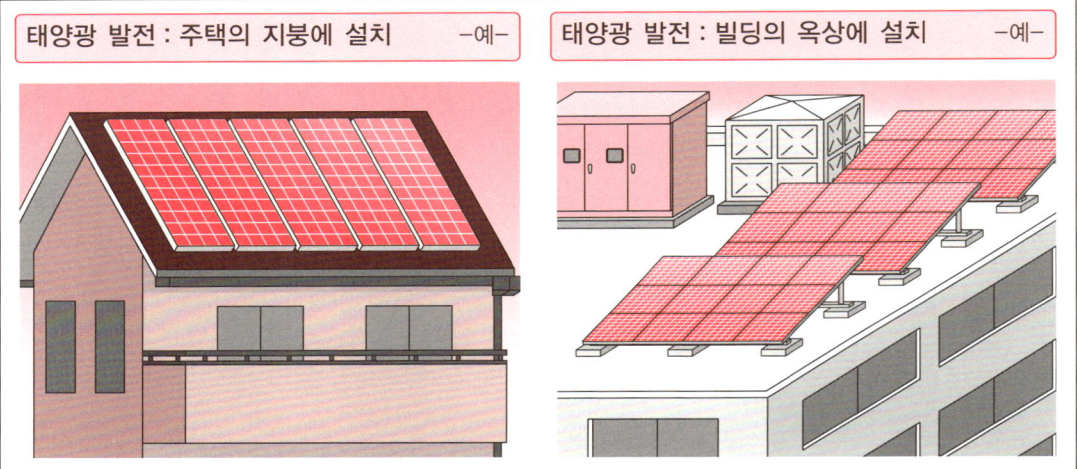

| 태양광 발전 : 주택의 지붕에 설치 —예— | 태양광 발전 : 빌딩의 옥상에 설치 —예— |

### 태양광발전은 주택의 지붕이나 빌딩의 옥상에 설치할 수 있다

* 태양광발전은, 반도체를 재료로 한 **태양전지**(35 항 참조)라는 장치를 이용하여, 태양의 빛이 갖 는 에너지를 직접 전기 에너지로 변환하는 발전 방식을 말하며, **솔라 발전**이라고도 한다.

● 태양광 에너지는 방대해서, 지상에서 실제로 이 용가능한 양으로 세계 에너지 소비량의 약 50배 나 추산되고 있다.
 –지구상에 내리쬐는 태양의 빛 에너지는 1m²당 1시간에 약 1kWh라고 알려져 있다.–

● 태양의 빛이라는 고갈될 염려가 없는 무진장 에 너지를 활용하는 태양광발전은, 매년 심각화되 는 전력문제의 유력한 해결책의 하나라고 말할 수 있다.

● 태양광발전은, 주택의 지붕이나 빌딩의 옥상 등 의 공간을 효과적으로 활용하기 위해, 현재 보급 이 진행되고 있다.

● 태양광 발전은, 발전할 때에 지구온난화의 원인

이 되는 이산화탄소를 배출하지 않는다.

● 태양광 발전의 비용은, 일반적으로 설비의 가격 으로 거의 정해지고, 운전에 드는 연료비는 필요 없으며, 보안관리비용도 비교적 적다고 할 수 있 다.

● 태양광 발전을 1년 단위로 보면, 여름의 전력수 요가 증가하는 계절에는, 일조시간이 길어져 태 양광도 강하므로 발전량도 증가하며, 또한 1일 단위로 보면, 전력수요가 증가하는 주간에 태양 전지는 발전되므로 전력수요의 절정을 이루는 주간에 완화되는 장점이 있다.

● 태양전지는, 태양광을 받고있는 중에만 발전 하 고, 야간에는 발전하지 않으며, 또한, 발전량은 일조에 의존하기 때문에 운천·우천시에는 푸른 하늘 일 때보다 대폭으로 발전량이 저하되는 단 점이 있다.

# 32 태양광발전 시스템은 계통연계형과 독립형이 있다

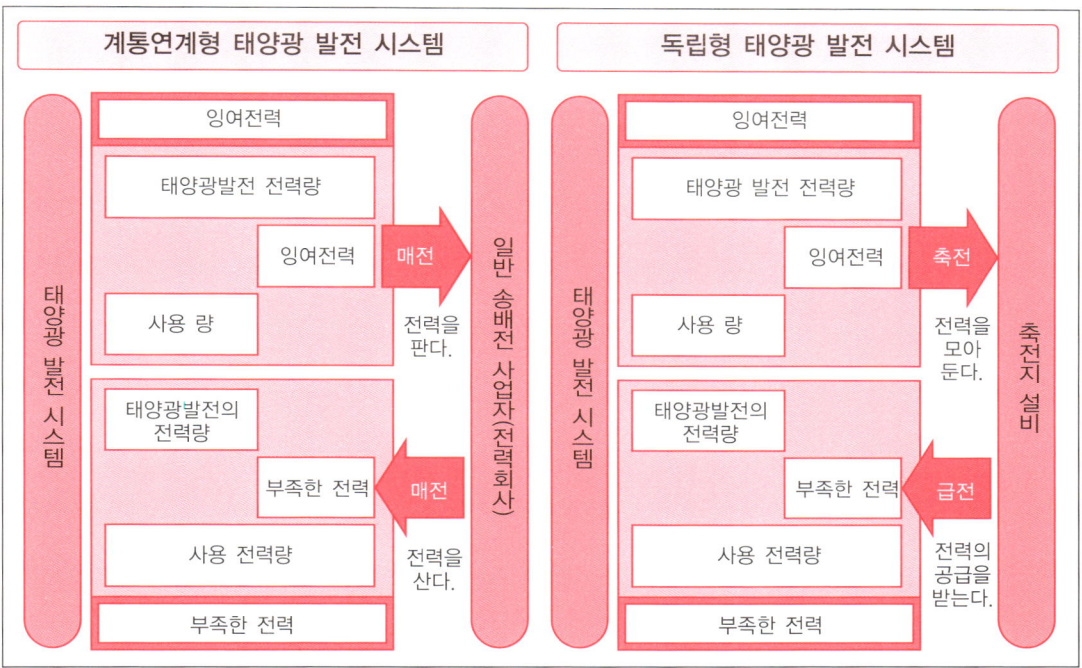

## 계통연계형 태양광발전 시스템은 일반 송배전 사업자와 연계하고, 독립형은 축전지 설비를 가지고 있다

* 태양광발전 시스템은, 크게 나누어 계통연계형 시스템과 독립형 시스템이 있다.

* 계통연계형 시스템

● 계통연계형 시스템이란, 일반 송배전 사업자의 배전선망과 태양광발전 시스템을 접속하여, 전력을 매매하는 시스템을 말한다.

● 계통연계형 상태의 전로에서, 소비하는 전력보다도 태양광발전한 전력이 많아지면, 그 잉여전력은 일반 송배전 사업자의 배전계통으로 보내진다. 이것을 **역조류**라 한다.

● 일반 송배전 사업자는, 그 역조류한 전력을 다른 수요처에 공급할 수 있으므로, 전력을 공급하는 수요처의 태양광발전 시스템이 발전소로 기능하는 것이 된다.

● 태양광발전 시스템에서 역조류를 하는 수요처는 일반 송배전 사업자와 계약함으로써, 역조류한 만큼의 전력을 일정한 전기요금으로 매입할 수

있다.(전력을 판다 : 매전)
－이러한 구조를 '재생가능 에너지의 고정가격 매입제도'라 한다.－

● 계통연계상태의 전로에서 야간이나 악천후시 등에, 태양광발전의 전력이 소비하는 전력보다 밑돌면, 그 부족한 전력을 일반 송배전 사업자의 배전계통에서, 자동적으로 공급 받을 수 있다.(전력을 산다 : 매입)

● 현재, 가정용 태양광발전 시스템은, 이 역조류형 계통연계형이 일반적으로 사용되고 있다.

* 독립형 시스템

● 독립형 시스템은, 일반 송배전 사업자의 배전계통과 완전히 분리하여, 태양광발전 시스템만으로 전력을 사용하는 시스템을 말한다.

● 독립형 시스템으로는, 야간과 악천후시의 발전량 저하에 대비하여, 축전지설비를 설치하며, 전기를 모아둘 필요가 있다.

# 33 태양광발전 시스템을 구성하는 기기

## 주택의 계통연계형 태양광발전 시스템 —예—

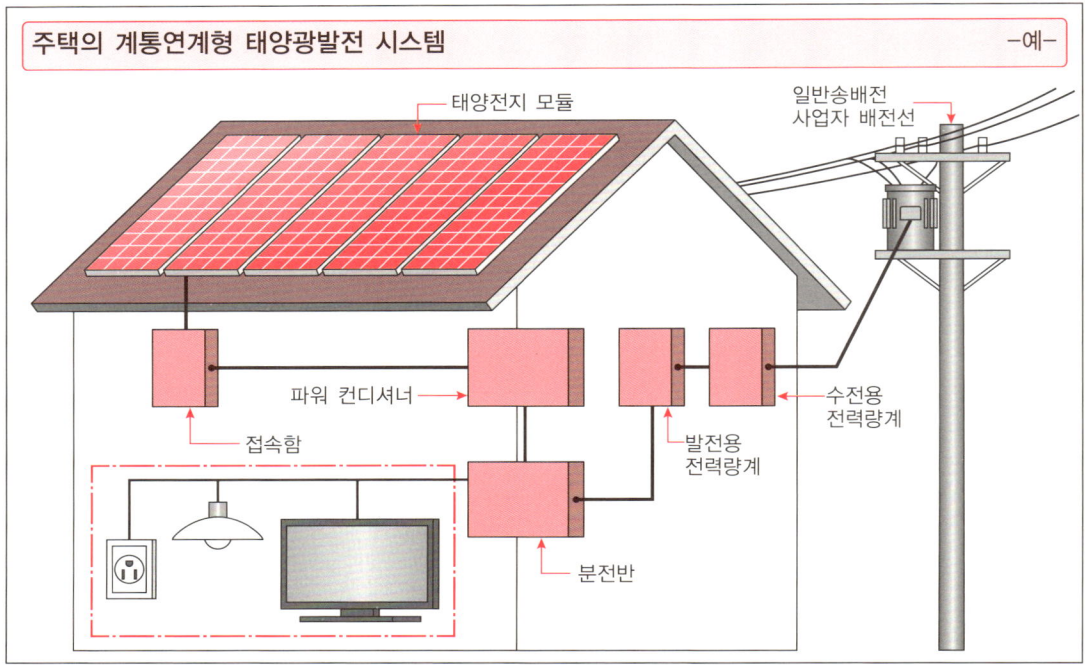

## 태양광발전 시스템은 태양광 발전 모듈과 주변 기기로 구성된다

✽ 저압의 계통연계형 태양광 발전 시스템은, 태양
전지 모듈, 접속함, 파워 컨디셔너, 분전반, 발
전용 전력량계, 수전용 전력량계 등으로 구성된
다.

✽ 태양전지 모듈
● 태양전지 모듈은, 태양의 빛 에너지를 전기 에너
지로 변환하는 태양전지로 된다.(34~36항 참
조)

✽ 접속함
● 접속함은, 블록마다 접속된 태양전지 모듈에서
의 배선을 하나로 합쳐서, 파워 컨디셔너로 보내
는 장치이다.
● 접속함은, 태양전지 모듈의 점검·보수시 등에 사
용하는 개폐기와 피뢰소자 이외에, 태양전지 모
듈에 전기가 역류되거나, 한번에 큰 전류가 흐르
지 않도록 하는 기능을 가지고 있다.

✽ 파워 컨디셔너

● 파워 컨디셔너는, 인버터라고도 하며, 태양전지
모듈로 발전된 직류전력을 일반송배전 사업자와
같은 교류전력으로 변환하여, 가정용 전자제품
이 사용할 수 있도록 하는 장치이다.
● 정전 시에 운전을 하기 위하여 자립운전기능을
갖춘 것도 있다.

✽ 분전반
● 분전반은, 전력을 건물 내의 전기 부하로 분배하
기 위한 장치로, 태양전지계통의 출력과 일반송
배전 사업자의 상용전원계통과의 연계점이 된다.

✽ 발전용 전력량계
● 발전용 전력량계는, 잉여전력을 일반 송배전 사
업자에게 발전하는 량을 측정하는 전력량계이다.

✽ 수전용 전력량계
● 수전용 전력량계는, 일반송배전 사업자로부터
구입하는 수전량(수요전력량)을 측정하는 전력
량계이다.

# 34 태양전지에 빛을 쬐면 발전하는 구조

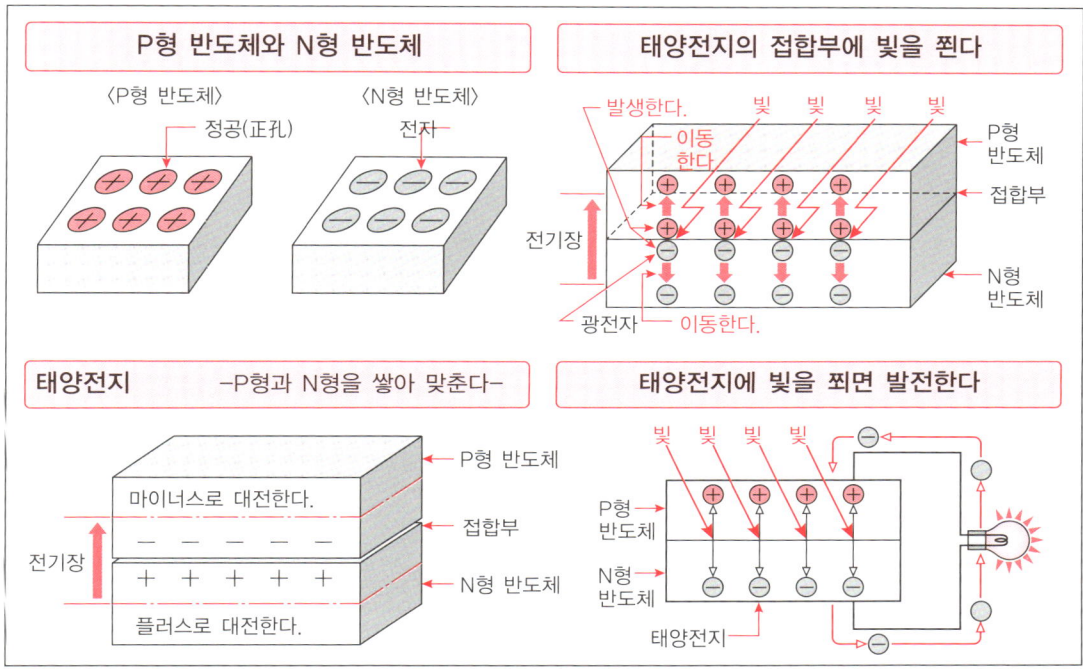

**P형 반도체와 N형 반도체**

〈P형 반도체〉 정공(正孔)

〈N형 반도체〉 전자

**태양전지의 접합부에 빛을 쬔다**

발생한다. / 빛 빛 빛 빛 / 이동한다 / P형 반도체 / 접합부 / 전기장 / 광전자 / 이동한다. / N형 반도체

**태양전지**　　－P형과 N형을 쌓아 맞춘다－

마이너스로 대전한다. / 전기장 / 플러스로 대전한다. / P형 반도체 / 접합부 / N형 반도체

**태양전지에 빛을 쬐면 발전한다**

빛 빛 빛 빛 / P형 반도체 / N형 반도체 / 태양전지

---

## 실리콘계 태양전지는 P형 반도체와 N형 반도체를 쌓아 맞춘 구조이다.

✱ 반도체는, 도체와 전기를 거의 통하지 않는 절연체의 중간에 있어, 조건에 따라 도체로도 절연체로도 될 수 있는 물질을 말한다.

● 반도체에는, 양전하를 가진 정공이 전기운반의 주력이 되는 P형 반도체와, 음전하를 가진 전자가 전기운반의 주력이 되는 N형 반도체가 있다.

✱ 현재, 가장 많이 사용되고 있는 실리콘계 태양전지는, P형 반도체와 N형 반도체를 쌓아 맞춰 접합(PN접합)한 구조로 되어 있다.

● 이 2개를 접합하면, N형 반도체의 음전하를 가진 전도전자는, P형 반도체의 양전하를 가진 정공과는 다른 종류의 전하이므로, 그 흡인력에 따라 이동하며, 정공과 결합된다.

● N형 반도체는 전자가 이동했으므로 전자가 부족해져 양(+)으로 대전하며, 또, P형 반도체는 여분으로 전자를 받았으므로 음(−)으로 대전하므로 접합부에 전계(내부전계)를 발생시킨다.

● 이 상태에서 접합부에 빛을 쬐면, 전자가 빛(광자) 에너지를 흡수하여 여기(excited)하며, 새롭게 광전자라는 전도전자와 정공의 쌍이 대량으로 발생한다.　－이 현상을 광전효과라 한다.－

● 접합부의 전계에 의해 전도전자는 N형 반도체로, 정공은 P형 반도체로 이동하여 모임으로써 전위차, 즉 기전력(광기전력 효과)을 발생시킨다.

● P형 반도체와 N형 반도체를 전극이라 하며, 외부로 부하를 연결하여, 접합부에 빛을 쬐면 발생하는 기전력에 의해 N형 반도체에서 전자가 흘러나와 P형 반도체의 정공과 결합한다.

● 빛을 계속 쬐면 N형 반도체에서 연이어 전자가 흘러나와, 부하에 전력을 공급함으로써 전지(태양전지) 기능을 가진다고 할 수 있다.

● 태양전지는, 일사강도와 비례하여 발전량이 증가하고, 빛을 쬐고 있을 때만 발전하는 것으로 전기를 비축하는 기능은 없다.

# 35 태양전지에는 여러 종류가 있다

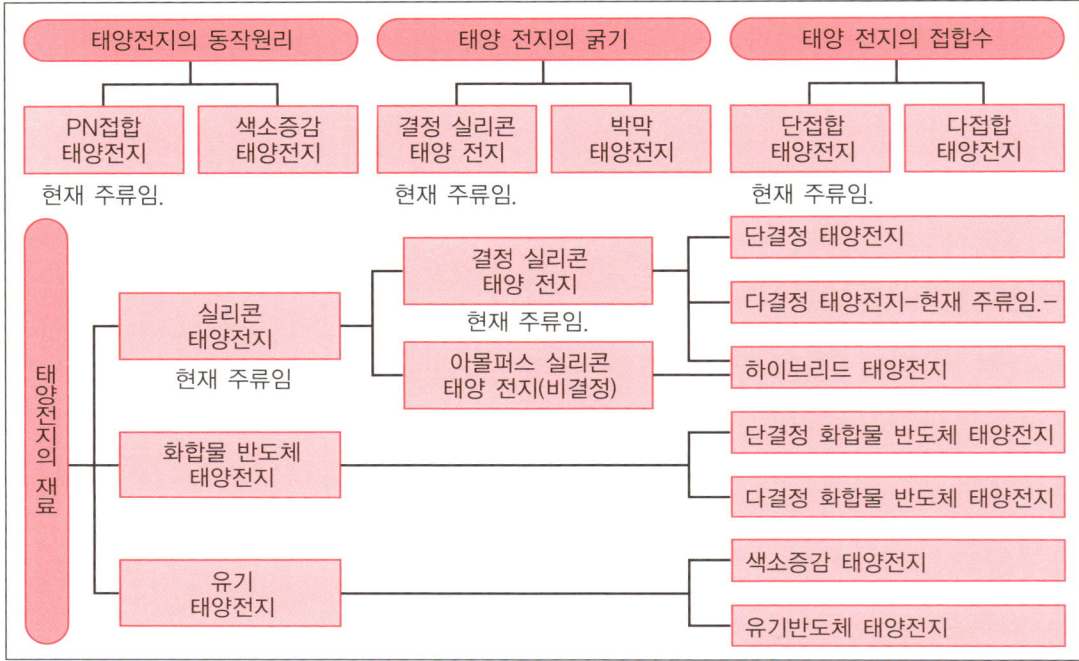

## 태양전지의 종류는 동작원리·재료·형태에 따라 분류할 수 있다

* 태양전지의 동작원리로는, 광전변환층에 P형과 N형의 반도체를 접합한 구조(앞 페이지 참조)가 대부분으로, 이 외에 유기화합물을 이용한 것이 있다.

* 태양전지의 광전변환층의 재료에 따라, 실리콘계, 화합물계·유기계가 있으며, 현재 실리콘태양전지가 가장 많이 사용되고 있다.

* 실리콘 태양전지는 재료의 성질에서 결점 실리콘형과 어모퍼스 실리콘형으로 나뉜다. 또한, 결점 실리콘형에는 단결점 실리콘형과 다결점 실리콘형이 있다.

● 단결정 실리콘형은 고순도 실리콘 단결정 웨이퍼를 사용한 것으로, 오래되고 고가이지만 고성능, 높은 변환효율이 필요한 용도로 사용된다.

● 다결점 실리콘형은 미세한 실리콘 결점이 모인 다결점 실리콘을 사용하고 있으며, 단결점 실리콘보다 낮은 비용으로, 현재 주로 사용되고 있다.

● 아몰퍼스 실리콘형은 아몰퍼스 실리콘을 유리·금속 등의 기판 위에 박막 형태로 형성된 것으로, 저조도하에서의 효율이 높다.

* 실리콘 태양전지의 형태로는, 박막 실리콘형, 하이브리드형, 다접합형 등이 있다.

● 박막 실리콘형은 실리콘층의 두께를 얇게 하여 사용재료, 비용 삭감을 도모한 것이다.

● 하이브리드형은 결점 실리콘과 아몰퍼스 실리콘을 적층한 것으로 온도특성이 좋다.

● 다접합형은 흡수파장이 다른 실리콘층을 여럿 겹쳐 쌓은 것이다.

* 화합물 반도체 태양전지는 복수의 원소를 주원료로 한 것으로, 단결점 화합물 반도체 태양전지(예 : GaAs계)와 다결점 화합물 반도체 태양전지(예 : CIS계) 등이 있다.

* 유기 태양전지에는 색소증감 태양전지, 유기반도체 태양전지 등이 있다.

# 36 태양광발전 모듈은 설치하여 청소한다

## 태양광발전 모듈의 건물 설치방법의 다양성　　　　　　　　－예－

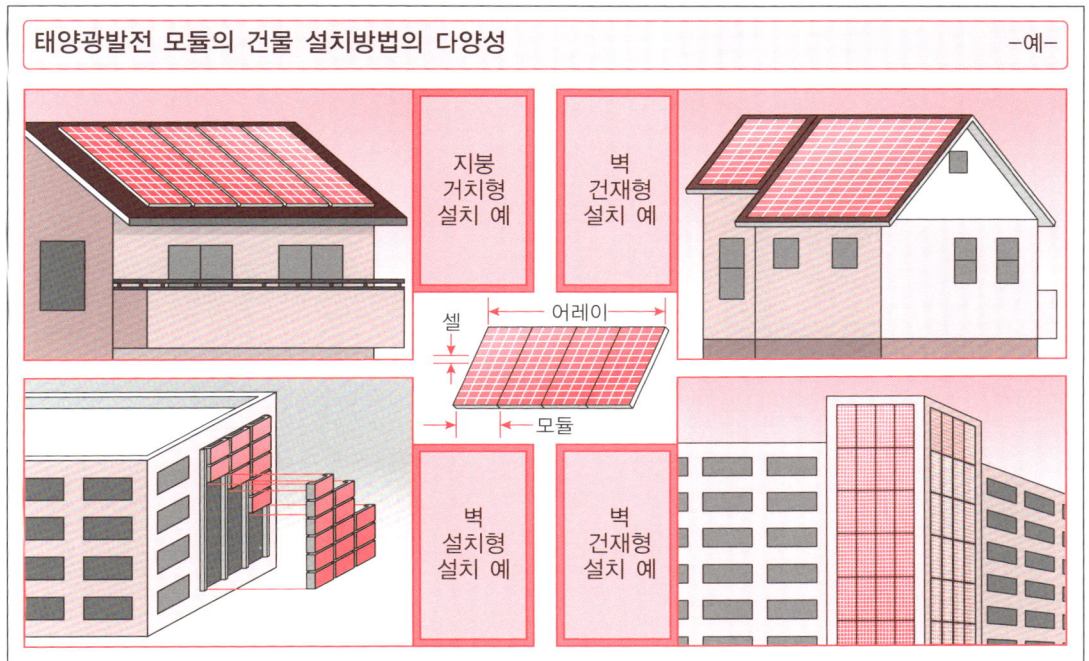

지붕 거치형 설치 예

벽 건재형 설치 예

셀　　어레이

모듈

벽 설치형 설치 예

벽 건재형 설치 예

## 태양광발전 모듈의 건물 설치방법과 표면 오염 청소　　　－태양전지의 구성단위 명칭－

* 태양광발전 시스템의 발전부는, 다수의 태양 전지 소자로 구성되어, 소자와 그 집합체는 규모나 형태에 따라 다음과 같이 부르고 있다.
* 셀 : 셀은 태양전지의 단체(單體) 소자를 말한다.
* 모듈 : 모듈은 셀을 직렬 연결한 것을 말한다. 모듈은 수지나 강화유리, 금속 프레임 등을 사용하며, 취급과 설치를 손쉽게 함과 동시에, 습기나 얼룩, 자외선, 물리적인 응력으로부터 셀을 보호한다. 태양광발전 모듈은 솔라 패널이라고도 한다.
* 스트링 : 스트링은 모듈을 여러 장을 나란히 직렬로 접속한 것을 말한다.
* 어레이 : 어레이는 스트링을 병렬접속한 것을 말한다. 태양광전지 어레이는 솔라 어레이라고도 말한다.
* 태양광발전 모듈에는, 건물에 설치하는 경우를 예를 들면 지붕 거치형, 지붕 건재형, 벽설치형,

벽건재형 등이 있다.
* 지붕 거치형은 지붕 위에 가대를 설치하여, 그 위에 태양전지를 설치한다.
* 지붕 건재형에는 지붕에 쓰는 지붕재 일체형과 태양전지 자체가 지붕재인 것이 있다.
* 벽설치형은 벽에 가대를 설치하여 거기에 태양전지를 설치한다.
* 벽건재형은 태양전지가 벽재로서 기능한다
* 태양전지 표면에 낙엽이나 조류 배설물 등이 부착하여 오염이 심한 자리는, 주위 셀과 비교하여 온도가 상승하고, 장기간 방치하면 핫스팟 현상으로 인해 셀이 파손되는 경우가 있으므로 셀의 청소가 필요하다.
* 핫스팟 현상은, 태양전지의 표면에 무언가의 물체(예 : 낙엽)가 부착하여 완전한 그림자가 되면 그 부분이 저항체가 되어 흐르는 전류에 의해 발열하여, 셀이 파손되는 현상이다.

# 7 재생 가능 에너지에 따른 신발전방식

## 37 바이오매스 발전 : 바이오매스 연료로 발전한다

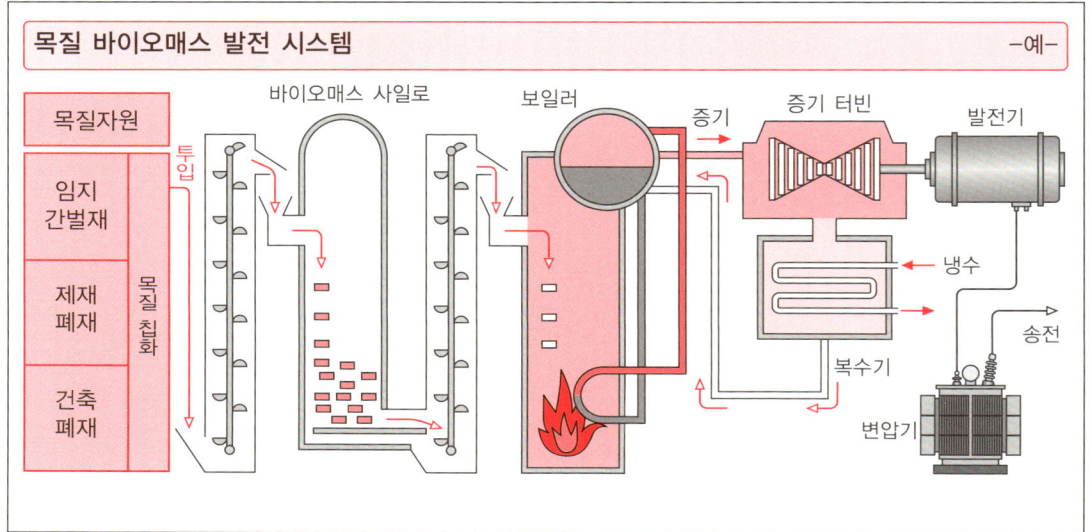

목질 바이오매스 발전 시스템 -예-

목질자원 / 임지간벌재 / 제재폐재 / 건축폐재 / 목질칩화 / 투입 / 바이오매스 사일로 / 보일러 / 증기 / 증기 터빈 / 발전기 / 냉수 / 송전 / 복수기 / 변압기

---

### 바이오매스 발전에는 목질 바이오매스 발전·폐기물 발전·바이오가스 발전 등이 있다

✻ 바이오매스의 바이오(bio)는, 동식물 등에서 생겨나는 생물자원을 말하며, 매스(mass)란, 그 양을 의미하므로, 바이오매스는 생물자원의 양이 되지만, 발전(發電) 등의 분야에서는 '생물유래의 자원'으로 쓰이고 있다.

✻ 바이오매스의 예로서는, 임지간벌재, 제재폐재, 건축폐재 등의 목질자원, 음식 쓰레기, 식품가공폐기물, 수산가공 찌꺼기 등의 식품자원, 농업활동에서 발생하는 볏짚, 왕겨 등 외에 가축사육시에 발생하는 가축배설물, 하수 슬러지, 오수 등이 있다.

● 바이오매스 자원을 직접 연소하거나, 고체화, 기체화한 것을 바이오매스 연료라 말한다.

✻ 바이오매스 발전은 바이오매스 연료를 이용하여 발전하는 방식으로 그 예는 아래와 같다. 원리적

으로는 화력발전과 거의 흡사하다고 할 수 있다.

● 목질 바이오매스 발전은, 임지간벌재, 제재폐재, 건축폐재 등의 목질재료를 연소시켜, 터빈 발전기를 돌려 발전한다.

● 폐기물 발전은 쓰레기 발전이라고도 하며, 가연 쓰레기를 소각하여 그 열을 회수하여, 증기를 발생시켜 터빈 발전기를 돌려 발전한다. 쓰레기 소각시설에서의 열회수 시설병설형과 폐기물 고형연료(가연 쓰레기를 파쇄·건조·접착·압축·성형)를 이용하는 단체 폐기물 발전 시설이 있다.

● 바이오가스 발전은, 바이오가스를 연소시켜 터빈 발전기를 돌려 발전한다. 바이오가스란, 자연 발효의 균을 활성화시킴으로써 가축 배설물, 슬러지, 오수 등에서 발생하는 가스를 말하며, 주성분은 메탄이다.

# 38 태양열발전 : 태양의 방사열 에너지로 발전한다

## 태양열발전 시스템
−예 : 타워식·트로프식−

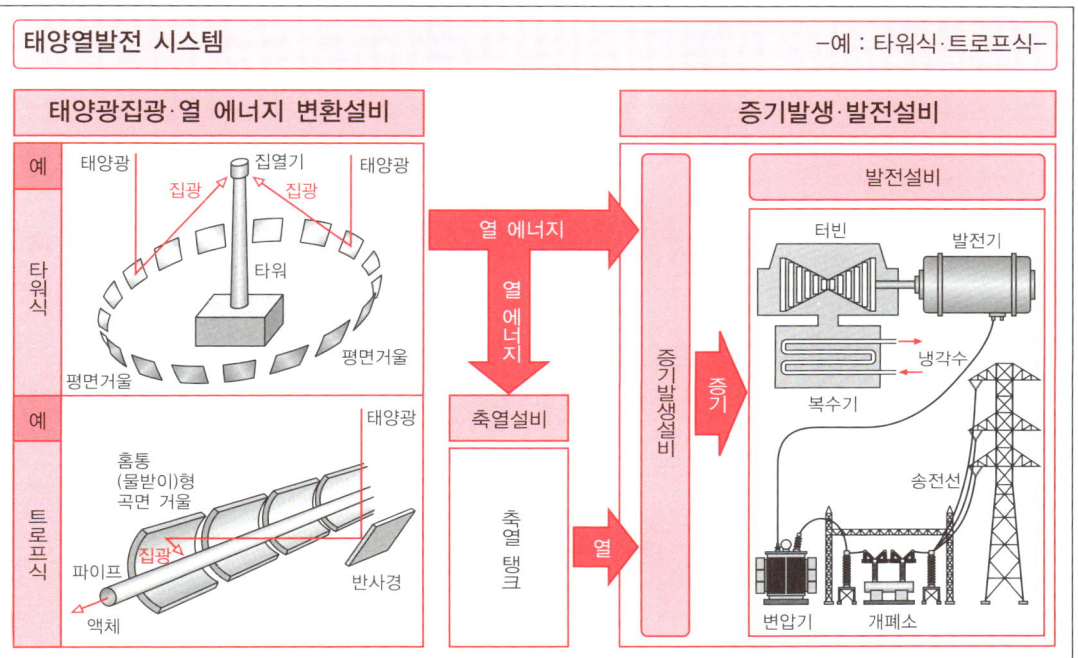

**태양열발전은 태양 열을 거울로 집광하여 물을 증기로 하여, 터빈 발전기를 통해 발전한다**

* 태양열발전은, 태양광선의 에너지 중 방사열에 너지를 거울이나 반사판을 이용하여 모아 열원 으로하고, 그 열로 물을 증발시켜 터빈을 회전하 여, 발전기를 통해 발전하는 방식이다.
● 원리는, 화력발전과 동일하지만, 열의 발생으로 연료의 연소가 아닌 태양열을 이용한다.
* 태양열발전 시스템은 다음의 3가지로 나뉜다.
● 태양광을 거울로 반사 집광하여, 열 에너지로 변 환하는 설비
● 모은 열 에너지를 모아 두는 축열 설비
● 모은 열로 증기를 발생시켜 터빈을 돌려, 발전기 로 발전하는 설비
* 태양광을 거울로 반사 집광하여 열 에너지로 변 환하는 설비의 예로서, 타워식과 트로프식은 아 래와 같다.
* **타워식 태양열발전**은 중앙 타워 방식, 집중방식 이라고도 말한다.

● 타워식 태양열발전은, 태양의 움직임을 추종하 는 가동식 평면거울을 다수 원형으로 늘어놓고, 그 중앙부에 설치한 타워 상부의 집열기에, 평면 거울에서 반사된 태양광을 집중시켜 집열하여, 거기서 가열된 액체(물, 오일, 용융염 등)로 물을 가열하여 증기를 발생시키고 터빈을 돌려, 발전 기에서 발전하는 방식이다.
● 용해염 등을 이용한 축열기로 낮 동안 열을 비축 하는 것으로 야간에도 발전하는 것이 가능하다.
* **트로프식 태양열발전**은 포물선 트로프식, 분산 방식이라고도 한다.
● **트로프식 태양열발전**은 홈통형 곡면 거울에서 반사시킨 태양광이 거울의 집점선상에 설치한 파이프 내의 액체를 가열하여 그 열로 물을 증기 로 변환하여 터빈을 돌려 발전하는 방식이다.
● 축열기로 주간의 열을 비축함으로써 인해 야간 에도 발전할 수 있다.

# 39 지열발전 : 마그마의 열로 인한 열수·증기로 발전한다

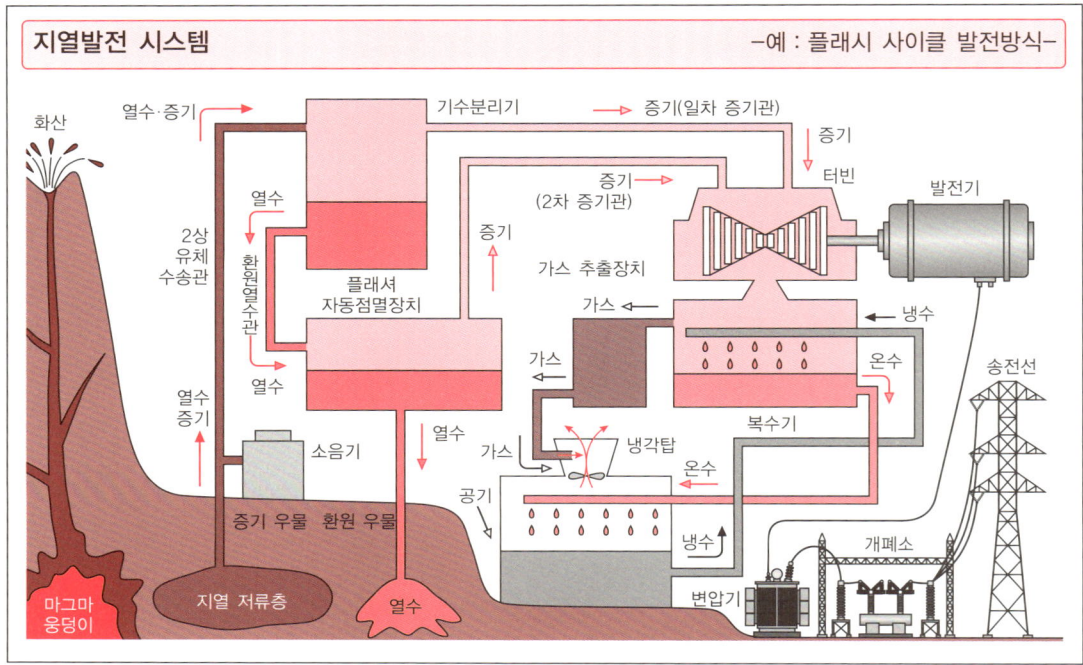

지열발전 시스템 　　　　　　　　　　　　　　　　　-예 : 플래시 사이클 발전방식-

## 지열발전은 지열 저류층의 열수·증기로 직접 터빈을 돌려 발전한다

* 화산활동으로 지하에는 암석 등이 녹은 상당한 고온의 마그마 웅덩이가 있으며, 이 열로 인해 지하수 등이 가열되어 비등하고 천연의 열수·수증기가 발생하는 지열 저류층이 형성되어 있다.

● 지열 발전은 이 지열 저류층에 저장된 열수·증기를 통해 직접 터빈을 돌리고, 발전기로 발전하는 증기발전방식이다.

* 지열발전에는, 3가지의 발전방식이 있다.

● 드라이 스팀 발전방식 : 증기 우물에서 얻은 증기가 충분히 열수를 포함하지 않은 경우, 습기 제거 만으로 증기 터빈 발전기로 발전한다.

● 플래시 사이클 발전방식 : 증기 우물에서 얻은 증기에 많은 증수가 포함되어 있는 경우, 증기 터빈 발전기로 보내기 전에 기수분리기로 증기만을 나눠서 발전하는 방식으로, 일본에서의 지열 발전의 주류를 이루고 있다. 증기를 분리한 후의 열수를 감압하여 더 많은 증기를 얻어 터빈 발전기로 보내는 방식도 있다.

● 바이너리 사이클 발전방식 : 지하 온도나 압력이 낮은 열수 밖에 얻을 수없는 경우, 암모니아나 펜탄 등 물보다도 저비등점의 열매체를 열온수로 비등시켜 터빈 발전기를 돌려 발전한다.

* 지열발전은 깊은 지하의 지열 저류층에서 증기 우물(생산 우물)을 통해 고온·고압의 열수·증기를 추출하여, 2상 유체수송관으로 기수분리기와 자동점멸장치로 보내 증기와 열수로 분리하고, 분리한 증기로 터빈 발전기를 돌려 발전한다.

● 터빈으로 일을 마친 증기는 복수기에서 응축되어 온수로 변하고, 냉각탑에서 냉각된다.

● 자동점멸장치는 기수분리기에서 분리된 열수를 감압팽창시켜 증기를 발생하고 터빈으로, 남은 열수는 환원 우물을 통해 지하로 되돌아간다.

● 가스 추출장치는 복수기의 증기 중에 포함된 가스를 추출하여, 냉각탑 상부에서 배출한다.

# 40 해양발전에는 조력발전·해류발전이 있다

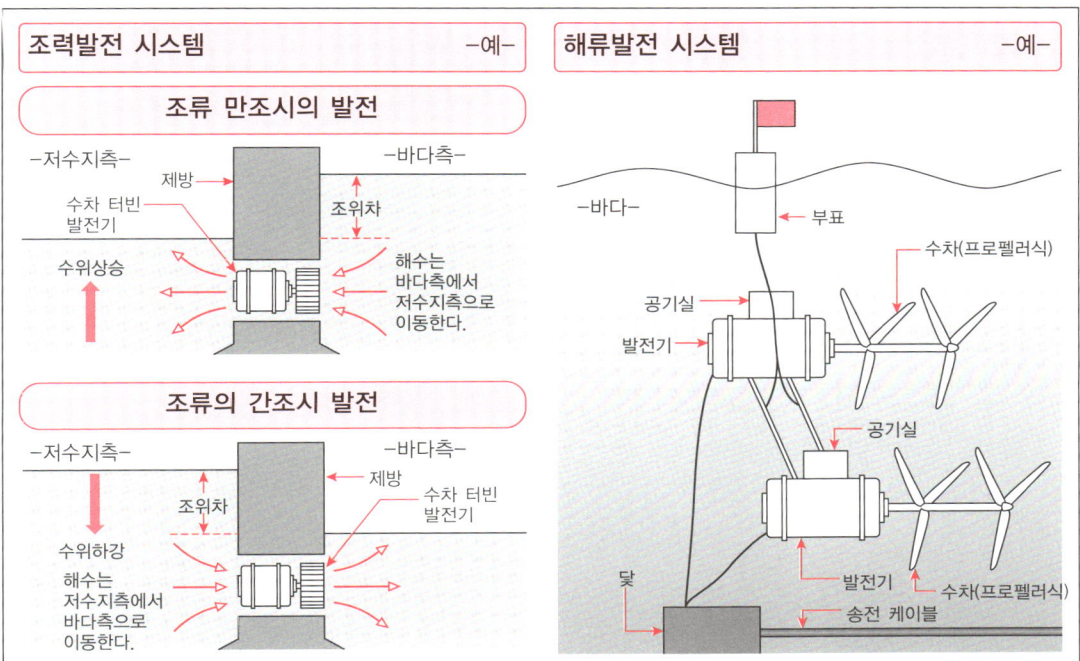

## 조력발전 시스템 　　　　　　　　　−예−

### 조류 만조시의 발전

−저수지측−　　　　　−바다측−
제방
수차 터빈
발전기
조위차
수위상승
해수는
바다측에서
저수지측으로
이동한다.

### 조류의 간조시 발전

−저수지측−　　　　　−바다측−
제방
조위차
수차 터빈
발전기
수위하강
해수는
저수지측에서
바다측으로
이동한다.

## 해류발전 시스템 　　　　　　　　−예−

−바다−
부표
공기실
발전기
수차(프로펠러식)
공기실
닻
발전기
수차(프로펠러식)
송전 케이블

---

## 조력발전은 조 간만으로 발전하며, 해류발전은 해류의 흐름으로 발전한다

* 바다에는, 파도, 조류의 간만(조석) 그리고 해류의 흐름 등으로 인한 운동 에너지가 있고, 또, 태양열로 따뜻해진 해수는 열 에너지를 가지고 있다. 이러한 재생가능 에너지를 이용한 발전을 해양발전이라고 한다.

* 해양발전에는, 조력발전, 조류발전, 해류발전, 파력발전, 해양온도차 발전 등이 있다.

● 이들의 해양발전은 실용화된 것도 있고, 연구·개발단계인 것도 있다.

〈조력발전〉

● 조력발전은 바다에서 조류 간만으로 인한 해수의 이동을 통하여 운동 에너지를 이용한 것으,로 저락차 수력발전의 종류 중 한 가지라 할 수 있다.

● 해수는 달과 태양 등의 인력으로 인해, 보통 1일에 2회의 간만이 있으며, 시각에 따라 조위가 변화하여 조위차를 만들어낸다.

● 조력발전은 간만시 조위차가 큰 저수지 제방으로 구분하고, 내측과 외측의 낙차가 큰 시간대에 그 낙차를 이용하여 수차 터빈 발전기를 돌려 발전한다. 간조시에 내측에서, 만조시에 외측에서의 흐름으로 발전 가능하다.

〈조류발전〉

● 조류는 조석 현상에 의한 바닷물의 흐름으로, 조위차는 그다지 크지 않아도, 해저 지형이 좁혀지는 곳에서는 흐름이 강해진다.

● 조류발전은 조류가 강한 바다 속에 터빈 발전기를 비치하여 발전한다.

〈해류발전〉

● 해류는 태양열과 편서풍 등의 바람으로 인해 생기는 해양 대순환류이며, 지구의 자전과 지형에 의해 거의 일정의 방향으로 흐르고 있다.

● 해류발전은, 해류를 통한 해수의 흐름 운동 에너지에 의해 수차(예 : 프로펠러식)을 회전하여, 바다 속에 설치한 발전기로 발전한다.

# 41 해양발전에는 파력발전·해양 온도차 발전이 있다

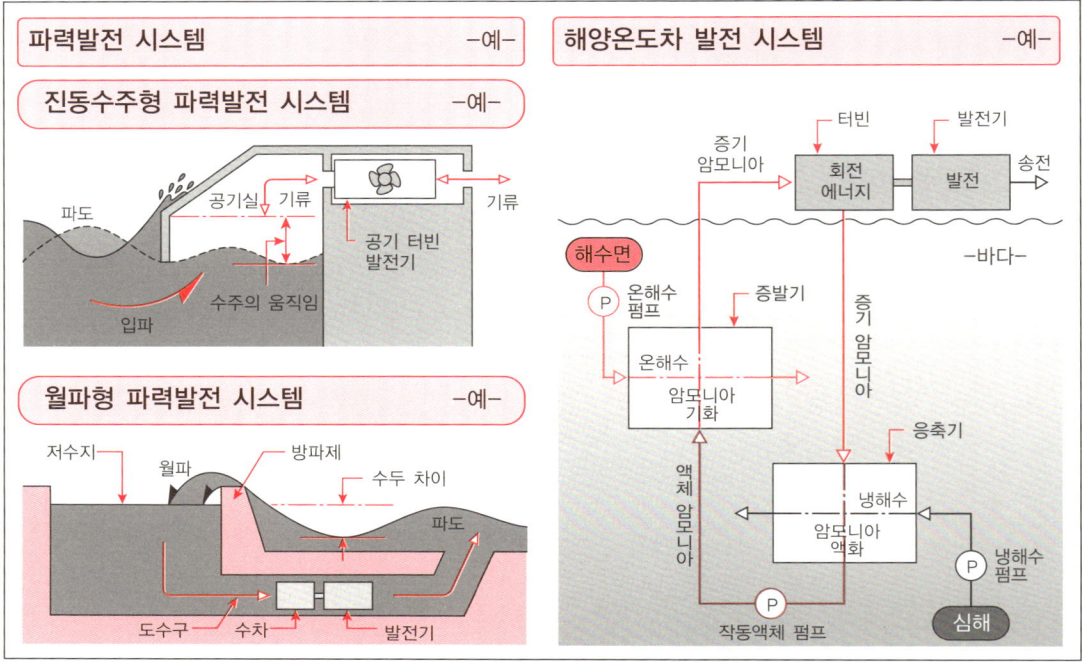

## 파력발전은 파도가 가진 힘으로 발전하며, 해양온도차 발전은 해수면과 심해의 온도차로 발전한다

\* 파력발전은, 해양 파도에 의해 해수면이 상승하는 밀려드는 파도와 하강할 때의 빠지는 파도의 에너지를 이용하여 발전하는 방식이다.

〈파력 발전〉

\* 파력발전에는, 다음과 같은 발전방식이 있다.

● 진동수주형 파력발전은, 몰수부의 일부가 개방된 공기실을 준비하여 파도에 의해 해수면이 상하 할 때 공기의 왕복 진동류를 이용하여 공기 터빈(발전기)를 회전시켜 발전한다.

● 월파형 파력발전은, 방파제를 건설하여 저수지를 만들어, 밀려드는 파도로 해수면이 상승 할 때에 방파제를 넘는 파도가 저수지로 유입하여, 그것으로 인해 저수지에 저장된 물의 면과 해수면과의 낙차를 이용하며, 바다에 배수할 때에 도수구에 설치한 수차 터빈(발전기)를 돌려 발전한다.

● 가동물체형 파력 발전은, 파도 에너지를 가동물체를 통해 운동 에너지로 변환하고, 유압발생장치의 피스톤을 움직여 발전기로 발전한다.

〈해양 온도차 발전〉

● 해수면의 해수는, 태양의 열로 인해 데워지며, 심해는 태양의 열이 충분히 닿지 않아 연중 차가운 상태로 안정적이다.

● 해양 온도차 발전은, 해수면 부근의 따뜻한 해수와, 심해의 차가운 해수의 온도차가 가진 열 에너지를 전기에너지로 바꾸어 발전하는 방식이다.

● 해양 온도차 발전 시스템은, 해수면부근의 따뜻한 해수를 온해수 펌프로 증발기로 보내고, 작용매체가 되는 액체 암모니아를 데워서 기화시켜 증기로 한다. 이 증기의 힘으로 터빈을 돌려 발전기로 발전한다. 터빈에서 나온 암모니아는 응축기로 보내져 냉해수 펌프로 퍼올린 심해의 차가운 물로 식혀 액체로 되돌린다. 액체로 된 암모니아는 재차 작동액체 펌프로 증발기로 보내 기화되고 이것을 반복하여 발전한다.

# 42 연료전지 : 수소와 산소의 전기화학 반응으로 발전한다

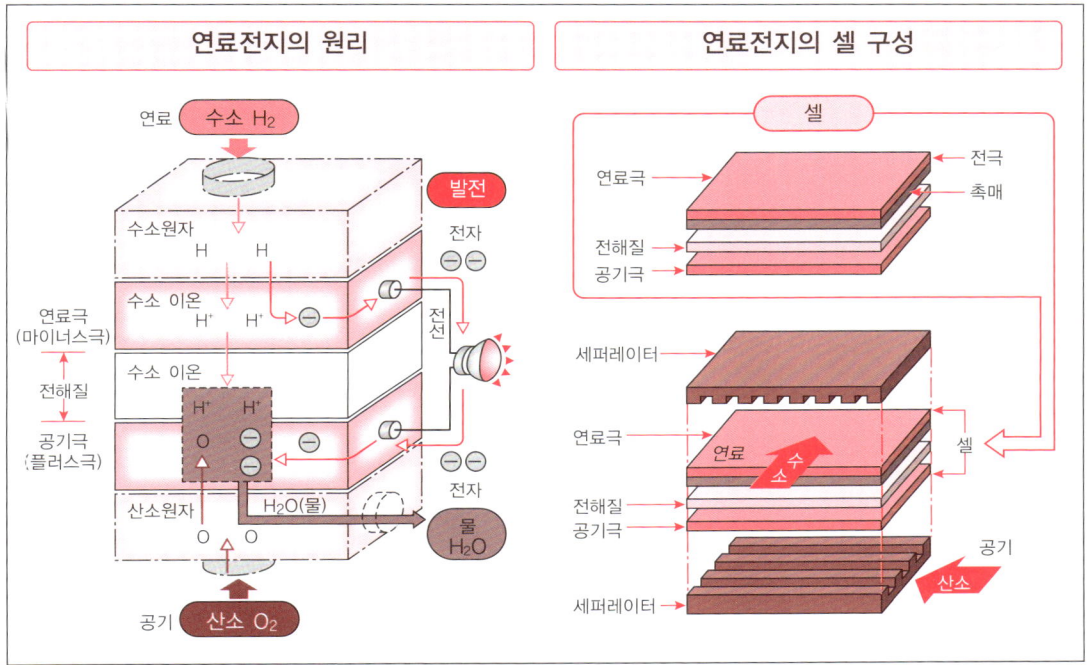

| 연료전지의 원리 | 연료전지의 셀 구성 |

## 연료전지는 산소와 수소를 공급하면 계속 발전하는 발전장치이다

\* 물에 전기를 통하기 쉽게 하는 전해질, 예를 들어 수산화나트륨 수용액을 더하여 외부에서 전기를 통하게 하면 수소와 산소로 분해하는 것을 물의 전기분해라 한다.

● 물의 전기분해와는 반대로 수소($H_2$)와 산소($O_2$)를 전기화학 반응시켜, 물($H_2O$)과 전기를 말들어내는 것이 **연료전지**이다.

● 연료전지는, 전지라고 불리지만, 연료가 되는 산소와 수소를 계속 공급하는 것으로 전기를 계속 발생하는 발전장치라 할 수 있다.

● 연료전지에서는, 수소는 도시 가스의 원료인 천연 가스 등에서 추출하며, 산소는 공기 중에 있는 것을 이용한다.

● 연료 전지를 형성하는 단위를 **셀**이라 한다.

● 셀은 샌드위치 같은 구조를 하고 있으며, 공기극(플러스극)과 연료극(마이너스극)이 전해질을 사이에 둔 형태로 되어 있다.

\* 연료전지의 연료극에서 수소($H_2$)를 보내면 수소는 촉매의 기능으로 전자를 분리하여 수소 이온이 된다.

● 전해질은 이온밖에 통하게 하지 않는다는 성질을 가지고 있으므로 분리된 전자는 마이너스 극(연료극)에서 다른 전선을 통해 플러스 극(공기극)으로 이동한다. ─이것은 전류가 흐른 것이어서 전기가 발생, 즉 발전한 것이다─

● 수소 이온은, 전해질을 통해 공기극에서 보내진 산소($O_2$)와 외부에서 전선을 통해 되돌아온 전자와 반응하여 물($H_2O$)이 된다.

● 하나의 셀이 만드는 전기는 한정되어 있으므로 큰 전기를 얻기 위해서는 셀을 겹쳐(전지의 직렬 연결), 이것을 셀 스택이라 한다.

● 셀과 셀 사이에 세퍼레이터를 넣어, 수소와 산소를 구분하고, 전기적으로 연결하는 역할을 하며 홈을 잘라 수소나 산소, 냉각수의 유로로 한다.

# 8 송전 : 발전전력을 배전용 변전소로 보낸다

# 43 송전계통은 모두 연결하여 전력을 상호 공급한다

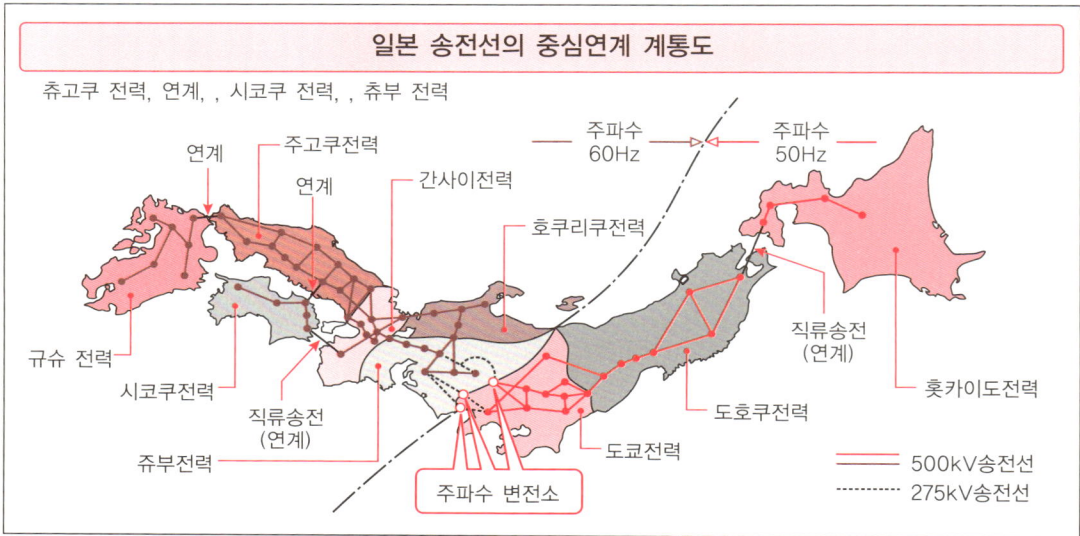

**일본 송전선의 중심연계 계통도**

## 송전에는 교류 송전과 직류 송전이 있다

-교류송전이 주류-

* 발전소에서 발전된 전력은, 상당히 높은 전압으로 송전선을 통해 야산을 넘어, 몇 군데의 변전소를 통하여, 조금씩 전압을 낮추면서 배전용 변전소로 보내지며, 배전선을 통해 전력을 사용하는 수요처에 전기가 공급된다.
* 송전은, 발전소에서 발전된 전력을 배전용 변전소까지 보내는 것을 말한다.
* 변전소에서 공장·빌딩·상점·주택 등의 수요처에 전력을 전달하는 것을 **배전**이라 한다.
* 송전에는, 교류송전과 직류송전이 있다.
* **교류송전**은, 3상 교류 전압을 변압기를 사용해서 전압을 변환하여, 송전하는 방식을 말한다.
* 변압기에 따라 간단히 전압의 변환이 가능하다.
* 교류는 영점이 있어 차단이 직류보다 간단하다.
* 3조의 도체가 필요하며 직류보다 비용이 크다.

* 교류전압(실효치)의 $\sqrt{2}$배의 최대값 전압에 대해 절연을 강화할 필요가 있다.
* **직류송전**은, 3상 교류전력을 직류전력으로 변환하여 송전하는 방식을 말한다.
* 2줄의 도체로 송전하는 것이 가능하다.
* 직류·교류변환 설비에 비용이 든다.
* 홋카이도에서 규슈까지의 송전계통은 모두 송전선으로 연결하며, 이것을 전국 중심 연계계통이라 한다.
* 동일본은 주파수 50Hz, 서일본은 60Hz로, 동일 주파수의 전력을 이용하는 전기사업자(오키나와 제외)는 상호 전력망을 연결하여, 주파수가 다른 전력망끼리도 주파수 변환소를 설치하여 전력을 상호 공급하는 공급 안정화를 도모하고

# 44 송전전압은 높게 하며, 수요지 근처에서 강압한다

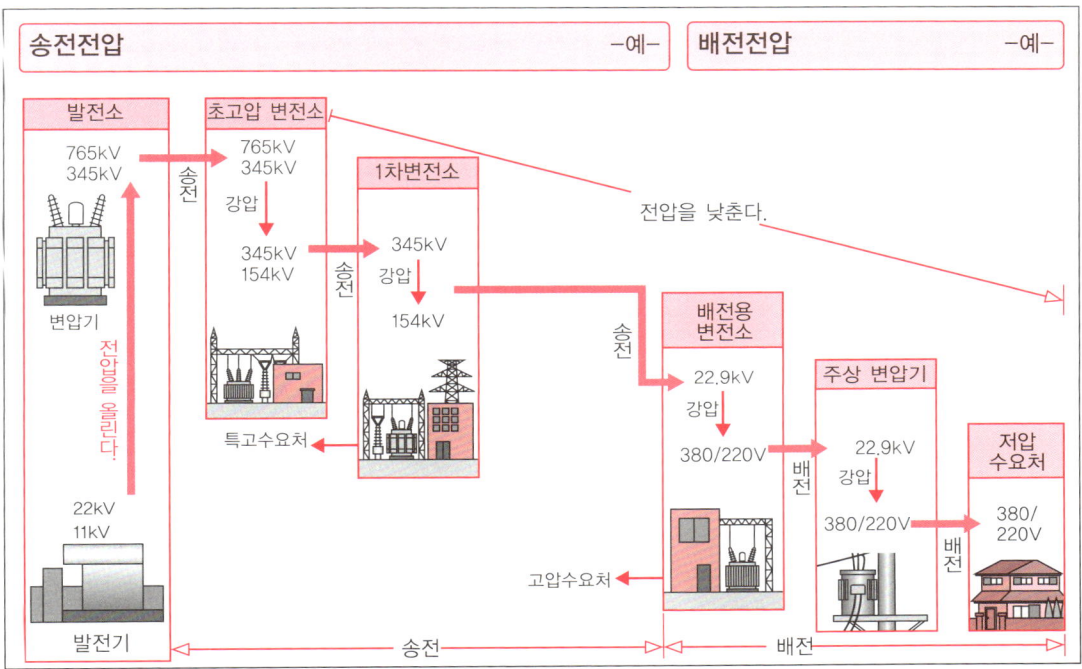

## 송전은 전력손실을 적게 하기 위해 전압을 높게한다     ─3상교류로 송전─

* 발전된 전력은, 3상 교류에서 전력손실을 적게 하기 위해 장거리 송전의 구간에서는 상당히 높은 전압으로 송전하며, 수요지와 가능한 한 가까운 장소에서 몇 단으로 나눠서 전압을 낮춘다.

* 발전소의 발전기에서 발전된 교류 3상 전력은 11kV·22kV의 전압이지만, 이것을 발전소 내의 변압기로 고전압 345kV, 초고전압 765kV로 승압하여, 중심 계통으로 송전선에 발송된다.

● 중심 계통의 345kV, 765kV의 전력은 각지에 마련된 초고압 변전소에 송전되어, 특고압 345kV로 강압된다.

● 초고압 변전소에서의 345kV의 전력은, 1차변전소로 송전되어 154kV로 강압되고, 일부는 철도회사의 변전소나 대규모 공장으로 보내지고, 나머지는 중간 변전소로 송전된다.

● 1차 변전소에서의 154kV의 전력은, 중간 변전소에서 22.9kV로 강압되어 대규모 공장·빌딩으로 전기가 공급됨과 동시에 배전용 변전소로 송전된다.

* 높은 전압으로 송전하는 이유는 아래와 같다.

● 송전선에는 전기 저항이 있어, 전류가 흐르면 줄의 법칙에 따라 열이 발생하여, 보내는 전력을 잃는다. 이것을 전력손실이라 한다.

● 줄 열은 전류의 2제곱에 비례하므로 전류를 작게 하면 전력손실을 줄일 수 있다.

● 전력은 전압과 전류의 곱에 비례하므로 같은 전력을 얻기에는 전압을 높게 하면 전류가 작아져 전력 손실을 줄일 수 있기 때문이다.

* 발전소에서 발전된 3상 교류전력이 3상교류 그대로 송전되는 이유는 아래와 같다.

● 3상 교류는, 3계통의 6줄의 송전선 중, 복귀선 3줄을 1줄로 합치면, 그 전선에는 전류가 흐르지 않게 되어, 복귀선 모두를 생략할 수 있어, 나머지 3줄의 전선만으로 송전할 수 있기 때문이다.

# 45 가공송전선은 공중으로 전선을 설치하고 전력을 보낸다

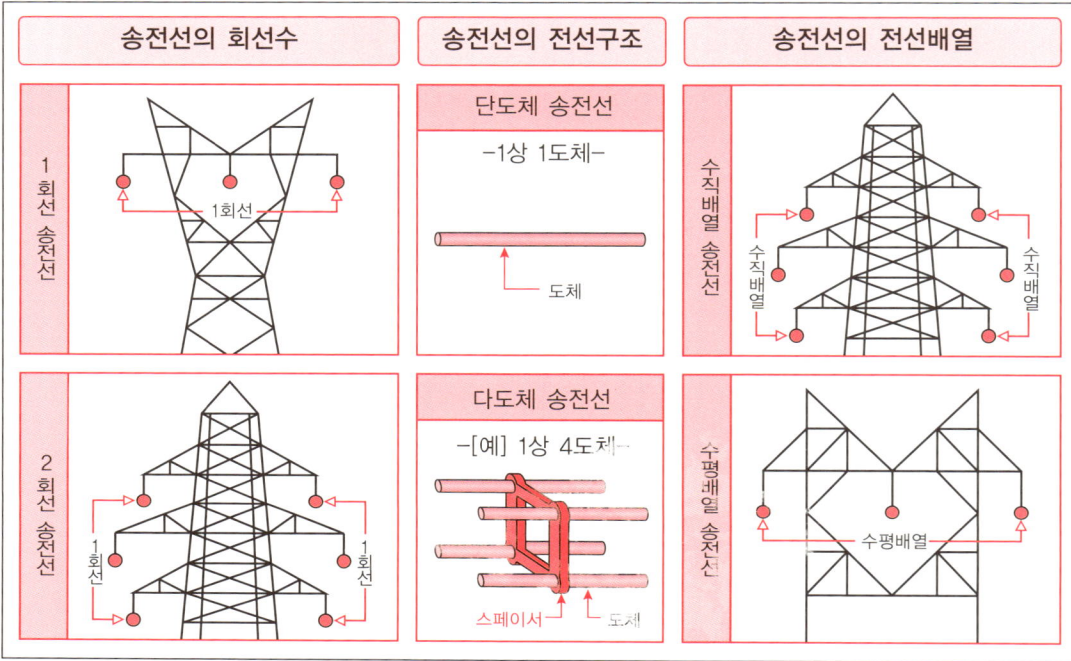

| 송전선의 회선수 | 송전선의 전선구조 | 송전선의 전선배열 |
|---|---|---|
| 1회선 송전선 — 1회선 | 단도체 송전선 −1상 1도체− / 도체 | 수직배열 송전선 — 수직배열 / 수직배열 |
| 2회선 송전선 — 1회선 / 1회선 | 다도체 송전선 −[예] 1상 4도체− / 스페이서 / 도체 | 수평배열 송전선 — 수평배열 |

## 가공송전선은 회선수, 전선의 배열, 전선의 구조 등으로 인해 분류된다

* 발전소에서 변전소 또는 변전소와 변전소간의 사이를 맺어 대량의 전력을 높은 전압으로 보내는 역할을 하는 것이 송전선이다.
● 송전선에는 가공 송전선과 지중 송전선이 있다.
* 가공송전선은, 탑·전주를 사용하여 공중으로 전력을 수송하는 송전선을 말한다.
* 가공송전선을 분류하면 다음과 같다.
〈회선수에 따른 분류〉
● 발전소에서 발전된 3상교류 전력을 3줄의 전선으로 송전하는 하나의 단위를 회선이라 한다.
● 탑·전주의 지지물에 애자를 통해 3줄의 전력선이 쳐있는 송전선은 1회선 송전선이라 하며, 6줄 치고 있으면 2회선 송전선이라 한다.
● 송전선에는, 한 쪽의 회선이 고장난 경우, 다른 쪽의 회선으로 전력을 공급하여 정전을 피하는 2회선 송전선이 가장 많이 이용된다.

〈전선의 배열에 따른 분류〉
● 송전선의 전선배열에는, 수직배열과 수평배열이 있다.
● 수직배열은, 지지물에 대해 1회선 3줄의 전력선을 수직(세로)으로 나란히 치는 것을 말한다.
● 2회선 송전선에서는, 지지물에 대해 좌우대칭 수직으로 3줄씩, 합계 6줄의 전력선을 친다.
● 3상 3선식 송전선에서는, 2회선 수직 배열 송전선이 가장 많이 이용되고 있다.
● 수평배열은, 지지물에 대해 1회선 3줄의 전력선을 수평(가로)으로 나란히 치는 것을 말한다.
〈전선구조에 따른 분류〉
● 3상 3선식 송전선에서, 1상에 대하여 1줄의 전선을 단도체 송전선, 1상에 대하여 복수의 전선을 치는 것을 다도체 송전선이라 한다.
● 다도체 송전선은 전선 상호간 스페이서를 넣어 간격을 가지고 그 단면을 정다각형으로 한다.

# 46 가공송전선에 쓰이는 전선과 애자

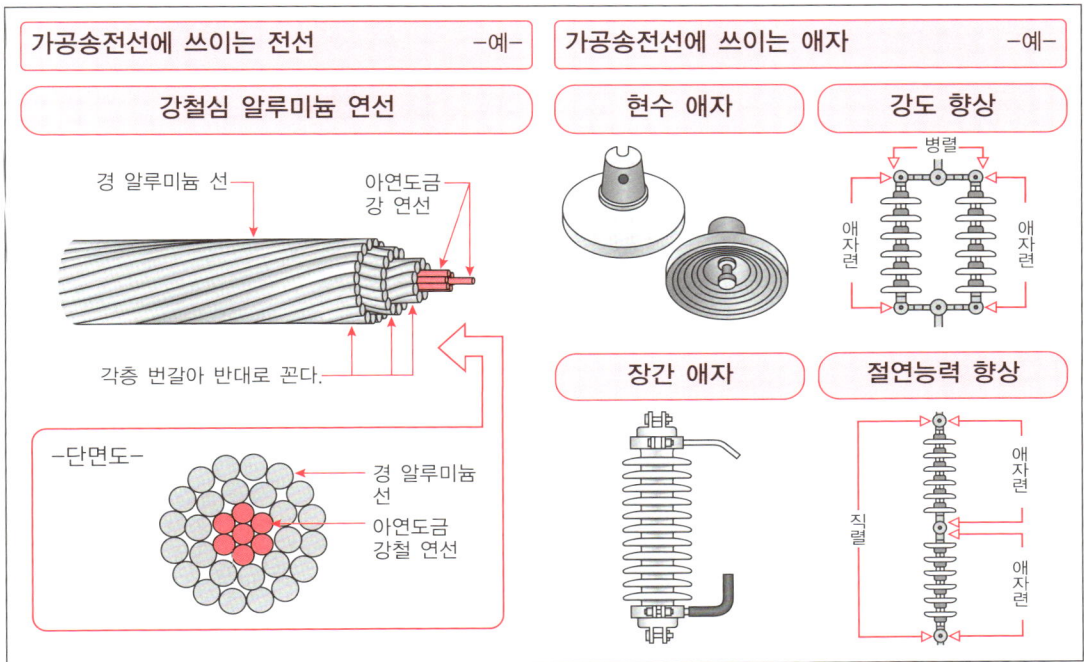

**가공송전선에 쓰이는 전선** —예—

**강철심 알루미늄 연선**

경 알루미늄 선

아연도금 강 연선

각층 번갈아 반대로 꼰다.

—단면도—

경 알루미늄 선

아연도금 강철 연선

**가공송전선에 쓰이는 애자** —예—

**현수 애자**

**강도 향상**

병렬

애자련 / 애자련

**장간 애자**

**절연능력 향상**

직렬

애자련 / 애자련

## 가공송전선의 전선은 강철심 알루미늄 연선이 많이 쓰인다

* ✱ 가공송전선은 전선, 애자, 아크혼, 탑·전주, 가공지선 등으로 구성된다.
* ✱ 가공송전선에 사용하는 전선은, 모두 절연피복을 하지 않은 나전선으로, 소선을 수~수십 줄 꼬는 연선이 이용된다.
* ● 나전선을 사용하는 것은, 전선에 전류를 흐르게 하면 저항으로 인해 줄 열이 발생하므로, 열을 방산시켜 온도상승을 억제하기 위해서이다.
* ✱ 대부분의 가공송전선에서는, 강철심 알루미늄 연선이 사용되고 있다.
* ● 강철심 알루미늄 연선은, 전선의 중심에 아연도금 강철 연선을 배치하고, 그 주위에 경 알루미늄선을 같은 원에 번갈아 반대로 꼰 전선이다.
  – 알루미늄선은 강도가 뒤떨어져 강철선으로 보강한다. –
* ● 알루미늄선을 사용하는 것은, 동선과 비교하여 도전율은 낮지만 경량이므로, 철탑에 더해지는

하중을 적게 하는 데 적합하기 때문이다.
* ● 애자는, 전류가 흐르는 송전선과 철탑을 전기 절연하기 위한 것으로, 높은 절연 능력과 동시에 송전선을 지지하는 기계적 강도가 필요하다.
* ● 애자는, 전기적 절연성과 함께 야외에서의 내후성, 기계적 강도가 요구되는 점에서 대부분은 자기를 소재로 하고 있다.
* ● 애자는 송전전압이나 소요강도에 따라 필요한 개수를 연결하여 이용하며, **애자련**이라 한다.
* ● 1련으로 강도가 부족할 때에는 2련, 3련과 병렬로 늘리고, 절연능력을 높일 때에는, 애자련을 직렬로 연결한다.
* ● 송전선에는, 현수애자, 장간애자가 이용된다.
* ● **현수애자**는 갓 모양의 자기 절연층의 양단에 연결 브래킷을 접착한 애자이다.
* ● **장간애자**는 중간 실상의 주름붙이 자기봉의 양단에 연결 브래킷을 접착한 애자이다.

**81**

# 47 가공송전선의 철탑·가공지선·아크 혼

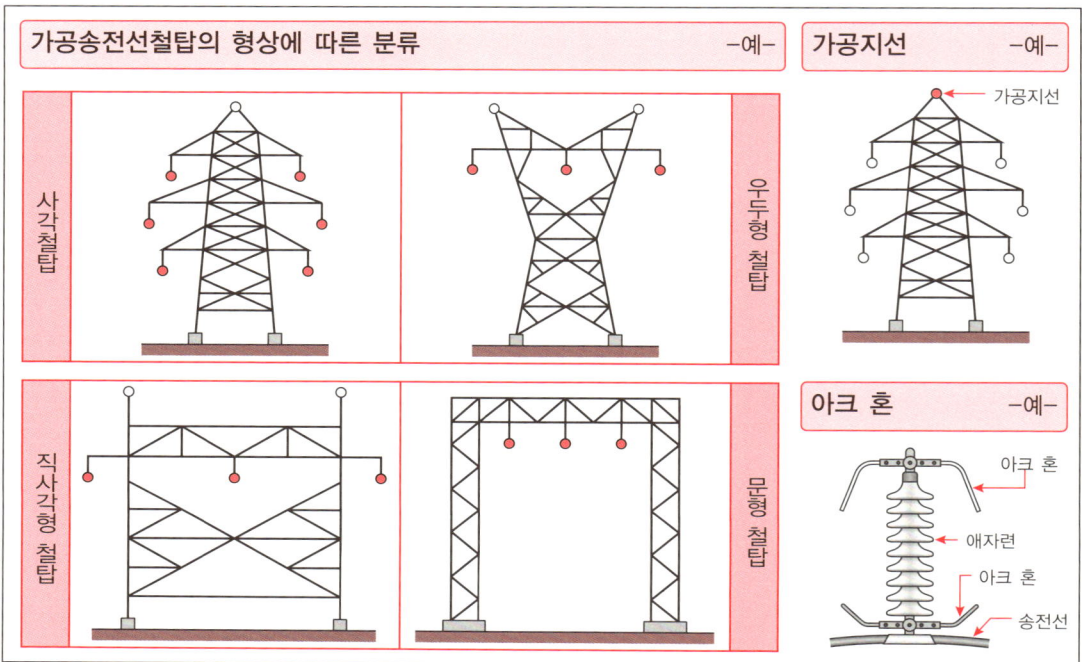

## 가공송전선철탑의 형상에 따른 분류 —예—

사각철탑

직사각형 철탑

우드형 철탑

문형 철탑

## 가공지선 —예—

가공지선

## 아크 혼 —예—

아크 혼

애자련

아크 혼

송전선

## 철탑은 송전선을 지탱하며, 가공지선·아크혼은 낙뢰사고를 방지한다.

✳ 가공송전선에 이용되는 철탑은, 그 형상에 따라, 사각철탑, 직사각형 철탑, 건(모자)형 철탑, 문형 철탑 등이 있다.

✳ 사각철탑은 4개의 기둥의 토대가 사각으로 배치되어 거기에서, 하나의 정점을 향하도록 형성하여 네 면이 동일한 형태인 것으로, 가장 널리 이용되고 있는 철탑이다.

● 완목을 외측으로 연장하여 송전선을 지지하고, 그 강도는 전선로 방향의 직각방향으로 같게 유지되고 있다.

✳ 직사각형 철탑은, 4줄의 기둥 토대가 직사각형으로 배치되어, 정점을 2개 가지는 철탑이다.

● 마주보는 2면이 같은 모양과 강도를 유지하고, 전선로 방향과 직각방향에서는, 강도가 다르다.

✳ 우두형 철탑은, 철탑의 중간 정도부터 위를 넓힌 모양으로, 초고압송전선이나 눈이 많은 산악지대의 1회선(수평배열) 철탑 등으로 사용된다.

✳ 문형철탑은, 갠트리 철탑이라고도 하며, 송전선이 철도선로나 수로·도로 등의 위를 가로 질러 건설되는 철탑이다.

✳ 가공송전선의 철탑 상부의 전선로 방향으로 짧은 구간마다 접지된 도체가 깔려 있다. 이것을 가공지선(그라운드 와이어)라 한다.

● 가공지선은, 송전선의 벼락 방지 피뢰선에서, 벼락 직격시의 반대 플래시 오버 방지, 유도뢰 서지의 저감, 근방낙뢰 시에 전선이나 철탑에 나타나는 코로나 제어 등에 효과가 있다.

● 가공지선의 도체는 알루미늄선을 이용하지만, 통신선기능을 가진 광섬유가 내장된 것도 있다.

✳ 낙뢰에 대해, 가공송전선의 애자련의 양단에는 아크 혼이 장착되어 있다.

● 아크 혼은 송전전류에서는 아크를 만들지 않고 낙뢰시에 양단의 아크 혼 사이에서 아크 방전하여 애자가 파괴되는 것으로부터 지킨다.

# 48 지중 송전 : 지하로 송전선을 매설하여 송전

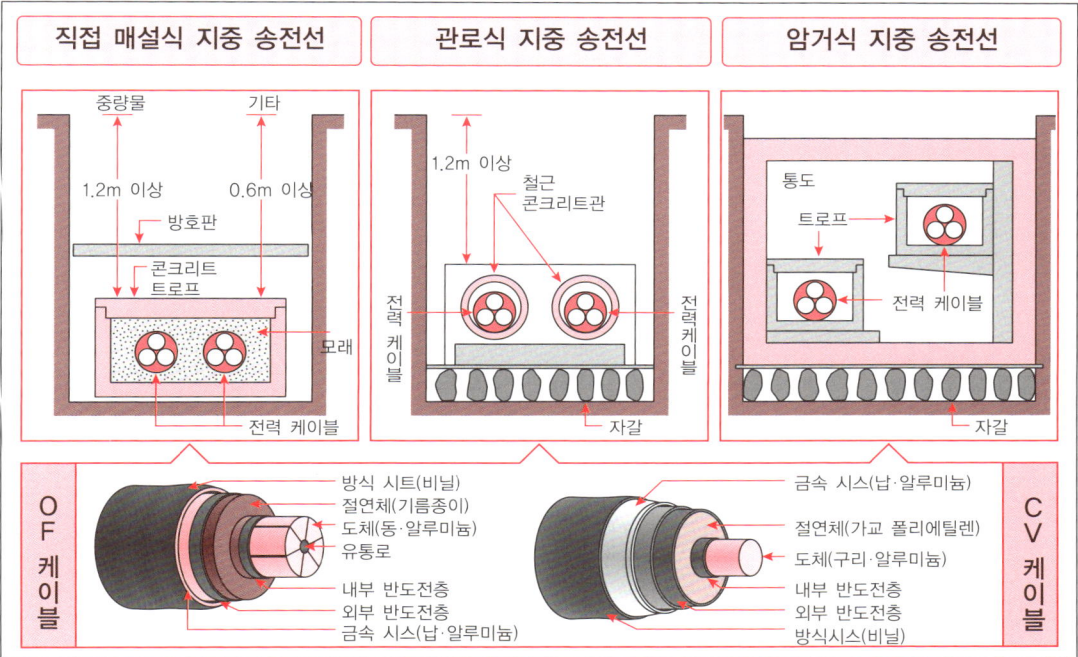

| 직접 매설식 지중 송전선 | 관로식 지중 송전선 | 암거식 지중 송전선 |

OF 케이블 / CV 케이블

방식 시트(비닐)
절연체(기름종이)
도체(동·알루미늄)
유통로
내부 반도전층
외부 반도전층
금속 시스(납·알루미늄)

금속 시스(납·알루미늄)
절연체(가교 폴리에틸렌)
도체(구리·알루미늄)
내부 반도전층
외부 반도전층
방식시스(비닐)

## 지중 송전선의 포설방식에는 직접 매설식·관로식·암거식이 있다 　－전력 케이블－

* 지중 송전선은, 지하에 매설한 송전선으로 전력을 보내는 것이다.
* 지중 송전선은 폭풍우, 눈, 벼락 등 자연현상 등의 영향을 받지 않는 반면, 가공송전선과 비교하여 송전용량이 작으며, 건설비도 비싸고, 사고부분의 검출·복구에 시간이 걸린다.
* 지중 송전선은, 가공송전선의 시설제한을 받는 도회지, 미관을 필요로하는 풍치지구 등에 주로 시설된다.
* 지중 송전선의 포설 방식에는 직접 매설식, 관로식, 암거식 등이 있다.
* 직접 매설식은 지하에 경로를 직접 매설한다.
* 선로방호를 위해 토관이나 철근 콘크리트 등의 트로프 안에 전력 케이블을 넣어 매설한다.
* 선로 매설 깊이는, 차도 등 중량물 압력을 받는 장소에서 깊이 1.2m. 기타 장소로 0.6m로 되어 있다.

* 관로식은, 철근 콘크리트관, 강관, 경질 비닐관 등을 이어 매설하고, 그 속에 전력 케이블을 넣는다.
* 암거식은, 지하에 통도(암거)를 매설하여 그 안에 전력 케이블을 포설한다.
* 지중 송전용 전력 케이블의 대표적인 것으로, OF 케이블과 CV 케이블(가교 폴리에틸렌 케이블)이 있다.
* CV 케이블이 공사나 보수가 용이하므로 많이 사용되고 있다.
* OF 케이블은, 단심에서는 도체의 중심에, 3심에서는 개재 쥬트 충전부에 유통로를 설치하여 외부유조에서 절연유를 가압하고 절연체의 위에 금속 시스를 설치하여 방식 시스를 한다.
* CV 케이블은, 절연체로서 가교 폴리에틸렌을 사용하고, 절연층 위에 금속 시스를 설치하여 방식 시스를 한다.

# 9 변전소 : 송배전 계통으로 전압을 변환한다

## 49 변전소에는 송전용 변전소와 배전용 변전소가 있다

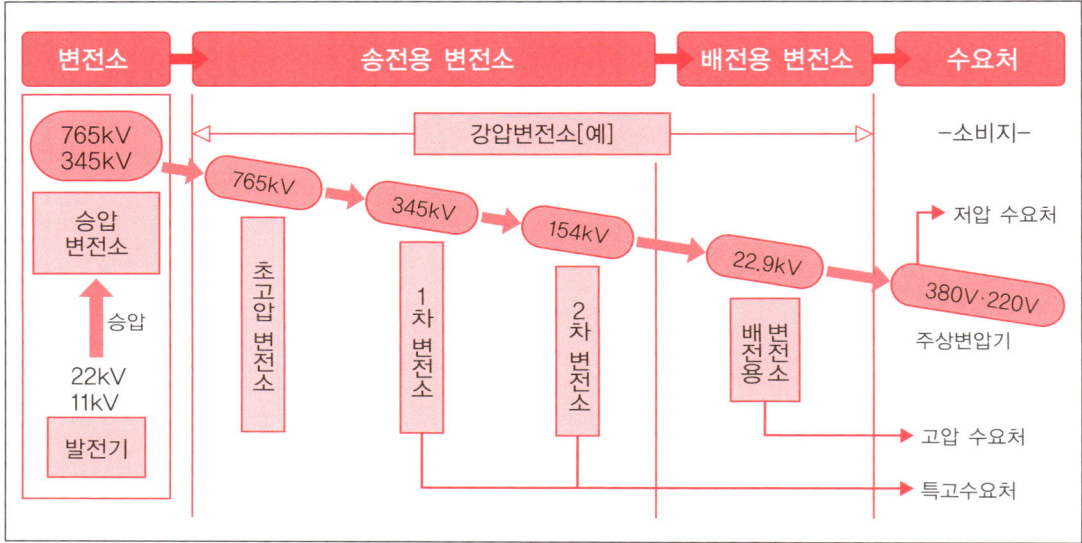

---

### 변전소 : 송전계통 중 발전소에서 전압을 순차적으로 낮추어 수요처로 보낸다

* 송전전력은, 송전전압과 전류의 곱에 비례하며, 또한, 전력손실은 전류의 제곱에 비례하므로, 송전 전압을 높게 하여, 작은 전류로 송전하면, 송전중의 전력손실을 적게 할 수 있다.

● 송전계통에 대해서는, 발전소에서 전압을 높게 하여 송전하고, 전력소비지에서는 낮은 전압을 필요로 하므로, 소비지에 가까워짐에 따라 순차로 전압을 낮추고 있다. 이렇게 전압을 높게 하였다가 다시 낮게 하는 각 단계를 **전압계급**이라 하는데, 각 계급의 사이에 그것에 대응하는 변전소가 설치된다.

* 변전소에는, 발전소 내 변전소와 송전용 변전소, 배전용 변전소가 있다.

● **송전용 변전소**는, 송전계통의 도중에 설치되어, 초고압 변전소, 1차변전소, 2차변전소 등이 있

으며, 각각 전압의 변환(변압)을 시행하고 있다.

● **배전용 변전소**는, 송전용 변전소에서 보내진 높은 전압을, 소비지가 필요로 하는 낮은 전압으로 낮추어 전력을 배전계통으로 전기를 공급한다.

● 송전용 변전소, 배전용 변전소의 대부분은, 높은 전압을 낮은 전압으로 낮추므로 **강압변전소**라 한다.

● 이와 반대로 발전소내에 설치하는 변전소는, 발전전압을 높게 한 전력을, 발전소에서 발송하므로 **승압변전소**라한다.

* 이 외에, 변전소는 복수의 발전소에서 송전선을 집합하였다가 다시 필요에 따라서 각지로 분배하는 등, 전력의 흐름을 제어하여 전력의 유통을 도모하는 기능도 있다.

# 50 변전소의 형식·형태에 의한 종류

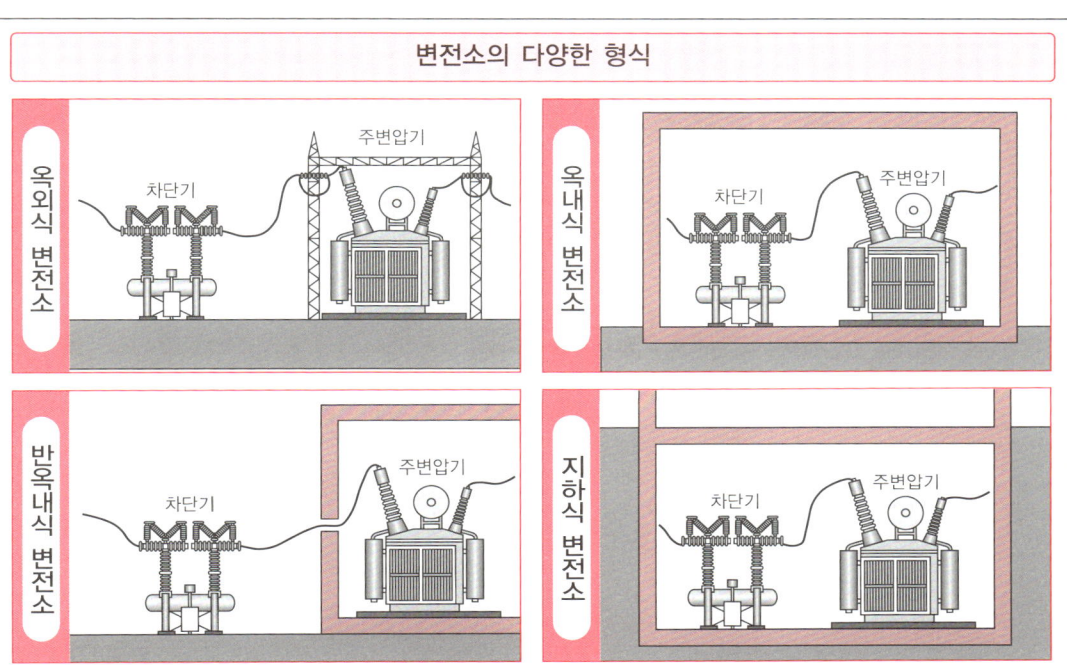

변전소의 다양한 형식

옥외식 변전소 / 옥내식 변전소 / 반옥내식 변전소 / 지하식 변전소

차단기 · 주변압기

## 변전소에는 형식과 형태에 따라 다양한 종류가 있다

✱ 변전소에는, 다음과 같은 형식이 있다.
〈옥외식 변전소〉
● 변전소의 변압기나 개폐기 등의 주요 설비를 옥외에 평면적으로 배치하여, 배전반 등의 제어기기를 옥내로 배치하는 형식이다.
● 이 형식은, 많은 변전소에서 사용되고 있다.
〈반옥외식 변전소〉
● 변전소의 주요기기인 개폐기를 주로 염해대책으로서 옥내에 설치하고, 그 외의 설비를 옥외에 설치하는 형식이다.
〈옥내식 변전소〉
● 변전소의 변압기나 개폐기 등의 주요 설비를 옥내에 설치하는 형식이다.
● 이 형식은, 해안선의 부근에 설치할 때, 염해대책으로 효과를 볼 수 있다.
〈반옥내식 변전소〉
● 변전소의 주요기기인 변압기를 주로 소음대책으

로서 옥내에 설치하고, 기타 설비를 옥외에 설치하는 형식이다.
〈지하식 변전소〉
● 주요기기를 지하에 설치하는 형식이다.
● 이 형식은, 도시부에서 변전소 용지 취득의 난점과 토지의 활용효과의 면에서 채용되고 있다.
✱ 변전소에는, 다음과 같은 형태가 있다.
〈기중절연형 변전소〉
● 변전소 회로의 주요부분의 절연이 공기에 의해 이루어지는 변전소이다.
● 이 형식은, 공기중에서 회로를 애자 등으로 간격을 두고 유지함으로써 다른 회로나 대지와의 사이를 절연한다.
〈GIS 변전소〉
● 절연성능이 높은 육플루오린화황($SF_6$)가스를 이용한 가스 차단기(GIS)를 이용하여 회로의 주요부분을 구성하는 변전소이다.

# 51 변전소를 구성하는 기기의 기능 (1)

## 변전소의 구조(개요)

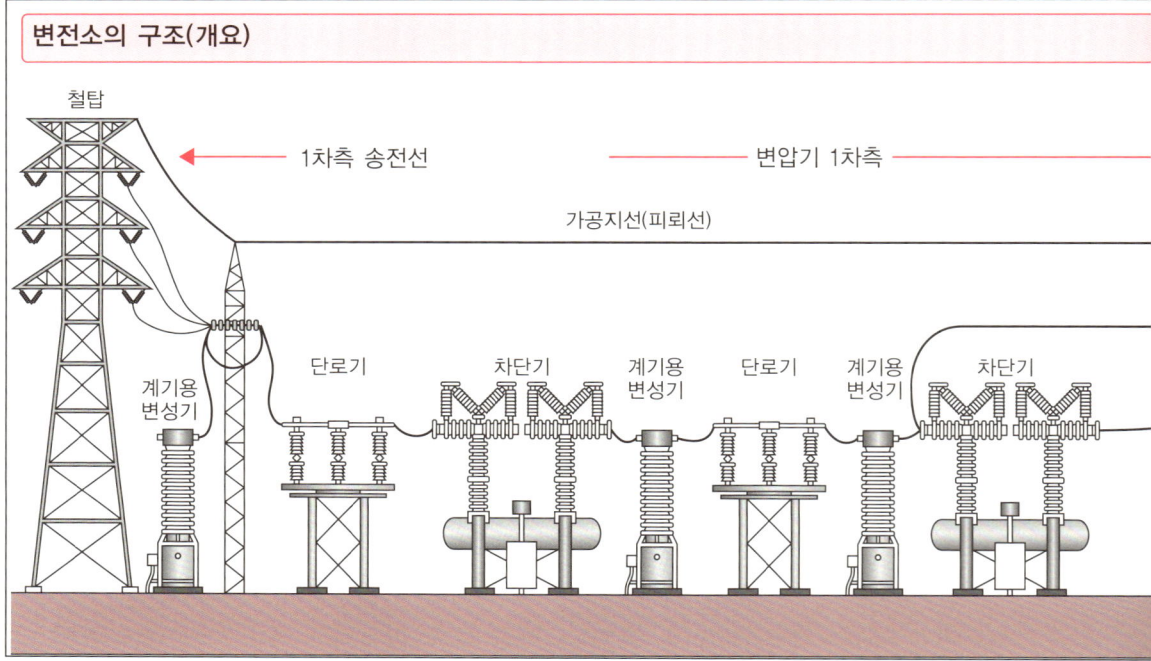

철탑

1차측 송전선 ← 변압기 1차측

가공지선(피뢰선)

계기용 변성기    단로기    차단기    계기용 변성기    단로기    계기용 변성기    차단기

## 변전소를 구성하는 단로기·차단기·계기용 변성기의 기능

* 변전소의 주요 설비로는, 단로기, 차단기, 계기용 변성기, 피뢰기, 변압기, 조상설비, 보호계전기 등이 있으며, 이들의 기기를 연결하여 전로를 확보하는 전선(모선)이 있다.

* 단로기는, 송배전선과 변전소 기기의 점검 때, 이들을 회로에서 분리하거나, 계통운용상 회로를 전환하기 위해 설치한다.

● 단로기는 정격전압 하에서 단순히 충전된 전로를 개폐하기 위해 이용되며, 부하전류의 개폐를 하기 위한 것은 아니다.

● 차단기는, 일반적으로 대기압 공기를 절연으로 이용하지만, 가스 절연형 개폐장치(GIS)에 적용하는 단로기는, SF₆ 가스를 절연으로 이용하고 있다.

* 차단기는, 송배전선과 변전소 모선, 기기 등의 단락 고장시에, 그 회로를 자동차단하기 위한 개폐기로, 회로 개폐조작에 이용된다.(54항 참조)

● 차단기는, 상규상태의 전로 외에, 이상상태, 특히 단락 상태의 전로를 개폐할 수 있는 개폐기이다.

* 계기용 변성기는, 보호계전기 등과 함께 사용하는 전류 및 전압의 변성기로, 계기용 변압기, 변류기의 총칭이다.

● 계기용 변압기는, 어느 전압을 이것에 비례하는 전압으로 변성하는 계기용 변성기를 말한다.

● 권선형 계기용 변압기는, 1차·2차 권선에 의해 계통회로전압을 변성하는 것으로, 높은 전압계급에서는 유입식과 SF₆ 가스 절연식이 많다.

● 변류기는, 어느 전류값을 이것에 비례하는 전류값으로 변성하는 계기용 변성기이다.

● 영상 변류기는, 선로전류 중에 포함되는 영상(零相)전류를 변성하는 변류기이다.

● 영상 변류기는 3상 케이블 또는 도체를 철심의 창 안에 넣어 자기적으로 3상을 결합시켜, 단상 지락시에만 지락전류를 추출하는 변류기이다.

# 52 변전소를 구성하는 기기의 기능 (2)

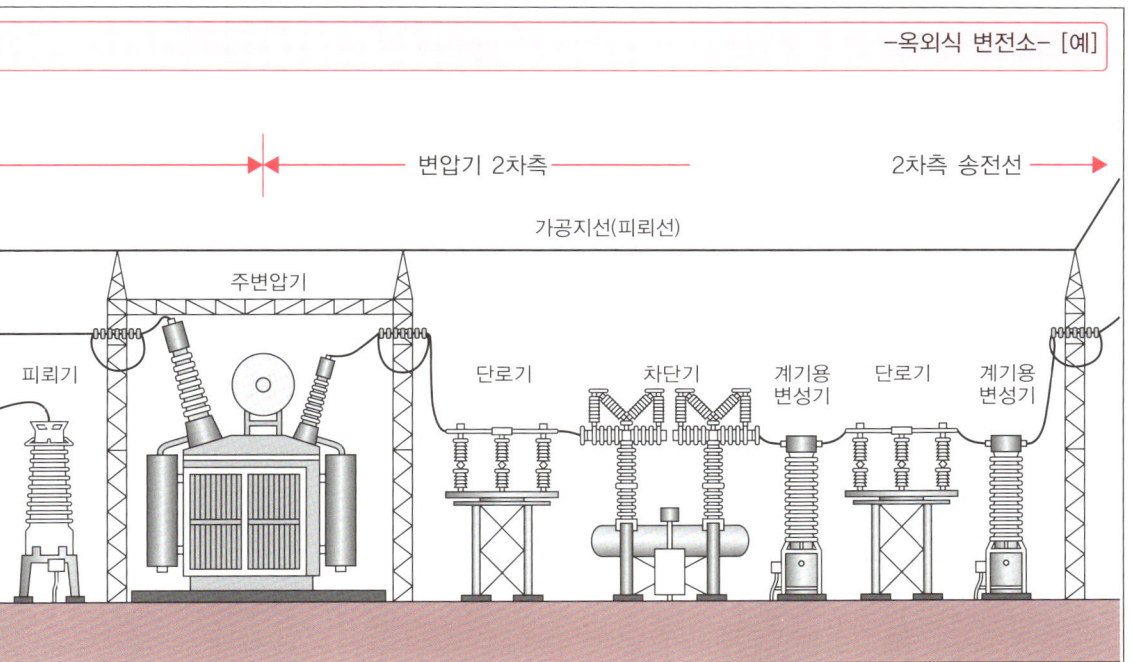

−옥외식 변전소− [예]

변압기 2차측 ◀───────────────▶   2차측 송전선 ───▶

가공지선(피뢰선)

주변압기

피뢰기   단로기   차단기   계기용
변성기   단로기   계기용
변성기

## 변전소를 구성하는 피뢰기·변압기·조상설비, 보호계전기의 기능

* **피뢰기**(서지 방호 디바이스)는, 벼락 또는 회로 의 개폐 등으로 기인하는 과전압의 파고값이 있 는 값을 넘는 경우, 방전으로 인한 과전압을 제 한하여, 전기시설을 보호하는 한편, 속류를 단시 간 안에 차단하여 계통의 정상적인 상태를 훼손 없이 원상 복귀하는 기능을 가진 기기이다.
* 산화아연(ZnO) 분말의 소결체를 주성분으로 하 는 고비직선 저항소자를 사용한 산화아연형 피 뢰기이지만, 송배전계통의 피뢰기로서 많이 이 용되고 있다.
* **변압기**는, 변전소의 가장 기본적인 장치로, 전자 유도현상을 이용하여 교류의 전압을 변환하는 장치이다.(다음 페이지 참조)
* 송전용 변전소 및 배전용 변전소에서는, 전력용 변압기가 사용되고 있다.
* **조상설비**(調相設備)는, 무효전력을 제어함으로 써 송전선 손실을 경감하고, 송전용량의 확보와

계통전압 변동을 제어하기 위해 설치되는데, 다 음과 같은 것이 있다.
* **분로 리액터**는, 장거리 송전선의 선로 충전용량 을 위해 수전단 전압의 상승을 제어하는 것과 동 시에, 개폐 서지를 제어한다.
* **전력용 콘덴서**는, 송배전계통의 무효전력조정으 로 이용된다.
* **보호계전기**는, 변전소의 변압기 등의 주요기기 및 송전계통의 어딘가에 단락 또는 지락고장 등 이 발생했을 때, 또는 절연파괴의 원인이 되는 이상상태를 검출하고, 그 부분을 즉시 계통에서 분리하기위한 지령을 낸다.
* 보호계전기는, 보호대상구간에 따라 송전선용, 변전소 모선용, 변압기용 등이 있다.
* 보호계전기는 보호 기능에 따라, 과전류 계전기, 과전압 계전기, 전력 계전기, 거리 계전기 등이 있다.

# 53 변압기는 전자 유도 작용에 의해 전압을 변환한다

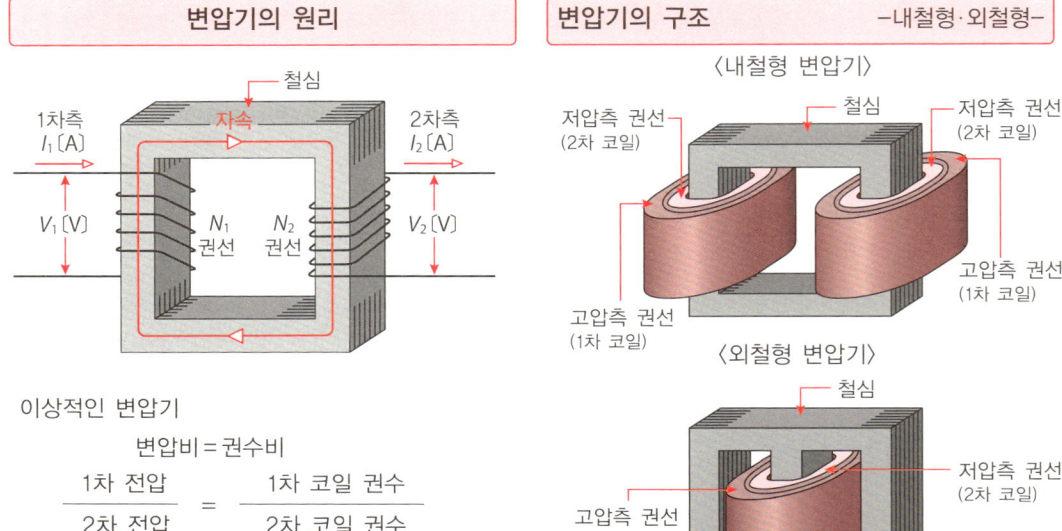

**변압기의 원리**

철심
자속
1차측 $I_1$〔A〕
2차측 $I_2$〔A〕
$V_1$〔V〕
$N_1$ 권선
$N_2$ 권선
$V_2$〔V〕

이상적인 변압기

변압비 = 권수비

$$\frac{1차 전압}{2차 전압} = \frac{1차 코일 권수}{2차 코일 권수}$$

$$\left( \frac{V_1}{V_2} = \frac{N_1}{N_2} \right)$$

**변압기의 구조** —내철형·외철형—

〈내철형 변압기〉

저압측 권선 (2차 코일)
철심
저압측 권선 (2차 코일)
고압측 권선 (1차 코일)
고압측 권선 (1차 코일)

〈외철형 변압기〉

철심
저압측 권선 (2차 코일)
고압측 권선 (1차 코일)

## 변압기에는 내철형과 외철형이 있다 —철심과 권선의 배치 방법—

* **변압기**는, 철심과 2개 또는 3개 이상의 권선을 가지며, 또한 그것들이 상호 위치를 바꾸지 않는 장치로 1개 또는 2개 이상의 회로에서 교류전력을 받아, 전자유도작용에 의해 전압 및 전류를 변성하여, 다른 1개 또는 2개 이상의 회로에 동일 주파수 교류전력을 공급하는 장치를 말한다.
- 변압기는, 자기적으로 결합한 몇몇 코일로 이루어져, 코일 내외로 자기회로를 수반하는 것으로, 코일에 사용하는 도선을 권선이라 한다.
- 특히 2개의 코일로 이루어진 경우에는 입력측의 코일을 1차 코일, 출력측의 코일을 2차 코일이라 한다.
- 1차 회로와 2차 회로를 전자유도 작용으로 결합하는 자기회로로서, 철심이 이용된다.
- 변압기의 철심으로는, 철손이 적고 포화 자속밀도, 유자율의 큰 재료가 적합하며, 규소강철판이 많이 이용된다.

- 변압기의 권선에는, 절연피복을 가지고 있는 연동선이 이용되며, 단면형상은 일반적으로는 원형이지만, 대형용으로는 도체단면적을 크게 할 수 있는 다각형이 이용되고 있다.
- 복수의 2차 전압과 전압의 조정이 필요한 경우에는 권선 도중에서 탭을 끌어낸다.
* 변압기에는, 철심과 권선의 배치에 따라, 내철형과 외철형이 있다.
- **내철형**은, 1차 권선과 2차 권선이 자기회로를 둘러 배치된 것이며, **외철형**은 1차 권선과 2차 권선을 자기회로가 둘러싸고 있는 구조이다.
* 변압기에 따라 전압을 변환하는 것을 **변압**이라 하며, 전압을 상승시키는 것을 **승압**, 반대로 하강시키는 것을 **강압**이라 한다.
* 변압기에는, 주로 철심의 자왜(磁歪)현상에 따라 진동과 소음이 발생하므로, 주택지에 설치하는 경우 등은 소음대책이 필요하다.

# 54 차단기는 아크 방전을 소호하며 전류를 차단한다

## 가스 차단기의 소호 원리

＊ 버퍼(buffer)식 가스 차단기는, 전극을 여는 동작으로 연동하여 피스톤을 구동하고, $SF_6$를 전극 부분에 불어넣어, 아크 방전을 소호한다.

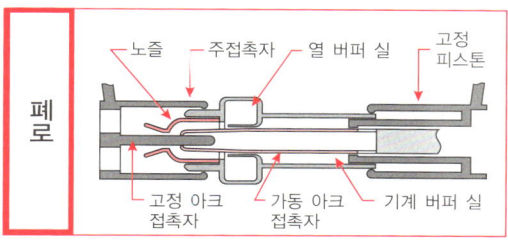

폐로 : 노즐 / 주접촉자 / 열 버퍼 실 / 고정 피스톤 / 고정 아크 접촉자 / 가동 아크 접촉자 / 기계 버퍼 실

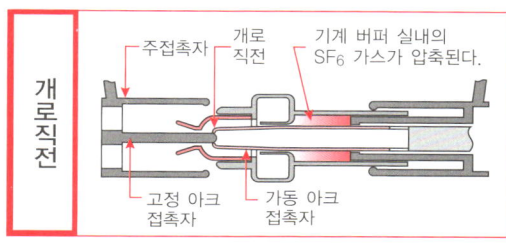

개로직전 : 주접촉자 / 개로 직전 / 기계 버퍼 실내의 $SF_6$ 가스가 압축된다. / 고정 아크 접촉자 / 가동 아크 접촉자

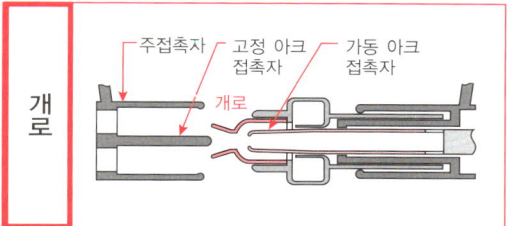

개로 : 주접촉자 / 고정 아크 접촉자 / 가동 아크 접촉자 / 개로

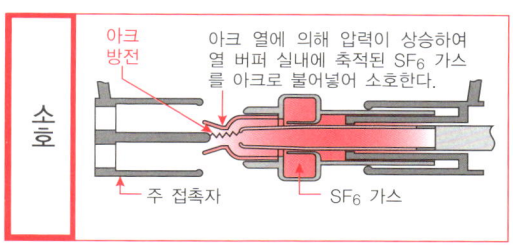

소호 : 아크 방전 / 아크 열에 의해 압력이 상승하여 열 버퍼 실내에 축적된 $SF_6$ 가스를 아크로 불어넣어 소호한다. / 주 접촉자 / $SF_6$ 가스

## 차단기로는 유입 차단기·자기 차단기·공기 차단기·진공 차단기·가스 차단기가 있다

＊ 차단기는, 전력회로의 정상동작시의 부하전류를 개폐함과 동시에 보호계전기와 연동하여 고장 전류 등을 차단하고, 사고의 파급을 방지한다.

● 대전류가 흐르는 전력회로에서, 전류를 차단하기 위해 개폐기를 개방해도 전극간에 아크 방전이 발생하여, 전류가 계속 흐르는 현상이 있다.

＊ 차단기에는, 아크 방전을 소멸시키는 소호 방식에 따라 다음과 같은 종류가 있다.

● 유입 차단기는, 절연유를 채운 용기 내에 개폐 접점을 두는 구조로, 전극 개방시에 전극간에 아크 방전이 발생하고, 주위의 절연유는 수소를 주체로 하는 혼합기체로 분해된다. 수소는 열전도성이므로, 전극을 냉각하여 아크 방전을 소멸한다.

● 자기 차단기는, 전류를 차단했을 때에 발생하는 아크 방전이 전자력에 의해 끌어 당겨져, 빗 모양의 주름을 겹친 아크 슛으로 소멸된다.

● 공기차단기는, 전극의 개방과 동시에 압축공기에 의한 공기류를 발생시켜, 압력변화에 수반하는 단열팽창에 따라 전극간에 발생한 아크 방전을 냉각하여 이온화된 공기와 함께 기외로 배출한다.

● 진공차단기는, 고진공 용기에 전극을 넣은 구조로, 전로를 개방했을 때, 전극간에는 전극에서 증발했던 입자와 전자에 의해 구성된 아크가 발생한다. 아크는 고진공 중으로 확산되어 소멸한다.

● 가스 차단기는, 전류를 차단할 때에 전극간에 발생하는 아크 방전에 대하여, 육플루오린화황($SF_6$)을 불어 넣음으로써, 아크를 소멸시킨다.

● $SF_6$는 절연성이 높고, 열전도성도 좋으므로 아크 방전에 의해 과열된 전극을 냉각할 수 있다.

＊ 유입 차단기는 절연유를 필요로 하지 않는 공기 차단을 대신, 현재, 대용량인 것은 가스 차단기로, 소용량인 것은 진공차단기로 이행되고 있다.

# 10 배전 : 수요처에 전력을 배분한다

## 55 배전선로의 종류

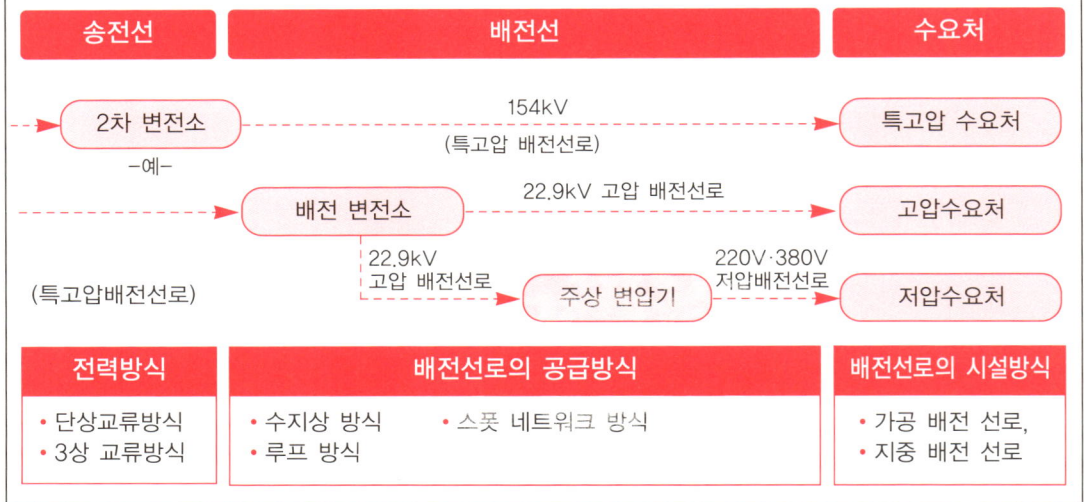

| 송전선 | 배전선 | 수요처 |
|---|---|---|

- 전력방식
  - 단상교류방식
  - 3상 교류방식
- 배전선로의 공급방식
  - 수지상 방식
  - 루프 방식
  - 스폿 네트워크 방식
- 배전선로의 시설방식
  - 가공 배전 선로,
  - 지중 배전 선로

---

### 배전선로에는 특고압배전선로·고압배전선로·저압배전설로가 있다

* 배전선로는 "발전소, 변전소 혹은 송전선로와 수요설비 간 또는 수요설비 상호간의 전선로 및 이것에 부속하는 개폐소 그 외의 전기 공작물을 말한다."라고 「전기사업법 시행규칙」에 정의되어있다.
● 배전선로를 간단히 말하면, 송전 변전소 또는 배전 변전소의 출구에서, 전력의 소비자인 수요처 인입구까지의 전력계통에 대한 것이다.
● 배전설비는, 송전 변전소 또는 배전 변전소의 출구에서 수요처에 이르는 설비를 말한다.
* 배전선로는 전선로의 전압에 의해 특고압 배전선로, 고압 배전선로, 저압 배전선로가 있다.
● 특고압 배전선로는, 예를 들어, 중간 변전소에서 20kV급 배전선로에 따라 대규모 공장·빌딩의 대규모 수요처, 도시부의 고부하 밀도지역의 전

력공급력 확보면에서 채용된다.
● 저압 배전선로는, 배전용 주상 변압기 2차측에서, 일반적으로 220V·380V로 인출되는 선로로서 주택·상점, 소규모 빌딩·공장에 전력을 공급한다.
* 배전방식으로는, 단상교류 방식과 3상 교류방식이 있다.
* 배전선로의 시설방식에는, 가공배전 선로와 지중배전선로가 있다.

# 56 배전선로의 배전방식 (1)

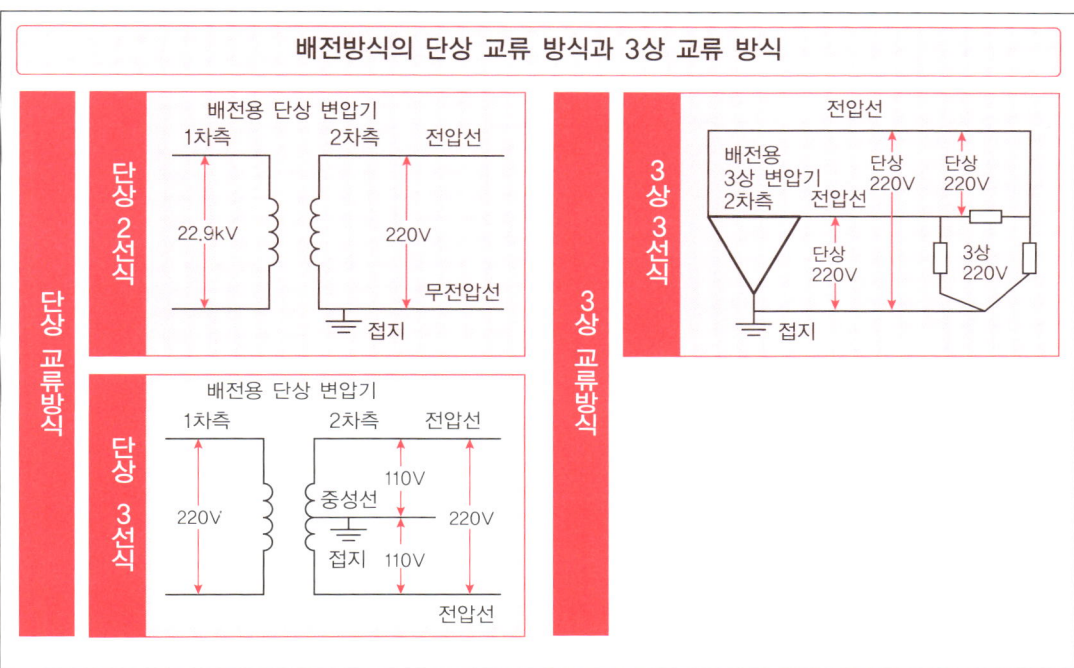

배전방식의 단상 교류 방식과 3상 교류 방식

## 배전방식 —단상 2선식·단상 3선식·3상 3선식—

* 배전선로의 배전방식에는, 단상 교류 방식과 3상 교류방식이 있다.

〈단상교류 방식〉

* 단상교류 방식으로는, 단상 2선식과 단상 3선식이 있다.

● 단상 2선식은, 배전용 단상 변압기 2차측에서 단상 교류전력을, 전압선 1선과 접지된 무전압선 1선의 합계 2선의 전선·케이블을 이용하여 공급하는 저압배전 방식이다.

● 단상 2선식 220V는, 단상 3선식과 비교하여 같은 전력을 보내기 위해 필요한 전선질량이 많으므로, 이전에는 일반 가정용으로서 주력이었지만, 극소 용량의 인입선 등에 이용되고 있다.

● 단상 3선식은, 배전용 단상 변압기의 2개의 저압권선을 직렬로 연결하여, 그 연결점에서 중성선을 인출하고, 양측의 전압선과 함께 3선으로, 단상 교류전력을 공급하는 저압배전 방식이다.

● 단상 3선식은, 전력손실이 경감되며, 전선 질량을 절약할 수 있는 등의 특징이 있지만, 양쪽의 부하 평형을 취할 필요가 있다.

● 단상 3선식 220V/110V는 전등부하를 이용한 소규모 수요처와 함께 특별한 장소에 사용한다.

〈3상 교류방식〉

* 3상 교류방식에는, 3상 3선식, 3상 4선식이 있다.

● 저압 3상 3선식은, 배전용 3상 변압기 2차측에서 전압이 걸리지 않는 접지된 선과, 다른 단자에서 대지 전압(對地電壓) 220V의 전압이 걸린 전압선 2선을 인출하여, 2선을 연결하고 단상 220V 부하에, 3선을 연결하여 3상 220V부하로 공급한다. —저압선의 접지는 1단자로 한다.—

—다음 페이지로 계속—

# 57 배전선로의 배전방식 (2)

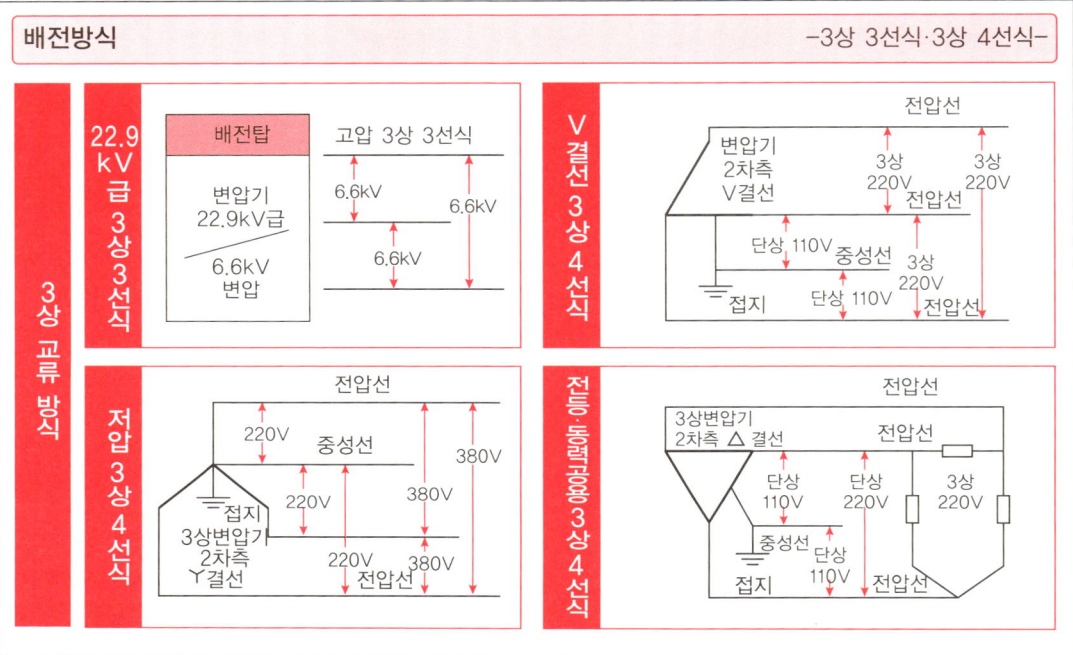

**배전방식**     -3상 3선식·3상 4선식-

**배전방식**    -고압 3상 3선식·22.9kV급 3상 3선식·저압 3상 4선식·V결선 3상 4선식-

- 저압 3상3선식 220V는, 소규모 공장·빌딩 등 3상 220V 부하를 이용하는 수요처에서 이용되고 있다.(앞 페이지 그림)
- 고압 3상 3선식은, 배전용 변전소의 주요변압기의 △(델타)권선에서 3선을 꺼내어 3상 고압 전력을 수요처로 공급한다.(앞 페이지 그림)
- 고압 3상 3선식 6.6kV는, 고압수전설비를 가지고 있는 공장 등의 대용량에서 이용되고 있다.
- 22.9kV급 3상 3선식은, 변압기·차단기·제어기기가 일체가 된 배전탑의 주변압기에서 22.9kV급/6.6kV로 변압되어, 고압 3상 3선식 부하기기로 공급된다.
- 저압 3상 4선식은, 3상 변압기의 2차측을 Y(스타)결선으로 하고, 2차측 중성점에서, 전압이 걸리지 않는 접지된 중성선과, 다른 단자에서 대지전압 220V의 전압이 걸린 전압선을 3선 빼낸다.
- 저압 3상 4선식 380/220V는, 전압선과 중성선

- 을 단상 220V 부하로 연결하여, 전압선 3선을 연결하고, 3상 380V 부하로 연결한다.
- 저압 3상 4선식은, 전선로의 지중화 등과 함께 수요밀도가 높은 도시부 등에 이용된다.
- V결선 3상 4선식은, V결선 3상 3선식 220V와, 단상 3선식 110/220V를 조합한 방식이다.
- 전등·동력 공용 3상 4선식은, 3상변압기 2차측 △(델타)결선의 한 변의 중간점에서, 전압이 걸리지 않는 접지된 중성선과, 다른 단자에서 대지전압 110V의 전압이 걸린 전압선 2선을 꺼낸다.
- 대지전압 110V의 전압선과 중성선을 연결하여 단상 110V 부하로, 전압선 3선을 연결하여 3상 220V의 부하로 공급하며, 단상 110V 부하를 연결하는 변의 권선용량은 다른 것 보다 크게 되어 있다.

# 58 배전선로의 공급방식

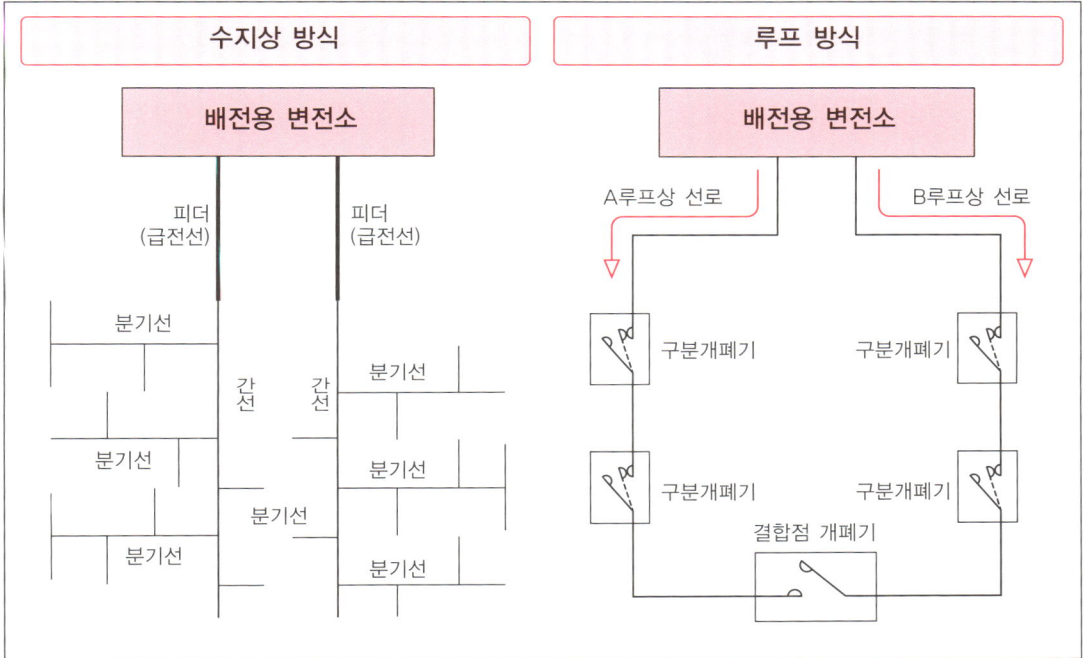

| 수지상 방식 | 루프 방식 |
| --- | --- |

**배전선로 공급방식**  〜수지상 방식 루프 방식〜

✳ 배전선로의 공급방식으로서, 수지상 방식과 루프 방식에 대해 설명한다.

〈수지상 방식〉

✳ 수지상 방식은, 방사상 방식이라고도 하며, 배전용 변전소에서의 배전선로는, 피더(급전선)에서 꺼낸 간선에서 나무의 가지같이 분기선을 내놓으며 수요처에 전기를 공급하는 방식이다.

　－피더(급전선)란, 변전소에서 수요점에 이르기까지의 도중에 분기나 부하연결이 없는 부분을 말한다.－

● 수지상 방식은, 1개소의 배전용 변전소에서 전력이 수요처를 향해 한 방향으로 공급된다.

● 수지상 방식은, 고압 배전선로, 저압 배전선로에 많이 이용되고 있다.

● 수지상 방식은, 간선에서 분기선을 부설하는 것만으로 신규 수요에 대응할 수 있다.

● 수지상 방식은, 분기선의 사고에 대해서는 분기선을 개방하여 정전 범위를 국소화 시킬 수 있지만, 간선 사고 시에는, 정전이 광범위해진다.

〈루프 방식〉

✳ 루프 방식은, 순환 방식이라고도 하며, 다른 루트 2개의 수지상 선로의 간선을 결합점 개폐기로 묶어 루프상(환상)으로 연결하는 방식이다.

● 루프 방식에는, 결합점 개폐기를 상시에는 열어놓고 고장 발생시에 닫는 상시 개로식과, 결합 개폐기를 상시 폐로하여 루프 운전을 하는 상시 폐로식이 있다.

　－상시개로식이 많이 이용되고 있다－

● 루프 방식은, 사고가 발생하면 사고점 양측의 구분 개폐기를 열기 때문에 건전구간은 전기가 공급된다.

● 루프 방식은, 전압강하나 전력손실이 경감된다.

● 루프 방식은, 설비 비용이 높으므로 대도시 같은 부하밀도가 높은 곳에서 사용된다.

# 59 배전선로에서의 수요처 수전방식

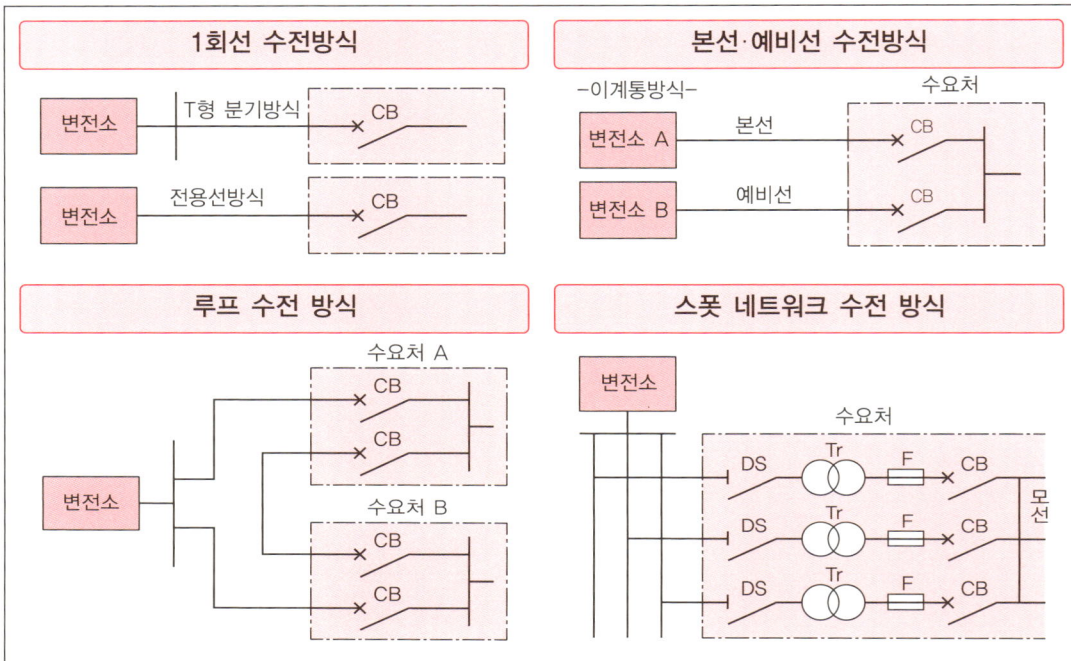

**1회선 수전방식**

변전소 — T형 분기방식 — CB
변전소 — 전용선방식 — CB

**본선 · 예비선 수전방식**

−이계통방식−                수요처
변전소 A — 본선 — CB
변전소 B — 예비선 — CB

**루프 수전 방식**

수요처 A
CB
CB
변전소
수요처 B
CB
CB

**스폿 네트워크 수전 방식**

변전소
수요처
DS — Tr — F — CB
DS — Tr — F — CB — 모선
DS — Tr — F — CB

---

**수전방식**    −1회선 수전, 본선 · 예비선 수전, 루프수전, 스팟 네트워크 수전−

＊ 배전선로에서의 수전방식은 아래와 같다.
〈1회선 수전방식〉
● 1회선 수전방식은, 수요처가 배전용 변전소에서 1회선으로 수전하는 방식으로, T형 분기 방식과 전용선 방식이 있다.
● T형 분기방식은, 배전선로에 수많은 수요처가 T형 분기하여 수전하고, 경제적이므로, 일반적으로 이 방식이 많이 이용되고 있지만, 다른 수요처의 사고 영향을 받기 쉬운 결점이 있다.
● 전용선 방식은, 수요처가 배전용 변전소에서 전용선으로 수전하는 방식이다.
〈본선 · 예비선 수전방식〉
● 본선 · 예비선 수전방식은, 수요처가 배전용 변전소에서, 본선과 예비선의 2회선으로 수전하는 방식으로, 동계통 방식과 이계통 방식이 있다.
● 동계통 방식은, 본선과 예비선을 같은 변전소에서 수전하고, 이 계통 방식은 사고에 대비하여

본선과 예비선을 다른 변전소에서 수전한다.
● 본선 사고 시에 예비선으로 전환하여, 단시간의 정전으로 전기 공급을 계속할 수 있다.
〈루프 수전 방식〉
● 루프 수전방식은, 수요처와 배전선로를 루프상으로 구성하는 상시 2회선 수전하는 방식이다.
● 항상 2방향에서 수전되고 있으므로 한 쪽의 회선이 고장나도, 다른 쪽의 회선에서 전력이 공급되어, 무정전 상태를 유지할 수 있다.
〈스폿 네트워크 수전방식〉
● 스폿 네트워크 수전방식은, 변전소의 복수 회선(일반적으로는 3회선)에서 T형 분기로 인입하여, 수전용 단로기 DS를 거쳐 네트워크 변압기 Tr에 연결하여, 퓨즈 F · 차단기CB를 통해 모선을 구성하여, 수전하는 방식이다.
● 이 방식은, 1회선이 고장나도 남은 회선(2회선)에서 전력 공급이 유지된다.

# 60 가공 배전선로와 지중 배전선로

## 가공 배전선로 ―배전주 장비의 예―

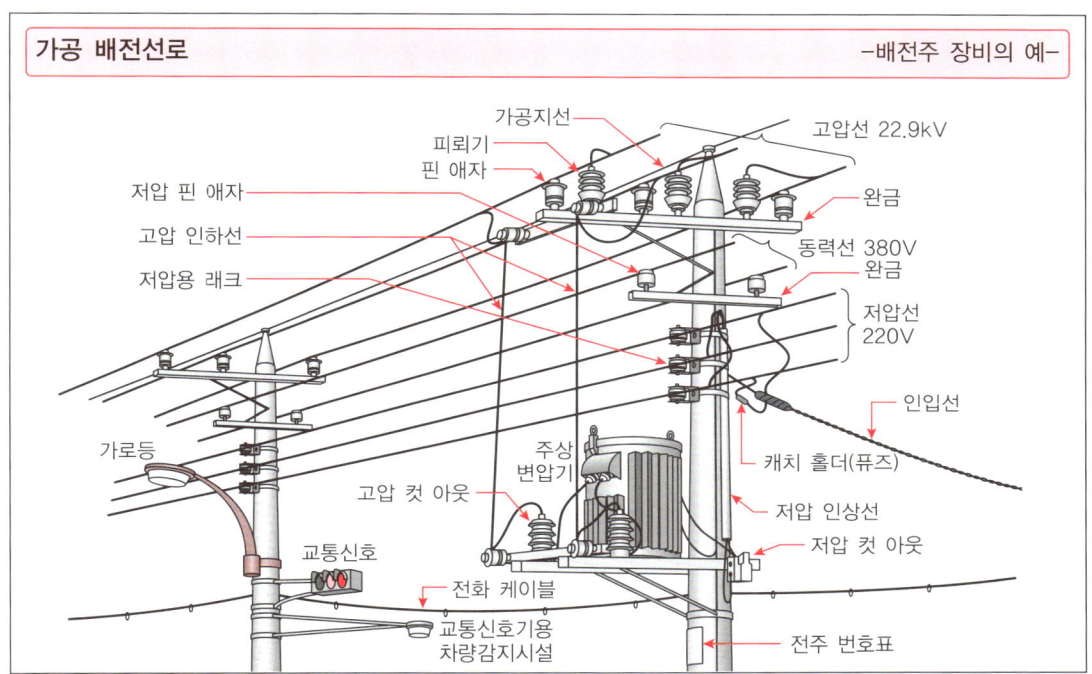

가공지선
피뢰기
핀 애자
저압 핀 애자
고압 인하선
저압용 래크
고압선 22.9kV
완금
동력선 380V
완금
저압선 220V
인입선
캐치 홀더(퓨즈)
가로등
주상 변압기
고압 컷 아웃
저압 인상선
저압 컷 아웃
교통신호
전화 케이블
교통신호기용 차량감지시설
전주 번호표

## 배전선로에는 가공 배전선로와 지중 배전선로가 있다

* 배전선로는, 선로의 시설방식에 따라, 가공 배전 선로와 지중 배전선로가 있다.
  〈가공(架空) 배전선로〉
* 가공 배전선로는 변전소에서 수요처의 인입까지 지지물을 사용하여 공중에 전선을 가설하여 전력을 수송하는 선로로 이용되고 있다.
* 가공 배전선로의 전선에는 옥외용 강철심 알루미늄 도체 폴리에틸렌 전선이 고압 배전선로로, 또한 옥외용 강철심 알루미늄 도체 비닐 전선(OW선)이 저압 배전선로에 많이 이용되고 있다.
* 가공 배전선로에 사용하는 애자로는 고압 핀 애자, 중실 애자, 내장 애자 등 고압 애자와 저압 핀 애자, 저압인류애자 등의 저압애자가 있다.
* 가공 배전선로 지지물에는 철근 콘크리트주, 철주(鐵柱), 목주 등이 있는데, 철근 콘크리트주가 주로 사용되고 있다.

* 고압을 저압으로 강압하여 수요처로 전력을 공급하는 배전용 변압기(주상 변압기)에는, 100kVA 이하의 단상 변압기가 많이 이용된다.
  〈지중 배전선로〉
* 지중 배전선로는, 전력의 공급력 확보, 도시화 대책으로, 고부하 밀도의 도시 중심부, 신흥주택지 등에 시설되고 있다.
* 지중 배전선로에는 전선에 케이블이 사용되고 있다. 케이블의 시설 방법으로는 직접 매설식, 관로식, 암거식이 있다.
* 지중 배전계통에 사용되는 기기로는, 고압 케이블의 분기용으로서 다회로 개폐기, 고압 자가용 수요처의 분기용으로서 공급용 배전함(고압 캐비닛) 등이 있다. 또한, 저압 수요처 공급용으로 노상설치용의 지상 변압기, 지중 설치용 직매(直埋) 변압기, 저압 케이블의 분기용으로 저압 분기장치 등이 있다.

# 자료 고압가공 인입선에 의한 고압 수요처의 인입

＊ 고압 가공 인입선이란, 일반 송배전 사업자의 고압배전선로의 가공전선 지지물에서 다른 지지물을 거치지 않고 고압 수요처의 구내 인입선 부착점에 이르는 가공전선로를 말한다.

● 고압절연 전선에 의한 가공 인입선은, 애자 인입공사로 시설한다.

[예]

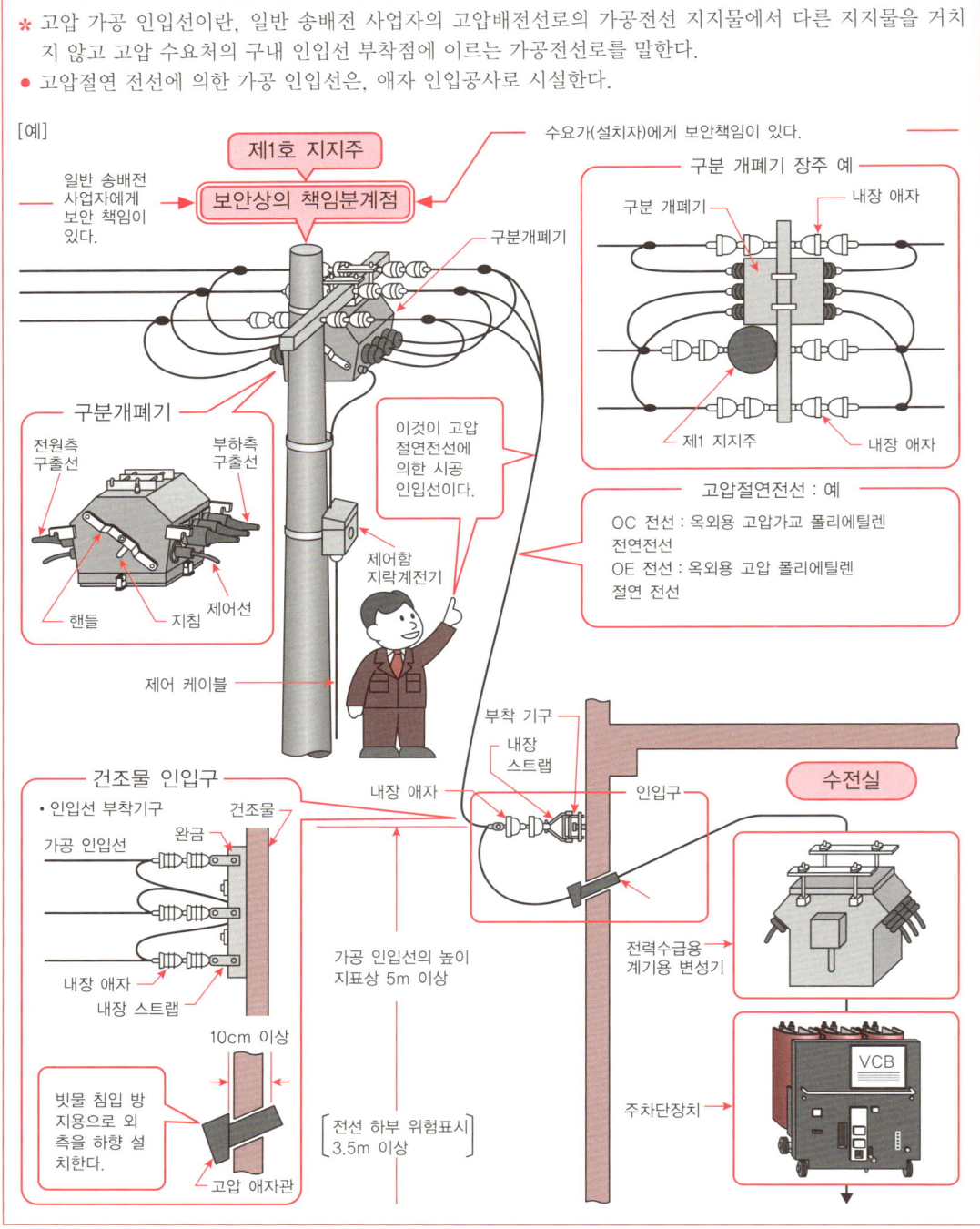

제1호 지지주

보안상의 책임분계점

수요가(설치자)에게 보안책임이 있다.

일반 송배전 사업자에게 보안 책임이 있다.

구분개폐기

구분 개폐기 장주 예

구분 개폐기    내장 애자

제1 지지주    내장 애자

구분개폐기

전원측 구출선    부하측 구출선

핸들    지침    제어선

제어함 지락계전기

이것이 고압 절연전선에 의한 시공 인입선이다.

고압절연전선 : 예

OC 전선 : 옥외용 고압가교 폴리에틸렌 전연전선
OE 전선 : 옥외용 고압 폴리에틸렌 절연 전선

제어 케이블

부착 기구

내장 스트랩

건조물 인입구

• 인입선 부착기구

가공 인입선    완금    건조물

내장 애자    인입구

수전실

내장 애자
내장 스트랩

가공 인입선의 높이 지표상 5m 이상

전력수급용 계기용 변성기

10cm 이상

빗물 침입 방지용으로 외측을 하향 설치한다.

고압 애자관

[전선 하부 위험표시 3.5m 이상]

주차단장치

VCB

96

# 제3장

# 옥내 배선 설비의 기초지식

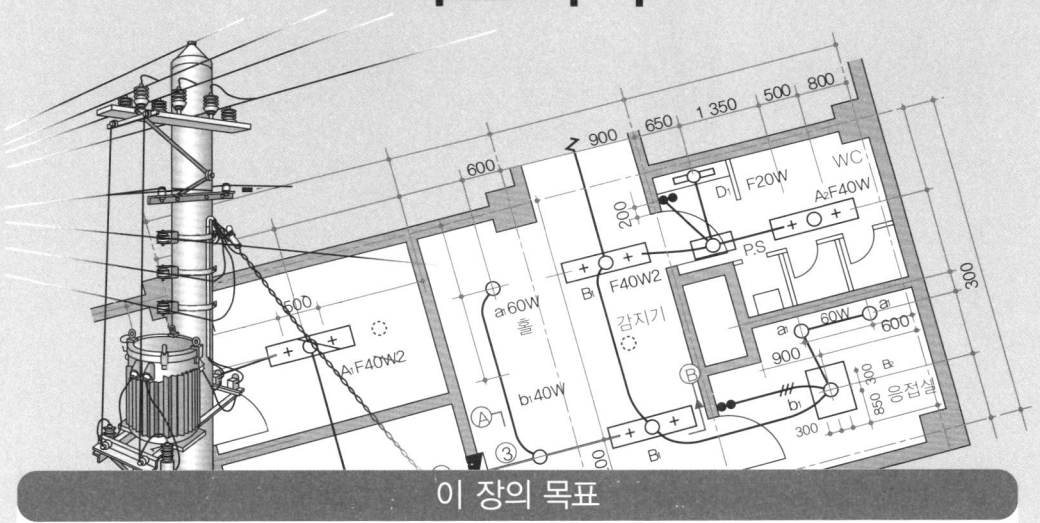

이 장에서는, 옥내 배선 설비에 대한 기초지식을 간단히 이해할 수 있도록 전체 일러스트로 나타냈다.

(1) 주택에는, 배전선로의 주상 변압기로 220V의 저압으로 낮추어져, 인입선·인입구 배선을 거쳐 옥내 배선을 통해, 전기가 공급되는 것을 알아보자.

(2) 옥내의 전기기구에는, 전류 제한기·누전 차단기·배선용 차단기로 구성되는 주택용 분전반에서 전기가 배전된다.

(3) 저압 옥내배선은, 간선과 분기회로로 구성되어, 시설하는 과전류 차단기의 정격 전류와 전선의 굵기를 정하는 방법을 나타냈다.

(4) 조명설비의 조명방식, 조도계산 방법, 유지 조도, 그리고 조명기구에는 여러 종류가 있는 것을 알아보자.

(5) 옥내에서 사용되는 콘센트, 스위치의 종류와, 그것들의 그림 기호, 그리고 3로 스위치, 4로 스위치의 배선의 방식을 나타냈다.

(6) 전등·콘센트 설비의 설계도·시공도의 작성 절차와, 전등·콘센트 설비의 시공 방식을 이해해보자.

## 그림으로 보는 가정 안에서의 전기 구조

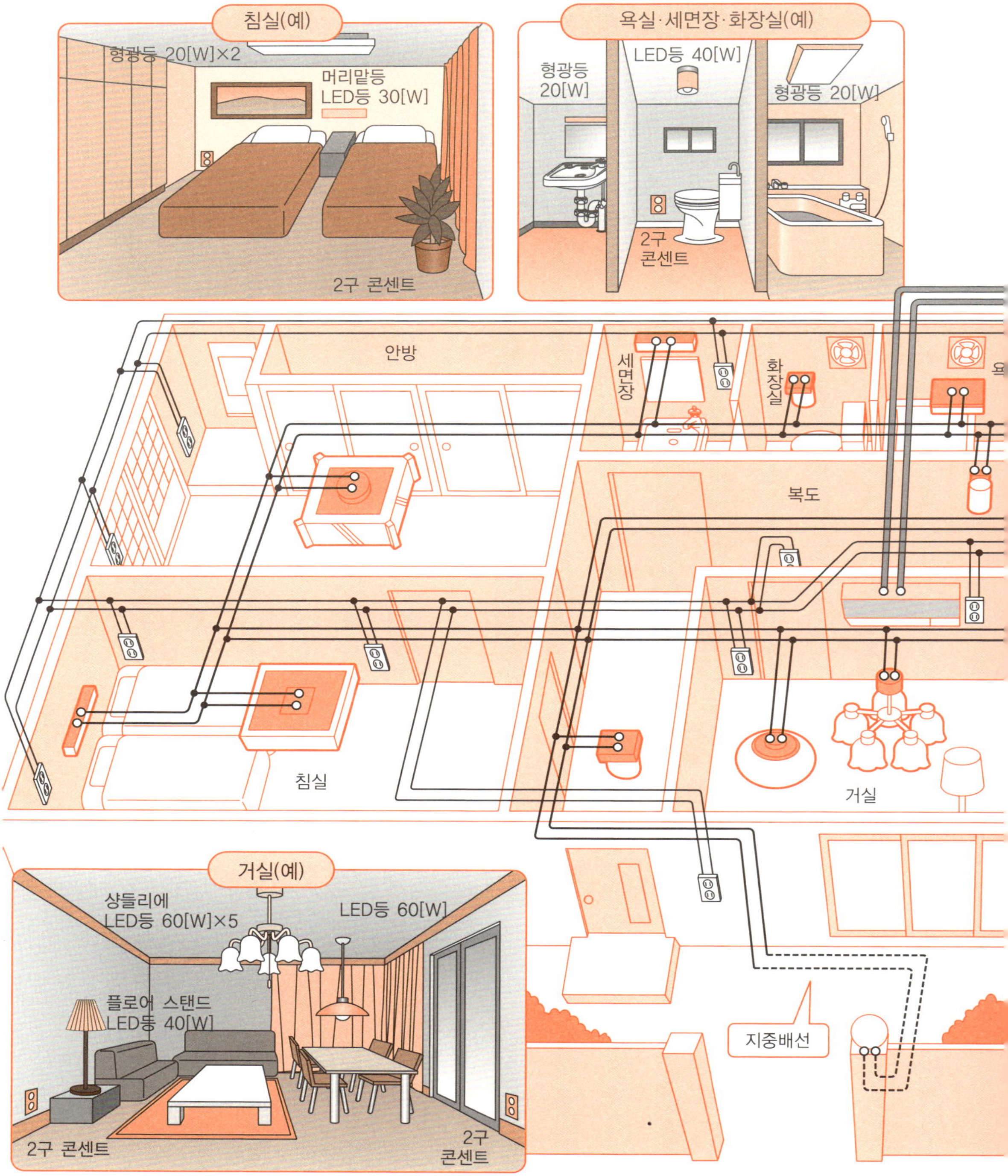

침실(예)

형광등 20[W]×2
머리맡등 LED등 30[W]
2구 콘센트

욕실·세면장·화장실(예)

형광등 20[W]
LED등 40[W]
형광등 20[W]
2구 콘센트

안방
세면장
화장실
욕
복도
침실
거실

거실(예)

샹들리에 LED등 60[W]×5
LED등 60[W]
플로어 스탠드 LED등 40[W]
2구 콘센트
2구 콘센트

지중배선

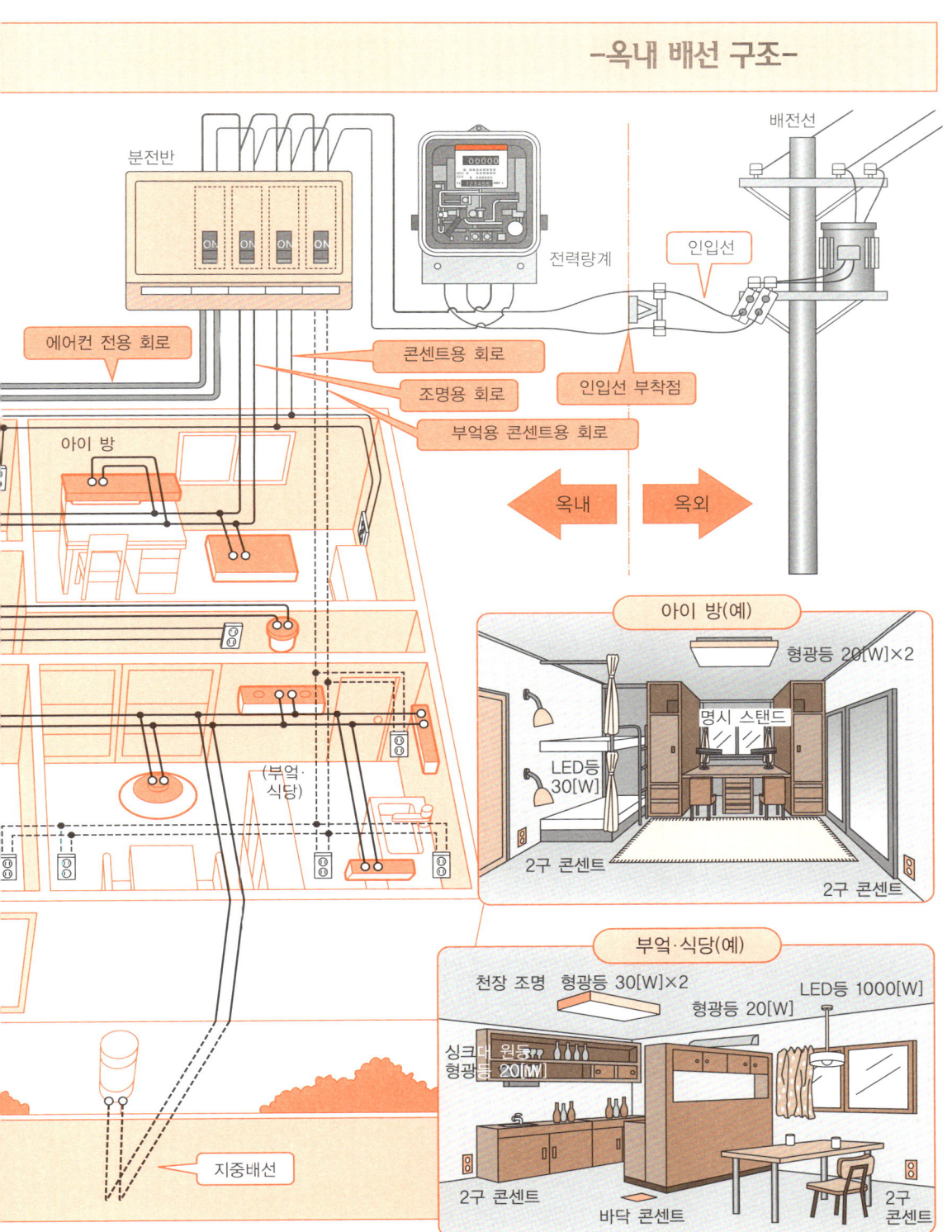

# -옥내 배선 구조-

분전반

전력량계

배전선

인입선

ON ON ON ON

에어컨 전용 회로

콘센트용 회로

조명용 회로

인입선 부착점

부엌용 콘센트용 회로

아이 방

옥내

옥외

(부엌·식당)

지중배선

## 아이 방(예)

형광등 20[W]×2

명시 스탠드

LED등 30[W]

2구 콘센트

2구 콘센트

## 부엌·식당(예)

천장 조명  형광등 30[W]×2

형광등 20[W]

LED등 1000[W]

싱크대 윗등
형광등 20[W]

2구 콘센트

바닥 콘센트

2구 콘센트

# 1 인입선·인입구 배선을 통해 옥내에 전기가 공급된다

## 1 전력이 옥내에 어떻게 공급되는가

### 인입선·인입구 배선·옥내 배선 　　　　　　　　　　　　　　　　　　-주택의 경우-

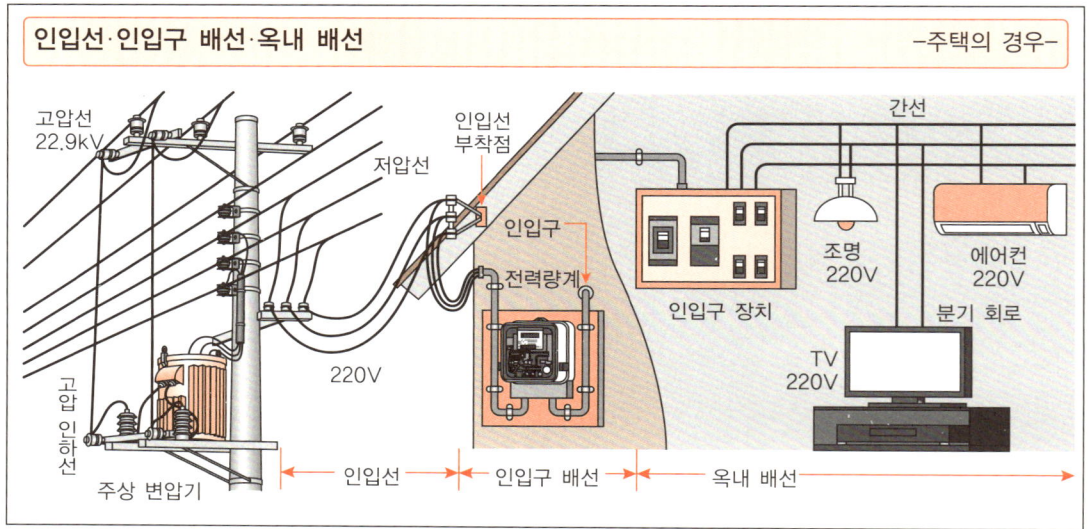

고압선 22.9kV　저압선　인입선 부착점　인입구　전력량계　220V　고압 인하선　주상 변압기

간선　조명 220V　에어컨 220V　인입구 장치　분기 회로　TV 220V

인입선　인입구 배선　옥내 배선

---

### 옥내 전력은 주상 변압기에서 인입선·인입구 배선을 거쳐 옥내 배선을 통해 공급된다

✱ 배전용변전소에서, 특고압의 22.9kV의 전압으로 강압된 전력은, 가공배전선로를 거쳐 주상 변압기로 보내지고, 그리고 220V의 저압으로 낮추어져, 인입선으로 저압 수요처로 공급된다.
　-지중 배전선로의 경우도 있다.-

● 저압수요처로는 주택, 빌딩, 공장 등이 있지만 이것들의 건물에 설치되는 옥내 배선은 개별로 내용이 다르므로 이 장에서는 주택의 경우에 대해 설명한다.

✱ 인입선은, 가공인입선의 지지물에서 다른 지지물을 거치지 않고 수요 장소의 인입선 부착점에 이르는 가공 전선을 말한다.

● 주택에서의 인입선은 일반적으로 주상 변압기 또는, 저압 배전선로에서 분기해서 가옥의 처마 끝 등에 설치되어 있는 인입선 부착점까지의 배선을 말한다.

● 주택에서는, 일반적으로 인입선 부착점에서 인입구 장치까지의 배선을 인입구 배선이라 한다.

● 인입선 부착점과 인입구와의 사이의 인입구 배선에는 전력량계를 부착한다.

✱ 인입구 장치에서 건물 내의 부하 전기기구까지의 배선을 옥내 배선이라 한다.

● 옥내 배선이란, 옥내의 전기 사용 장소에서는 고정하여 시설하는 배선을 말한다.

● 옥내 배선으로는, 간선과 분기회로가 있으며, 부하전기기구는 분기회로에서 전력공급을 받는다.

● 여기에서는, 주상 변압기에서의 인입선과 인입구 배선에 대해 설명한다.

# 2 주택의 전기 방식은 단상 2선식이 주류를 이룬다

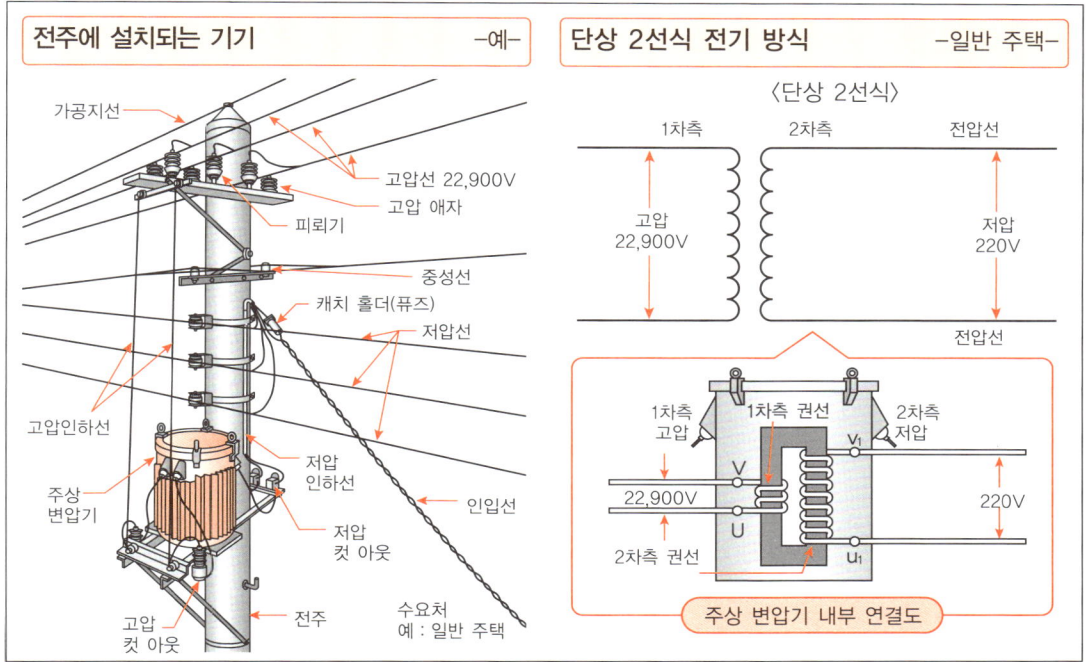

**전주에 설치되는 기기** —예—

- 가공지선
- 고압선 22,900V
- 고압 애자
- 피뢰기
- 중성선
- 캐치 홀더(퓨즈)
- 저압선
- 고압인하선
- 주상 변압기
- 저압 인하선
- 저압 컷 아웃
- 인입선
- 고압 컷 아웃
- 전주
- 수요처 예 : 일반 주택

**단상 2선식 전기 방식** —일반 주택—

〈단상 2선식〉

- 1차측
- 2차측
- 전압선
- 고압 22,900V
- 저압 220V
- 전압선

주상 변압기 내부 연결도

- 1차측 권선
- 1차측 고압
- 2차측 저압
- V
- $V_1$
- 22,900V
- 220V
- U
- $U_1$
- 2차측 권선

## 전주의 부착 기기와 주택의 전기방식 —단상 2선식—

✳ 가공 배전선로의 전주에 부착되고 있는 기기의 예를 아래에 나타냈다.

● 고압 배전선 : 배전용 변전소에서 특고압 22,900V의 전압으로 보내지는 배선이다.

● 주상변압기 : 폴 트랜스·고압배전선의 고압 22,900V를 저압 220V로 강압한다.

● 저압배전선 : 주상 변압기로 강압된 220V의 배선이다.

● 애자 : 전선과 전주를 절연하는 것으로, 고압 애자와 저압 애가가 있다.

● 고압 컷 아웃 : 주상 변압기를 보호하기 위한 휴즈와 개폐기를 합친 기기이다.

● 퓨즈 : 수요처(예 : 주택)로 전력을 보내기 위한 인입선에 이상이 있을 경우, 자동적으로 선로를 차단하기 위한 기기이다.

● 인입선 : 수요처(예 : 주택)로 전력을 보내기 위한 배선이다.

✳ 일반 주택의 옥내배선의 전기방식은 단상 2선식이 보급되고 있다.

✳ 단상 2선식을 통한 220V의 전력은, 주상 변압기의 2차측 전압에서, 인입선을 통해 일반 주택으로 공급된다.

● 주상 변압기의 2개의 2차측 권선을 직렬 연결하여 양측의 전압선으로 하여 단상 2선식으로 한다.

# 3 저압 수요처는 가공 인입선을 원칙으로 한다

## 가공 인입선 부착점 높이 　　　　　　　　　　　　 −재산분계점·보안 책임분계점−

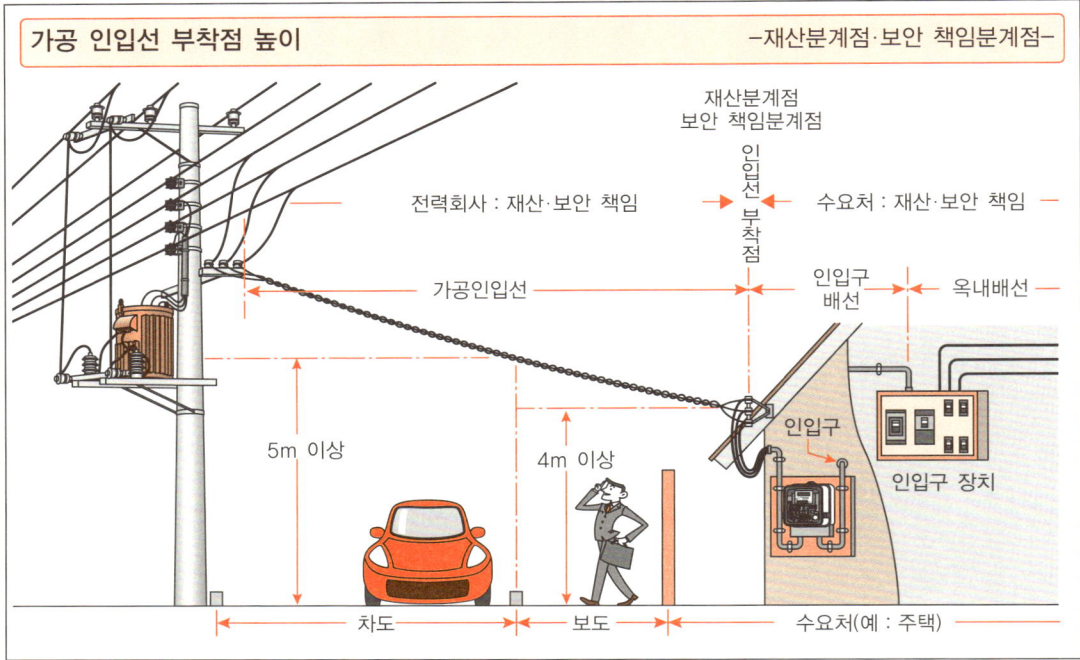

## 가공 인입선의 시설방법 　　　　　　　　　　　　 −인입선 부착점−

* 일반 전력회사의 배전선로에서 저압수요처(예 : 주택)의 인입선은, 원칙적으로 가공인입선으로 한다.
  −가공인입선은 가공배전선로의 지지물에서 다른 지지물을 거치지 않고 수요장소의 인입선 부착점에 이르는 가공전선을 말한다.−
* 한 수요처에 전력을 공급하는 인입선의 회선수는, 원칙적으로 동일 전기방식에 대하여 하나로 한다.
* 배전선로의 지지물 또는 분기점에서 수요처의 건조물, 보조지지물의 인입선 부착점까지의 가공인입선은 전력회사가 시설한다.
  −보조 지지물은, 인입소주 및 지선, 지지애자 등의 부속재료, 지지기구를 말한다.−
* 인입선 부착점은, 수요장소의 조영물 또는 보조지지물에 가공인입선 또는 연접인입선을 설치하는 전선 부착점 중, 가장 전원에 가까운 자리를

말한다.
* 인입선 부착점은, 전력회사의 설비와 수요처의 설비와의 재산분계점, 보안책임분계점이 된다.
  −인입선 부착점까지의 인입선은 전력회사의 재산임과 동시에 보안 책임이 있으며, 또 인입선 부착점에서 인입구 배선, 옥내배선은 수요처의 재산이며 보안의 책임이 있다.−
* 저압가공인입선의 부착점의 높이는 다음의 수치 이상일 필요가 있다.
* 도로를 횡단하는 경우 : 노면상 5m(교통에 지장이 없는 경우 : 노면상 3m)
* 철도, 궤도를 횡단하는 경우 : 레일 면상 5.5m.
* 횡단 고가도로 위에 시설하는 경우 : 노면상 3m.
* 상기 이외의 경우 : 지표상 4m(교통에 지장이 없는 경우 : 지표상 2.5m).

# 4 전력은 인입구 배선을 통해 옥내로 끌어들인다

## 인입구 배선 −인입선 부착점에서 인입구 장치까지−

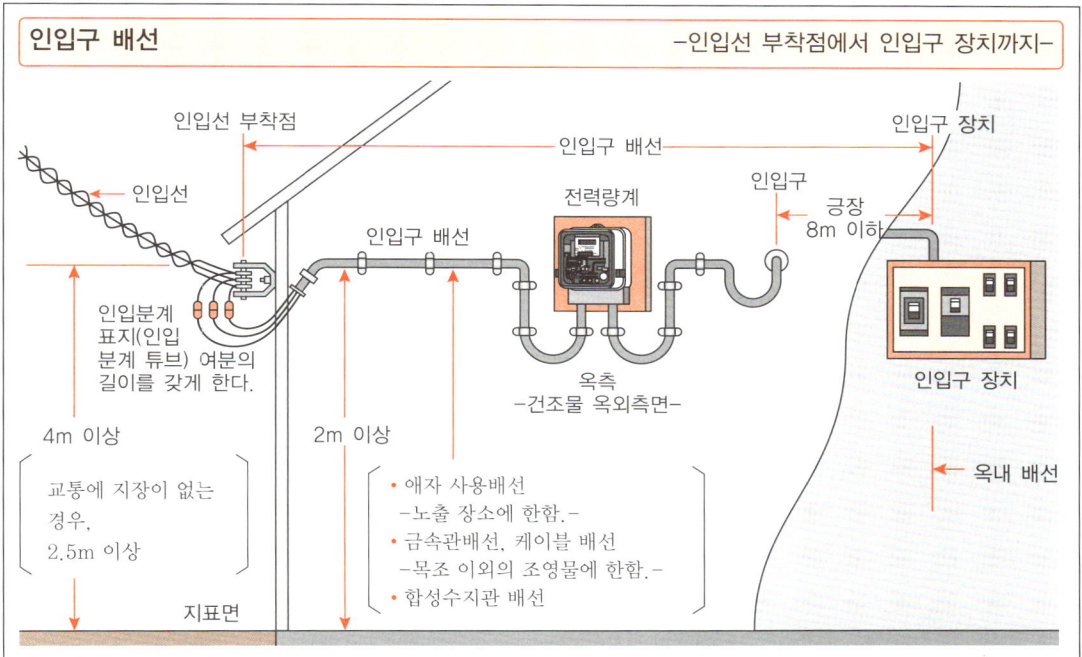

## 인입구 배선의 시공방법 −예 : 일반 주택−

* 인입구 배선은, 인입선 부착점에서 인입구 장치에 이르는 배선을 말한다.
  −인입구 배선에는 보조 지지물 포함.−

● 인입구 장치는, 인입구 이후의 전로에 설치하는 전원 측에서 볼 때 최초의 개폐기 및 과전류 차단기의 조합을 말한다.
  −인입구란, 옥외 또는 옥측에서의 전로가 가옥의 외벽을 관통하는 부분을 말한다.−

● 인입구와 인입구 장치까지의 전선의 긍장은, 8m 이하로 한다.

● 인입구 배선에는, 부득이한 경우를 제외하고, 배선의 중도에 연결점을 만들지 않도록 한다.

● 인입구 배선은, 인입선 부착점에서 인입선과 연결하기 위해, 전선에 여분의 길이를 갖게 한다.

● 인입구 배선과 인입선 부착점과의 연결점에, 인입분계표지(컬러 튜브 등)을 설치한다.

● 인입선 부착점에서 인입구에 이르기까지의 배선의 시설장소는, 배선을 쉽게 점검, 수리 등을 할 수 있는 장소, 그리고 배선이 손상을 받을 염려가 없는 장소로 한다.

* 인입선 부착점에서 인입구 장치까지의 인입구 배선은, 다음 중 하나를 통해 시설된다.

● 애자 인입 배선은, 노출장소에 한해 시설 가능, 전선의 굵기가 2mm 이상의 600V HFIX 전선 또는 인입용 비닐 절연전선(DV 전선) 등을 사용하여, 지표상의 2m 이상으로 배선한다.
  −2m 미만의 장소는 금속관 배선, 합성 수지관 배선, 케이블 배선에 의한다.−

● 금속관배선 및 합성 수지관 배선에 의한 경우는, 관의 도중에 박스류 또는 뚜껑있는 엘보 등을 설치하지 않도록 한다. 또한, 금속관 배선, 케이블 배선은 목조 이외의 조영물에 시설하는 경우에 한한다.　　　　　−다음 페이지에 계속−

# 5 인입구 배선에 전력량계를 설치한다

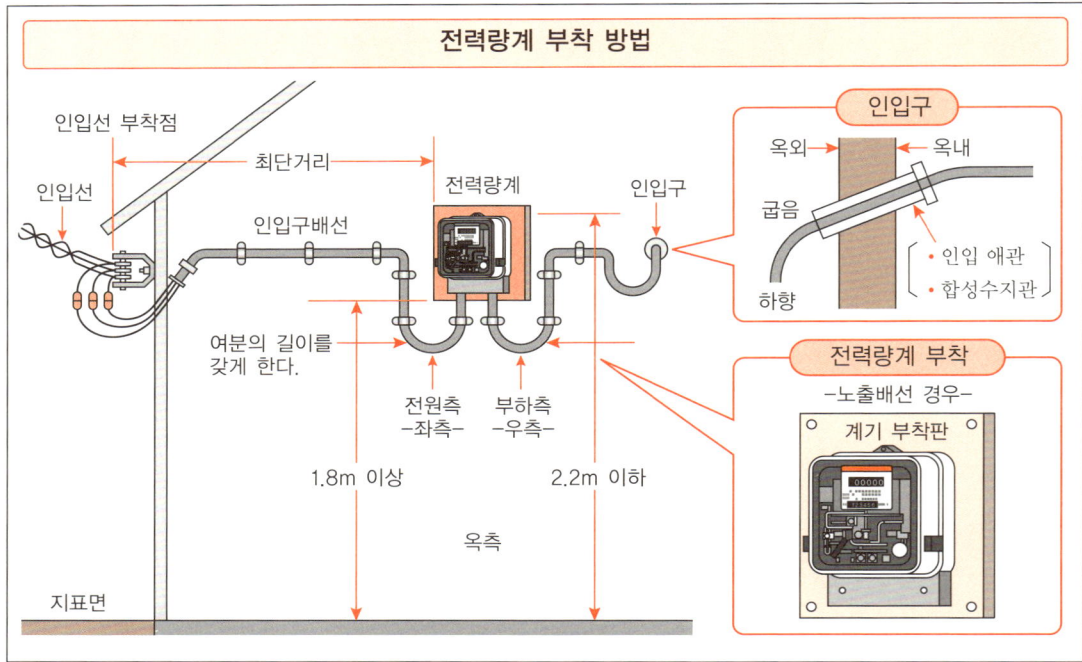

**전력량계 부착 방법**

인입선 부착점
최단거리
전력량계
인입구
인입선
인입구배선

인입구
옥외 · 옥내
굽음
하향
• 인입 애관
• 합성수지관

여분의 길이를
갖게 한다.

전원측
-좌측-
부하측
-우측-

1.8m 이상
2.2m 이하

옥측

지표면

전력량계 부착
-노출배선 경우-
계기 부착판

## 전력량계는 인입선 부착점과 인입구의 사이에 부착한다  －예 : 일반주택－

※ 인입구배선을 케이블 배선으로 하는것은, 목조 이외 조영물에 시설하는 경우에 한한다.

● 납피가 없는 케이블(강철재 스트립 장치가 있는 것을 제외)에 의한 경우에는, 금속관 또는 합성 수지관에 넣는다.

● 납피가 없는 케이블을 이용한 경우에는, 인입구 에서의 피복 손상을 방지하기 위해, 애관, 합성 수지관 등을 사용하여, 이것을 바깥쪽으로 향하 여 아래로 하고, 옥내에 비가 들어오지 않도록 케이블을 하향 완곡 시킨다.

※ 인입구 배선의 인입선 부착점과 인입구의 사이 에 전력량계(스마트미터 포함)를 설치한다. －인입선 부착점에서 전력량계에 이르는 배선은 최단거리로 한다－

● 전력량계는 전력회사의 부담으로 설치하여 전력 회사의 소유가 된다.

※ 전력량계의 시설 장소는, 원칙적으로 옥외로 하

며, 다음의 장소로서 검침(자동계측을 제외), 보 수 및 검사가 용이한 노출 장소로 한다.

● 통행에 지장이 되지 않는 곳, 설치장소의 위치가 안정한 곳, 온도변화·진동이 약한 곳.

※ 전력량계를 인입선 부착점과 인입구의 사이에서 옥외에 설치하는 경우에는, 하단이 지표상 1.8m 이상, 하단이 2.2m 이하의 높이로 한다.

● 전력량계를 노출 장소에 설치하는 경우, 이것을 함에 넣고, 비 막음 등을 설치하여 보호한다. －노출 장소란 옥외 및 옥측(건조물의 옥외측면) 의 비 맞는 장소를 말한다.－

● 전력량계에 끌어내리는 배선은 좌측을 전원측으 로 하고 우측을 부하측으로 한다.

● 전력량계의 주의의 배선은, 전력량계의 교환이나 보수면을 고려하여, 여분의 길이를 갖게 한다.

● 전력량계는, 난연·내후성 합성수지제의 부착판 을 사용하여 건축재로 견고하게 설치한다.

## 6 전력량계는 사용전력량을 계량한다

---

### 아라고 원판의 원리

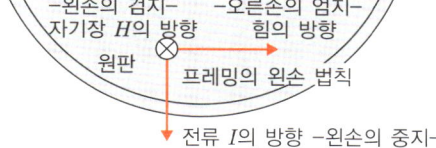

원판의 이동 방향  자기장을 줄이는 방향

자기장 $H_2$  자석

원판
알루미늄제

와전류 $I_2$  N  자기장

$I_1$

와전류 $I_1$  $H$  자기장  S

자기장 $H_1$  자석의 이동방향
자기장을 강화하는 방향

• 렌츠의 법칙 : 전자유도를 통해 만들어지는 기전력
의 방향은, 그 유도전류가 만드는 자속이 원래의
자속 증감을 막는 방향으로 생긴다.

−왼손의 검지−  −오른손의 엄지−
자기장 $H$의 방향  힘의 방향
원판 ⊗
프레밍의 왼손 법칙

전류 $I$의 방향 −왼손의 중지−

### 전력량계의 구조  −유도형 전력량계−

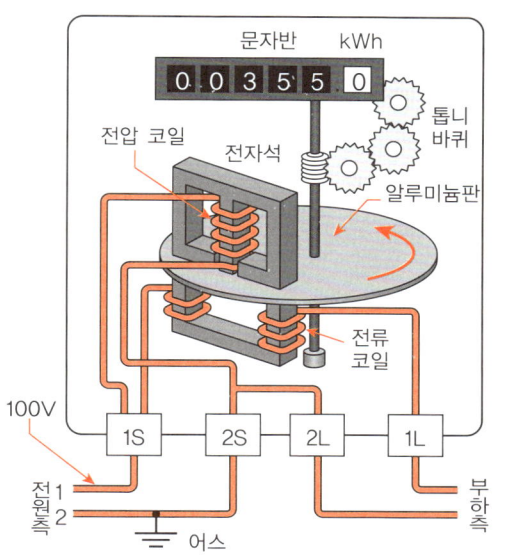

문자반  kWh
0 0 3 5 5 0
톱니
바퀴
전압 코일  전자석
알루미늄판

전류
코일

100V  1S  2S  2L  1L

전원측 1
2  어스  부하측

---

### 아라고의 원판을 응용한 유도형 전력량계

* 일반 주택의 인입구배선에 부착되어 있는 전력
량계는, 사용한 전력량을 적산하여 계량하는 계
기로 전력 미터라고도 한다. 사용전력량을 자동
계측하는 스마트미터도 사용되고 있다.

● 유도형 전력량계는, '아라고의 원판'을 응용한
것으로, 계기 내부에 회전하는 원판이 있다.

* 아라고의 원판이란, 금속의 원판 표면에 따라 자
석을 회전시키면, 원판이 자석의 회전방향으로
회전하는 현상을 말한다.

● 자석에 의한 자기장 $H$의 방향을 원판 위에서 아
래로 자석을 시계 반대 방향으로 돌리면 자기장
$H$의 좌측에서는 자기장이 약해지므로 '렌츠의
법칙'에 의해 와전력 $I_1$은 자기장을 강강하게 하
기 위해 자석과 같은 방향의 자계 $H_1$이 발생하
는 방향으로 흐른다.

● 자계 $H$의 우측에서는 자계가 강화되므로 렌츠
의 법칙에 의해 와전류 $I_2$는 자기장을 약하게 하

기 위해 자석과 반대 방향의 자계기장 $H_2$가 발
생하는 방향으로 흐른다.

● 자기장 $H$의 좌우의 가까이에서는, 와전류 $I_1$가
$I_2$는 같은 방향으로 흐르므로, 자기장 $H$의 발생
전류 $I_1$는 $I_1$과 $I_2$의 합이 된다.

● 전류 $I$와 자기장 $H$와 프레밍의 왼손 법칙을 적
용하면, 원판은 자석과 같은 방향의 힘을 받아,
회전하는 것을 알 수 있다.

* 실제의 전력량계에서는 자석을 돌리는 대신에,
원판을 끼워넣도록 전압 코일과 전류 코일을 조
금 옮겨서 상하로 배치하고, 교류를 흘림으로써
자력의 발생을 시간적으로 조금 빗겨서 자석을
움직이는 것과 같은 효과를 볼 수 있다.

● 사용한 전력량은 계량장치의 문자판에 숫자로
가산되어 표시된다.

● 매달 사용 전력량은, 문자반에 표시되는 당월의
지시수에서 전월의 지시수를 빼서 구한다.

# 2 분전반 : 옥내의 전기기구에 전기를 배분한다

## 7 인입구장치로서 분전반의 역할

### 주택용 분전반의 전력계통도
−예−

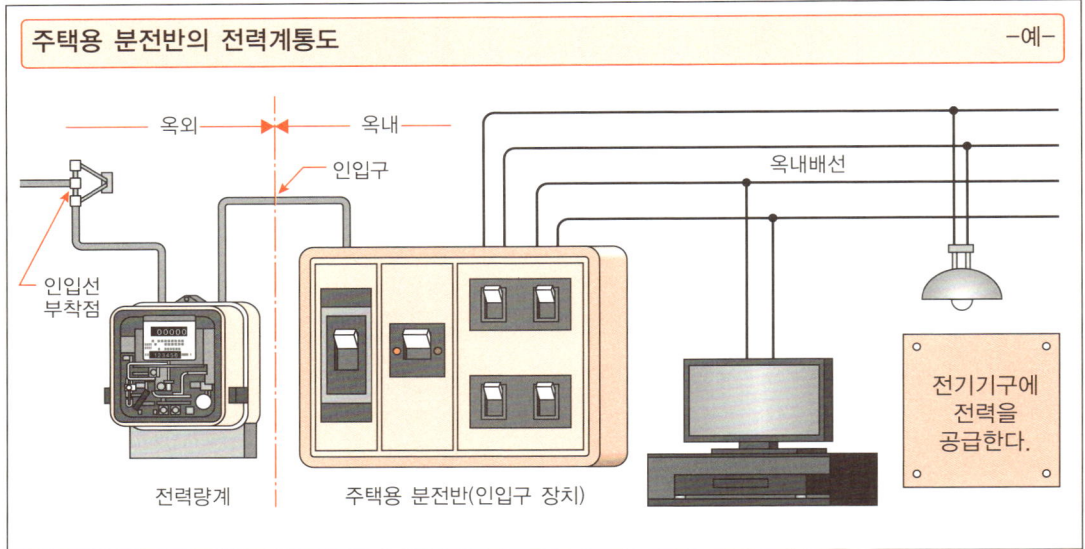

옥외　　　옥내

인입구

옥내배선

인입선
부착점

전력량계　　　주택용 분전반(인입구 장치)

전기기구에
전력을
공급한다.

### 주택에서는 '주택용 분전반'이 사용되고 있다
−KS C 8326−

* 일반송배전 사업자의 저압배전선로를 통한 인입선에서의 전기는, 전력량계를 통해 옥내의 분전반(인입구 장치)로 연결되어 있고, 옥내에서의 전기는 모두 여기에서 각 전기기구로 배부된다.

● 분전반은, 옥내의 전기기구에 필요한 전기를 배부함에 있어서, 전기가 정해진 암페어 수의 범위에서 사용되어 있는지 아닌지, 누전되어 있는지 아닌지를 감시하는 역할을 담당하고 있다.

* 일반적으로, 주택에서 분전반은, KS C 8326 '주택용 분전반'의 규정에 적합한 것이 사용되고 있다.

● KS C 8326에 규정되어진 주택용 분전반이란, 교류 60Hz의 단상 2선식 220V 주로 주택 등의 인입구 장치로서 사용하는 주택용 분전반을 말한다.

● 주택 등이란, 주택 외에 점포, 사무실 등을 포함한다.

● 주택용 분전반은, 캐비닛의 내부에 전류제한기, 주개폐기, 분기개폐기, 누전차단기 등(내부기기라 한다.)의 전부 또는 일부를 모아서 짜 넣은 것을 말한다.
　−캐비닛이란 내부기기를 수납하는 용기−

* 분전반은, 다음과 같은 장소에 시설한다.

● 전기회로를 용이하게 조작할 수 있는 장소

● 개폐기를 용이하게 개폐할 수 있는 장소

● 노출장소

# 8 주택용 분전반의 종류

## 주택용 분전반의 종류에 의한 분류

### 시설형식에 의한 분류

- 노출형 주택용 분전반
- 매입형 주택용 분전반
- 노출 · 매입 공용형 주택용 분전반

### 캐비닛 구성외곽의 재료에 의한 분류

- 합성수지제 주택용 분전반
- 금속제 주택용 분전반
- 합성수지 · 금속 조합 주택용 분전반

### 주개폐기의 유무에 의한 분류

- 주개폐기 없는 주택용 분전반
- 주개폐기 있는 주택용 분전반 ─┌─ 주개폐기 : 누전차단기
                              └─ 주개폐기 : 배선용 차단기

- 문 있는 주택용 분전반
- 커버 있는 주택용 분전반

### 캐비닛의 형식에 의한 분류

- 전류 제한기 공간 있는 주택용 분전반
- 전류 제한기 공간 없는 주택용 분전반

### 전류 제한기 공간의 유무에 의한 분류

## 주택용 분전반의 종류와 그 분류

\* 주택용 분전반에는 다음과 같은 종류가 있다.

〈시설형식에 의한 분류〉

- 노출형 : 박스 전체 또는 일부를 건축재의 면에서 노출하여 시설하는 구조의 분전반을 말한다.
 −박스란, 주택용 분전반의 상하좌우의 측면 및 등쪽을 덮는 벽을 형성하는 부분을 말한다. −
- 매입형 : 조영재 중에 박스 전체를 매하여 시설하는 구조의 분전반을 말한다.
- 노출 매입공용형 : 노출형 및 매입형의 모두를 시설할 수 있는 구조의 분전반을 말한다.

〈캐비닛 구성 외곽의 재료에 의한 분류〉

- 합성수지제 ● 금속제 ● 합성수지금속 조합,
 −외곽이란, 박스, 커버, 전면판 및 도어를 말한다. −

〈캐비닛의 형식에 의한 분류〉

- 도어 있음. ● 커버 있음.
 −도어란, 캐비닛의 전면을 덮도록 경첩 등으로

박스 등에 지지되어 이것을 개폐할 수 있는 부분을 말한다. −

−커버는, 이것을 떼어내는 일 없이 내부 기기의 개폐조작을 할 수 있도록 주택용 분전반의 전면을 덮도록 구성하는 부분을 말한다. −

〈L 공간의 유무의 따른 분류〉

- L 공간 있음. ● L 공간 없음.
 −L 공간은 전류 제한기의 설치장소를 말한다. −

〈주개폐기의 유무에 의한 분류〉

- 주개폐기 있음. ● 주개폐기 없음.
 −주개폐기는 모선의 전원 측에 설치되는 누전 차단기 또는 배선용 차단기를 말한다. −
 사용하는 주개폐기의 종류에 따라
 •누전 차단기가 주개폐기
 −누전 차단기는 '단상 3선 중성선 결상 보호 장치 부착'으로 한다. −
 •배선용 차단기가 주개폐기

## 9 일본 주택용 분전반 정격전압·정격전류·분기회로

### 주택용 분전반의 정격과 분기회로 수

| 상, 선식<br>정격전압<br>[V] | 주택용 분전반<br>정격전류<br>[A] | 주개폐기 | 주개폐기<br>정격전류<br>[A] | 분기회로 수 |
|---|---|---|---|---|
| 단상 2선식<br>100 | 30 | 없음. | – | 2, 3, 4, 5, 6 |
| | | 있음. | 30 | 2, 3, 4, 5, 6, 8 |
| 단상 3선식<br>100/200 | 30 | 없음. | – | 4, 5, 6 |
| | | 있음. | 30 | 4, 5, 6, 8, 10, 12 |
| | 60 | 없음. | – | 4, 5, 6 |
| | | 있음. | 40 | 4, 5, 6, 8, 10, 12, 14, 16, 18, 20 |
| | | | 50, 60 | 6, 8, 10, 12, 14, 16, 18, 20, 22, 24, 26 |
| | 75 | 있음. | 75 | 8, 10, 12, 14, 16, 18, 20, 22, 24, 26, 28, 30 |
| | 100 | | 75, 100 | 10, 12, 14, 16, 18, 20, 22, 24, 26, 28, 30 |
| | 150 | | 100, 125<br>150 | 12, 14, 16, 18, 20, 22, 24, 26, 28, 30, 32,<br>34, 36, 38, 40 |

### 주택용 분전반에는 단상 2선식과 단상 3선식이 있다

＊ 주택용 분전반에는, 단상 2선식과 단상 3선식의 2종류가 있다.

● 주택용 분전반의 정격전압은, 단상 2선식이 100V이며, 단상 3선식이 100V/200V이다.

● 주택용 분전반의 정격전류는, 단상 2선식이 30A, 단상 3선식에는, 30·60·75·100·150A의 5종류가 있다.
－정격 전류는 모선의 온도 상승이 규정값을 초과하지 않고 연속적으로 통해 얻는 전류를 말한다.－

＊ 주택용 분전반은 주개폐기와 여러 분기회로용의 분기 개폐기, 전류 제한기로 구성되어 있다.

● 분기회로수가 6 이하(증가한 회로 공간의 수를 포함)의 주택용 분전반에서는, 주개폐기를 생략해도 괜찮은 것으로 되어 있습니다.

● 분기 회로수는, 주택용 분전반에 부착된 분기회로마다의 분기개폐기의 수를 말한다.

● 주택용 분전반에는 전류제한기의 부착 공간을 갖지 않은 것도 있다.

＊ 분기회로 개폐기는, 모선에서 각 분기회로를 분기하는 각각의 부분에 부착된 과전류 인출 장치가 부착된 개폐기를 말한다.

● 분기회로마다 분기개폐기를 설치한다.

● 분기개폐기에는 보통, 배선용 차단기가 이용되고 있다.

＊ 주택의 옥내 배선은, 주택용 분전반에서 각방으로 전등 및 콘센트, 룸 에어컨 등 용도별로 전용 배선이 되어 있어, 이것을 분기회로라 한다.

＊ 주택용 분전반에는 증가한 회로 공간이 있는 것이 있다.

● 증가한 회로 공간은, 주택용 분전반의 내부에 분기개폐기를 증설하기 위해 부착하는 장소, 부착부 및 증설되는 분기개폐기에 연결하는 분기선을 가진 것을 말한다.

# 10 일본 주택용 분전반의 모선과 분기선

## 주택용 분전반의 모선 절연전선의 굵기

| 주택용 분전반 정격전류[A] | 주개폐기 정격전류[A] | 절연전선의 굵기(최소값) | |
|---|---|---|---|
| | | 단선[mm] | 연선[mm²] |
| 30 | 30 | 3.2 | 8 |
| 60 | 40 | 3.2 | 8 |
| | 50, 60 | 5.0 | 14 |
| 75 | 75 | – | 22 |
| 100 | 75 | – | 22 |
| | 100 | – | 38 |
| 150 | 100 | – | 38 |
| | 125, 150 | – | 60 |

## 주택용 분전반의 분기선 절연전선의 굵기

| 분기 개폐기 정격전류 [A] | 절연 전선의 굵기 [최소값] |
|---|---|
| 20 이하 | 2.0mm(단선) |
| | 3.5mm²(연선) |
| 30 | 2.6mm(단선) |
| | 5.5mm²(연선) |

## 주택용 분전반의 절연전선 피복의 색

| 정격전압, 상, 선식 | 전압측선 | 접지측선 | 중성선 |
|---|---|---|---|
| 100V 단상 2선식 | 빨강 또는 검정 | 백색 또는 옅은 청색 | – |
| 100V/200V 단상 3선식 | 빨강과 검정, 검정과 검정, 빨강과 빨강 | – | 백색 또는 옅은 청색 |

## 주택용 분전반의 모선과 분기선에는 절연전선을 이용하여 색별한다

* 주택용 분전반의 모선이란, 분전반 안에서 2개 이상의 분기 개폐기로 전력을 공급하는 분기선 이외의 전기도체를 말한다.
● 분기선이란, 모선과 분기 개폐기와의 사이를 연결하는 전기도체를 말한다.
* 주택용 분전반의 모선 및 분기선은 아래와 같다.
● 모선 및 분기선에 이용되고 있는 절연전선은, JIS C 3307의 비닐 절연전선(IV선) 및 JIS C 3317의 600V 2종류 비닐 절연전선(HIV선)에 적합한 구리도체이다.
● 모선의 굵기는, 주택용 분전반의 정격전류(앞 페이지 참조)에 따르며, 상란의 표에 따른다.
● 분기선의 굵기는, 분기 개폐기의 정격 전류(앞 페이지 참조)에 따르며, 상란의 표에 따른다.
● 모선 및 분기선으로 이용되는 바는, 주택용 분전반 또는 분기개폐기, 각각의 정격전류를 연속적으로 통했을 때, 이것에 충분히 견딜 수 있는 것

으로 되어 있다.
* 주택용 분전반의 모선 및 분기선에 절연전선을 이용한 경우의 극성 식별은, 절연피복을 아래에 나타내는 색으로 색상별로 되어 있다.
–동일 색 절연 전선 사용의 경우에는 단말 색상별로 한다.–
● 단상 2선식 100V의 전압측선은 빨강 또는 검정으로 하고, 접지측선은 백색 또는 옅은 청색으로 되어 있다.
● 단상 3선식 100V/200V의 전압측선은 빨강과 검정, 검정과 검정 또는 빨강과 빨강이며, 중성선은, 백색 또는 옅은 청색으로 되어 있다.
* 모선 및 분기선에 바(bar)가 이용되고 있는 경우에는, 중성극 또는 접지측극의 모선도체가 잘보이는 곳에, 쉽게 지워지지 않는 방법으로 문자 기호 N이 표시되어 있거나, 단말에 색상별 바(bar)가 표시되어 있다.

# 11 주택용 분전반의 구조

## 주택용 분전반의 외관도 　　　　　　　　　　　　　　　　　　　　　　　　　 -예-

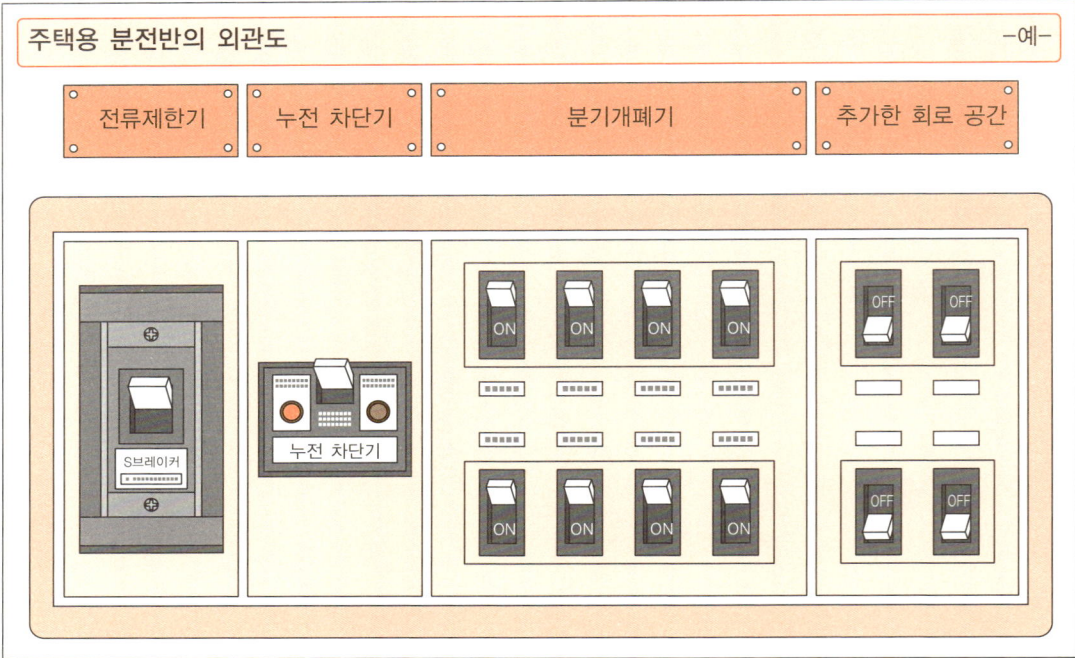

| 전류제한기 | 누전 차단기 | 분기개폐기 | 추가한 회로 공간 |

## 주택용 분전반은 안전하게 조작할 수 있게 되어 있다

\* 주택용분전반은 박스, 커버, 도어, 중저, 안쪽 뚜껑, 전면판 등으로 구성되어 있다.
　－박스, 커버, 도어는 8항 참조－

● 중저는 내부기기 장착판을 말하며, 내부기기는 중저에서 조립상태로 박스 안에 고정되어 있다.

● 안쪽 뚜껑은 도어 뒤의 충전부를 덮는 판으로 떼어 내지 않고 내부기기의 개폐조작이 가능하게 되어 있다.

● 전면판은 도어, 안쪽 뚜껑, 커버 이외의 주택용 분전반을 덮는 부분을 말한다.

\* 주택용 분전반은 구조가 튼튼하며 각부는 간단히 풀리지 않도록 견고하게 조립되어 있다.

● 주택용 분전반은 건축물에 설치, 배선 연결, 개폐 조작 및 보수점검이 용이하며, 안정적으로 할 수 있도록 되어 있다.

● 주택용 분전반은 도어 개폐, 커버의 탈착 조작을 통해 손쉽게 파손되지 않도록 되어 있다.

● 주택용 분전반은 보통 사용 상태에서는 충전부에 사람이 접촉할 우려가 없는 구조로 되어 있다.

● 캐비닛이 커버가 있는 것은 커버의 설치, 분리시에 극간 단락 또는 지락을 일으킬 우려가 없도록 되어 있다.

● 캐비닛이 도어가 있는 것은 주개폐기 및 분기개폐기 조작을 위해 도어를 연 상태에서, 충전부는 커버 또는 안쪽 뚜껑을 통해 덮히도록 되어 있다.

\* 캐비닛에 사람이 접촉할 우려가 있는 박스, 중저, 전면판 또는 안쪽 뚜껑의 연결부에는 접지선을 접속하는 접지단자가 설치되어 있다.

● 접지단자 근방 보기 쉬운 부분에 쉽게 지워지지 않는 방법으로 그림기호 ⊥, 문자기호[PE] 또는 [보호접지]의 문자가 표시되어 있다.
　－⊥, 'E'. '어스'의 표시도 좋다.－

● 접지단자와 접지 분기선 단자가 일체구조인 것도 위와 동일하게 표시되어 있다.

## 12 일본 주택용 분전반의 기기배치와 표시

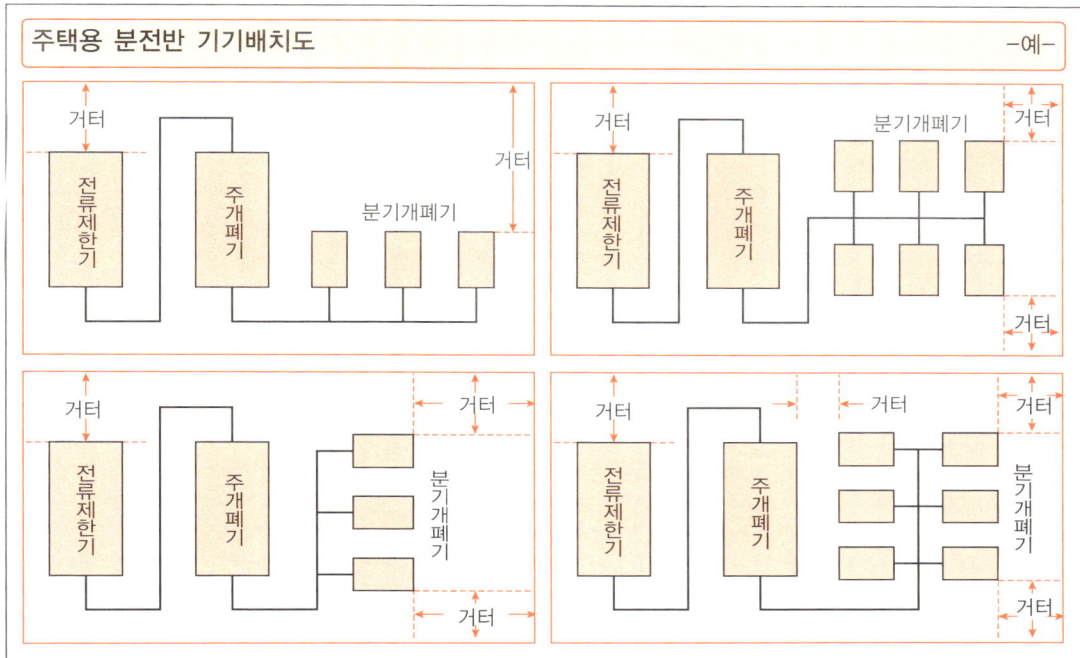

주택용 분전반 기기배치도 　　　　　　　　　　　　　　　　　　　　　　　　　　　　 -예-

---

### 주택용 분전반의 전류제한기·주개폐기·분기 개폐기의 배치와 표시사항

* 주택용 분전반은, 전류제한기와 주개폐기, 분기 개폐기로 구성되며, 그것들이 박스 내에 수납되어 있다.

● 주택용 분전반의 전류제한기, 주개폐기, 분기개폐기의 기기배치의 예를 앞면(11항)의 배치도에 나타낸다.

● 주택용 분전반에는 박스 내에 커터가 설치되어 있는데 위의 배치도에 나타낸다.

● 거터는, 주택용 분전반에 외부에서의 배선을 넣기 위해 설치된 공간을 말한다.

* 주택용 분전반의 커버 또는 안쪽 뚜껑에는, 각 분기회로를 구분하기 위해 회로명의 기입이 가능한 표시 자리가 마련되어 있다.

* 단상 2선식의 주택용 분전반에서 200V의 분기회로를 병용하는 경우에는, 다음과 같은 표시가 되어 있다.

● 200V 분기개폐기가 부착되어 있는 경우에는,

200V 회로인 것을 나타내기 위해, 잘 보이는 자리에 그 내용이 표시되어 있다.

● 200V의 분기 개폐기를 부착 할 수 있는 증설 회로 공간이 있는 것의 경우에는, 분기 개폐기가 설치되어 배선이 바뀌지 않게 할 수 있는 구성으로 되어 있으며, 필요한 표시가 되어 있다.

* 주택용 분전반에는 도어나 커버에 쉽게 지워지지 않는 방법으로 다음의 사항이 표시되어 있다.
  ・명칭 　　　　・정격전류 　　　・정격전압
  ・상(相), 선식(線式), 　　　・분기 회로수,
  ・제조업자명, 약호, 　　　・제조 년 월, 약호
  -분기 회로수는 분기 개폐기의 실장 회로수로 표시되어 있으며, 증가한 회로 공간이 있는 것은 증가한 회로 공간과 회로 수가 병기되어 있다.-

* 주택용 분전반의 제품 호칭은, 명칭, 종류, 정격 및 분기 회로수에 의한다.

# 3 분전반을 구성하는 기기

## 13 주택용 분전반을 구성하는 기기의 역할

### 주택용 분전반의 내부 구조도 　　　　　　　　　　　　　　　　　　　　　　-예-

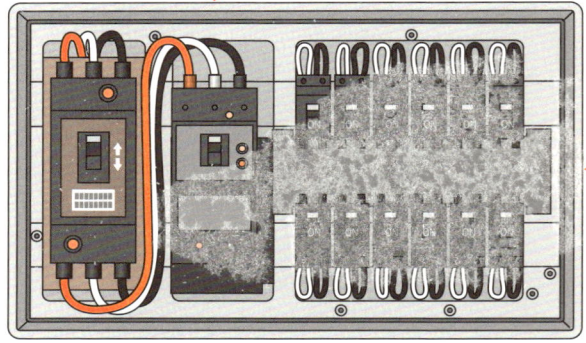

누전 차단기　　-주개폐기-

배선용 차단기 -분기 개폐기-

### 주택용 분전반을 구성하는 누전 차단기·배선용 차단기의 기능

✱ 주택용 분전반으로, 전류제한기로서 암페어 브레이커, 주개폐기로서 누전 차단기, 분기개폐기로서 배선용 차단기를 이용하는 경우에 대해 구성하는 기기의 기능은 아래와 같다.

✱ 주택용 분전반의 전원측의 좌측에 부착되어 있는 것이 전용의 인입 개폐기이다.

● 전기설비기술기준의 판단기준 제171조(옥내에 시설하는 저압용 배분전반 등의 시설) 제1항 제3호에서 '주택용 분전반은 노출된 장소(신발장, 옷장 등의 은폐된 장소는 제외한다)에 시설하며, 구조는 KSC 8326 7.구조, 치수 및 재료에 의한 것일 것'으로 정하고 있다.

✱ 주택용 분전반에서 암페어 브레이커의 오른쪽 옆에 부착되어 있는 것이 누전 차단기이며 누전 브레이커라고도 한다.

● 누전 차단기는, 건물 내의 배선과 전기기구가 만일에 누전되었을 때에, 누전을 재빨리 감지하여 자동적으로 전기를 차단하고, 화재나 감전 사고를 막기 위한 '보안용 차단기'이다.

✱ 주택용 분전반의 우측에, 2열로 많이 부착되어 있는 것이, 분기개폐기이다.

● 분기 개폐기에는, 배선용 차단기가 이용되고 있다.

● 배선용 차단기는, 전기기구나 배선의 고장으로 쇼트되었을 때, 전기 과대 사용으로 과전류가 흘렀을 때에, 자동적으로 전기를 끊는 '보안용 차단기'이다.

## 14 암페어 브레이커는 소매 전기 사업자와의 계약용 전류 제한기이다

### 암페어 브레이커 외관도

-예-

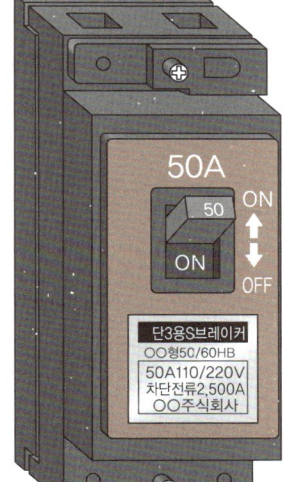

50A
50 ON
ON
OFF

단3용S브레이커
○○형5C/60HB
50A110/220V
차단전류2,500A
○○주식회사

### 암페어 브레이커의 암페어 수치에 대한 색상별

-예-

도쿄전력 -암페어 브레이커-

| 암페어 값 | 10A | 15A | 20A | 30A | 40A | 50A | 60A |
| --- | --- | --- | --- | --- | --- | --- | --- |
| 브레이커 색 | 빨강 | 분홍 | 노랑 | 초록 | 회색 | 갈색 | 보라 |

규슈전력 -리미터-

| 암페어 값 | 10A | 15A | 20A | 30A | 40A | 50A | 60A |
| --- | --- | --- | --- | --- | --- | --- | --- |
| 스우치 노브 색 | 회색 | 빨강 | 노랑 | 초록 | 갈색 | 파랑 | 흰색 |

쥬부전력 -서비스 브레이커-

| 암페어 값 | 10A | 15A | 20A | 30A | 40A | 50A | 60A |
| --- | --- | --- | --- | --- | --- | --- | --- |
| 스위치 노브 색 | 빨강 | 갈색 | 노랑 | 초록 | 파랑 | 보라 | 회색 |
| 브레이커 본체 색 | | | | | | | |

홋카이도 전력 -계약용 안전 브레이커-

| 암페어 값 | 10A | 15A | 20A | 30A | 40A | 50A | 60A |
| --- | --- | --- | --- | --- | --- | --- | --- |
| 스위치 노브 색 | 검정 | 노랑 | 파랑 | 빨강 | | | |
| 브레이커 본체 색 | | | | | 회색 | 갈색 | 보라 |

### 일본에서는 암페어 브레이커는 소매 전기사업자와의 종량전등 B의 계약 수요처에 설치된다

* 암페어 브레이커는, 소매 전기사업자와의 전력 수급 계약이 예를 들어, '종량전등'의 수요처로, 일반송배전사업자를 통해 설치된다.
  –암페어 브레이커(전류제한기)를 설치하지 않는 일반 송배전 사업자도 있다.–

● 암페어 브레이커는, 전기 사업자에 따라 호칭이 다르며, 서비스 브레이커, 계약용 안전 브레이커, 리미터 등으로 부르고 있다.

● 예를 들어, 종량전등 B란, 전등 또는 소형기기를 사용하는 수요처로, 계약 전류가 10A 이상이며, 또한 60A 이하를 말한다.

● 전력은, 소매 전기사업자와 수요처와의 계약을 토대로 소매 전기사업자로부터 수요처에 판매되므로 암페어 브레이커는, 전력의 판매량이 수요처와의 계약량을 초과하지 않도록 설치되는 '계약용 전류제한기'로서의 차단기이다.

● 암페어 브레이커는, 일반 송배전 사업자의 소유물이므로 부착, 또는 안 좋은 상황이 생겼을 경우에는, 연락해서 교환한다.

● 소매 전기 사업자와 예를 들어 종량전등B로 전력 수급 계약을 하는 경우, 계약 전류가 10A에서 60A까지의 10A, 15A, 20A, 30A, 40A, 50A, 60A의 7종류이며, 각각의 '암페어 값'이 다른 암페어 브레이커가 설치된다.

● 암페어 브레이커는, 암페어 값에 따라 브레이커의 색이 결정되어 있으며, 전기 사업자에 따라, 그 색이 다르다. (상란 참조)

● 암페어 브레이커는, 수직부착형을 원칙으로 수동복귀식임과 동시에, 원칙적으로 수동 차단도 되는 구조로 되어있다.

● 단상 3선식의 암페어 브레이커로는, 중앙 단자가 중성극이 되어 있고, 중성극에는 원칙적으로 N의 단자 기호가 표시되어 있다.

● 개폐 상태가 문자나 색상으로 표시되어 있다.

**113**

## 15  누전 차단기는 누전 전류를 검출하여 차단한다

### 누전차단기 외관도                    -예-

단상 3선 중성선
결상보호
과전압 동작 전압
135V
과전압 동작 시간
0.5초 이내

ON
OFF

노랑
누전·과전압 표시

누전 차단기
테스트 버튼
가끔씩 테스트 버튼을
눌러서 동작을 확인한다

1φ3W  3P2E  50/60Hz
과부하·단락 보호겸용

정격전압 AC100/200V    정격전류 60A
정격 차단 전류 2.5kA    정격감도전류 30mA
정격 부동작 전류 15mA   고속형 : 동작시간
충격파 부동작형             0.1초 이내

### 주택용 분전반의 누전차단기의 특성

정격 감도 전류

| 감도 전류에 의한 구분 | 정격감도 전류[mA] |
|---|---|
| 고감도형 | 5, 10, 15, 30 |

동작시간

| 동작시간에 의한 구분 | 동작시간 |
|---|---|
| 고속형 | 정격감도 전류로 0.1초 이내 |

정격 차단용량

| 주개폐기 정격전류 | 정격차단용량(최소값) |
|---|---|
| 30A 이하 | 1,500A |
| 30A 초과 100A 이하 | 2,500A |
| 100A 초과 150A 이하 | 5,000A |

### 주택용 분전반에는 고감도·고속형 누전 차단기가 이용된다

* 누전 차단기란, 통상 사용 상태하에서, 누전 전류를 검출하여, 그 측정값과 설정값을 비교하여 측정값이 설정값을 초과할 때, 접점을 개로동작시켜, 회로를 차단하는 장치를 말한다.

● 누전차단기는, 이것을 설치한 부분 이후의 배선과 전기기구에 절연 저하 또는 절연 파괴가 생겨서 누전했을 경우, 신속하게 전기를 차단하여 재해 발생을 방지하기 위한 보호장치이다.

● 누전차단기는 과전류 보호장치로는 검출 불가능한 영속성이 있는 지락 고장으로 지락 전류에 기인하는 화재 등에 대한 보호를 갖추고 있다.
 -지락전류란, 절연불량으로 인해 대지로 흐르는 전류를 말한다.-

● 누전 차단기는, 보통 사용되는 조건 하에서 전류의 투입, 통전 및 차단이 가능하다.

* 주택용 분전반에는, 고감도형으로 고속형의 누전차단기가 들어있다.

● 고감도형 누전 차단기는, 정격감도 전류가 30mA 이하의 누전 차단기를 말한다.
 -감도 전류란 특정 조건하에서 누전 차단기가 동작하는 누전 전류의 값을 말한다.-

● 고속형 누전 차단기는, 정격감도전류에서 동작 시간이 0.1초 이하의 누전 차단기를 말한다.
 -동작 시간이란 누전 차단기가 동작하는 누전전류가 흐르는 순시에서, 모든 극의 아크가 소멸될 때까지의 경과 시간을 말한다.-

* 주택용 분전반에 단상 3선식의 주개폐기로서 들어있는 누전 차단기는, 단상 3선 중성선 결상 보호 부착으로 되어 있다.

# 16 누전차단기의 구성과 그 동작 기능

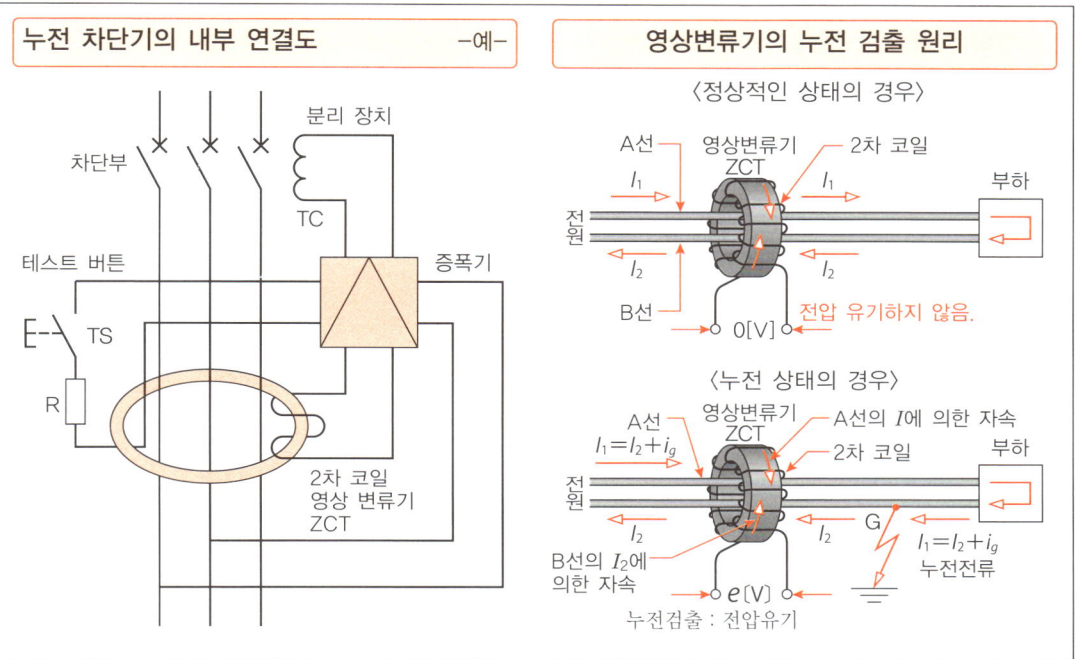

### 누전 차단기의 내부 연결도 —예—

분리 장치
차단부
TC
테스트 버튼
TS
R
증폭기
2차 코일
영상 변류기
ZCT

### 영상변류기의 누전 검출 원리

〈정상적인 상태의 경우〉

A선 영상변류기 ZCT 2차 코일 부하
$I_1$ $I_1$
전원
$I_2$ $I_2$
B선 0[V] 전압 유기하지 않음.

〈누전 상태의 경우〉

A선 영상변류기 ZCT A선의 $I$에 의한 자속
$I_1=I_2+i_g$ 2차 코일 부하
전원
$I_2$ $I_2$ G $I_1=I_2+i_g$
B선의 $I_2$에 의한 자속 $e$[V] 누전전류
누전검출 : 전압유기

## 누전차단기는 영상변류기로 누전을 검출하고, 분리 장치가 동작하여 전로를 차단한다

* 누전차단기에는, 누설전류를 검출하는 영상변류기(ZCT), 그 신호를 증폭하는 증폭기, 증폭기에서의 신호를 받아서 차단시키는 분리 장치, 동작한 것을 표시하는 누전표시장치, 그리고 정상적으로 동작하는 것을 확인하기 위한 테스트 버튼 장치 등이 내장되어 있다.

● 누전차단기의 부착점 이후에 누전이 발생되면, 영상변류기가 그 누전전류를 검출하여, 영상변류기의 2차측으로 전압을 유도한다.

● 영상변류기 2차측의 유도전압은, 매우 작으므로 증폭기로 증폭된다.

● 증폭된 전압(전류)이 설정값(정격감도 전류값)를 초과하면, 분리장치 동작으로 전로를 차단한다.

● 분리장치가 동작하면, 누전표시 버튼이 돌출되고, 누전표시를 나타낸다.

* 테스트 버튼을 누르면, 의사적으로 누전상태가 만들어져, 누전차단기가 동작된다.

* 영상변류기의 누전 검출 원리를 기억해둔다.

● 전원에서 영상변류기를 관통하는 A선으로 흐르는 전류 $I_1$과 부하에서 B선으로 흐르는 전류 $I_2$는, 정상적인 상태에서는 크기가 같고 방향이 반대이므로 영상변류기의 2차측으로 전압이 유도되지 않는다.

● 영상변류기의 부하측에서 누전되면, 누전전류 $i_g$가 흐르므로, A선의 전류 $I_2$은 누전점 G에서 키르히호프의 제1법칙을 이용하면 $I_1=I_2+i_g$가 되며, B선의 전류는 $I_2$가 된다.

● 영상변류기 관통부의 자속은, A선과 B선의 $I_2$는 크기가 같으며 방향이 반대이므로 상호 지워져 누전전류 $i_g$에 상당하는 자속이 남는다.

● 누전전류 $i_g$에 따른 자속이, 영상변류기의 2차코일과 쇄교하여, 단자에 전압 $e$가 유도된다.

● 영상변류기는 2차 코일에 전압을 유도함으로써, 누전 검출신호가 된다.

# 17 일본 분기회로와 분기개폐기

## 주택용 분전반 분기회로와 분기개폐기 —분기개폐기로서 이용되는 배선용 차단기의 정격—

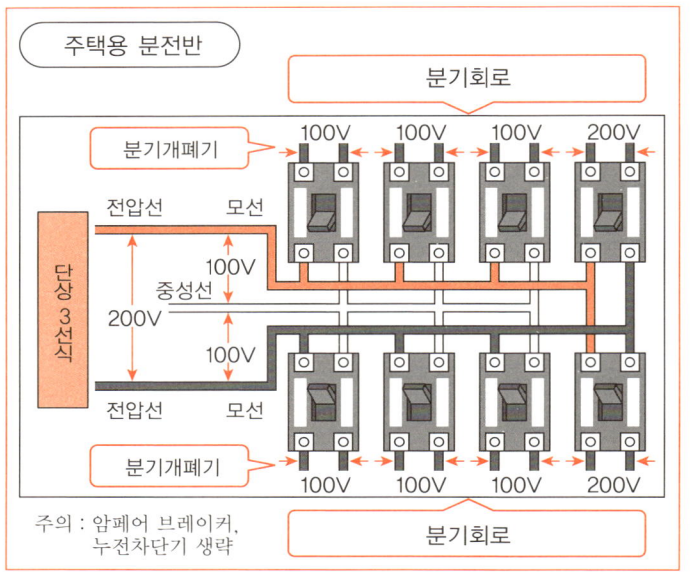

| 정격전류[A] |
| --- |
| 15, 20, 30 |

| 정격전압[V] | |
| --- | --- |
| 100 | 100/200 |

| 정격단락 차단용량[A] | |
| --- | --- |
| 1,500 | 2,500 |

| 극수 및 분리 소자의 수 | | |
| --- | --- | --- |
| 극수 | 정격전압 | 분리 소자 수 |
| 2극 | 100V | 1소자 |
| | 100/200V | 2소자 |

## 일본에서는 주택용 분전반의 분기개폐기로서의 배선용 차단기는 과전류 보호를 한다

* 주택용 분전반은, 모선에서 많은 분기선이 나와 분기회로를 형성하고 있다.
● 옥내 배선의 회로를 100V는 방마다 나누거나, 조명기구와 콘센트로 나누고, 200V는 에어컨, 전자 레인지 등을 각각 전용회로로 하는 등 분기해 두면, 무언가 이상이 생길 때 영향이 적어지기 때문이다.
● 예를 들어, 전기기구에 이상이 생겨 콘센트용 회로가 끊겨도 조명은 사용된다.
* 주택용 분전반에서는, 분기회로 1회로에 1개의 분기개폐기가 설치되어 있다.
● 일반적으로 분기개폐기에는 배선용 차단기가 이용되고 있다.
* 배선용 차단기(MCCB)는, 브레이커라고도 하며, 과부하나 단락 등의 요인으로 부하측의 회로에 과전류나 단락전류가 흐를 때에, 전로를 개방하여 전원의 공급을 차단함으로써, 부하회로의

손상을 보호한다.
● 과전류는, 정격전류를 초과하는 전류를 말한다.
* 주택용 분전반의 분기개폐기에는, 다음과 같은 배선용 차단기가 이용된다.
● 정격전압 100V, 정격전류 20A(20AT), 2극·1소자(과전류 분리 소자)의 배선용 차단기가 이용되고 있다.
  -접지측 단자에는 N으로 표시되어 있다.-
  -20AT의 AT는 암페어 트립의 약호로, 정격전류를 나타낸다.-
● 특정부하를 위해 전용 분기 회로에 정격전압 100/200V, 2극·2소자, 정격전류15A(15AT) 또는 30A(30AT)의 배선용 차단기가 이용되는 경우에는, 주택용 분전반에, 그 취지가 표시되어 있다.
● 분기개폐기에는 정격차단용량이 1,500A 이상의 배선용 차단기가 이용되고 있다.

# 18 배선용 차단기의 기능과 그 동작

**"ON(폐)" 동작** -배선용 차단기-

소호장치
닫힌다
ON
조작 핸들
분리 장치
전류가 흐른다!
전류가 흐른다!
단자  고정접점  가동접점  단자

**"OFF(개)" 동작** -배선용 차단기-

소호장치
열린다
OFF
조작 핸들
분리 장치
전류가 흐르지 않는다
전류가 흐르지 않는다!
단자  고정접점  가동접점  단자

-완전 전자식- 분리 장치

요크  래치축
가동철심
가동철편
파이프
분리 코일  제동 스프링  고정철심

-열동 전자식- 분리 장치

트립 샤프트  바이메탈
후크 받이
후크
단자
트립 레버
가동철편  고정철심

## 배선용 차단기는 과전류를 검출하고, 분리장치가 동작하여 전로를 차단한다

* 배선용 차단기는, 개폐기구, 분리장치, 소호장치 등을 절연물의 용기 내에 일체화하여 들어있는 구조로 되어 있다.
* 개폐기구는, 전로의 전류를 투입 또는 차단하기 위한 조작 핸들, 접촉자, 링크 기구, 래치 기구 등을 말한다.
● 접촉자는, 가동 접촉자, 고정 접촉자로 구성되어 도전성, 내아크성이 우수한 특수합금(예 : 은·니켈 합금)이 이용되고 있다.
* 분리 장치는, 유지기구를 분리하여 배선용 차단 기를 자동개로(트립)시키는 장치를 말하며, "완전 전자식"과 "열동 전자식"이 있다.
* 완전 전자식은, 파이프 내에 가동철심, 제동 스프링, 고정철심, 제동유가 들어있으며, 파이프 주위로 분리 코일이 감겨 있다.
● 분리 코일에 과전류가 흐르면, 가동철심이 제동 스프링을 넘어서 고정철심으로 잡아당겨져 접근

하고 가동철심의 자속량이 많아져 고정철심측으로 흡인되어, 가동철편의 래치축에 대응하는 부분이 배선용 차단기의 래치를 벗어나 전로를 자동차단한다.
● 단락전류 등의 큰 전류가 분리 코일로 흐르면 발생 자속이 많으므로 가동철심이 순시에 고정철심으로 흡인되어 전로를 자동차단한다.
* 열동 전자식은, 분리 기구로 바이메탈을 이용하는 방식이다.
● 바이메탈에 과전류가 흐르면 줄 열로 인해 만곡되어, 배선용 차단기의 개폐기구로 연동된 트립레버와 후크의 결합을 벗어나, 전로를 자동 차단한다.
* 소호장치는, V자형의 자성판을 아크 기둥에 직각으로 배치한 소호판을 통해 과전류, 단락전류의 차단 때에 접촉자 간에 발생한 아크 기둥를 급속히 늘려 분단, 냉각하여 차단한다.

# 4 저압 옥내 배선의 간선

## 19 저압간선에는 과전류 차단기를 시설한다

### 저압 옥내배선의 간선

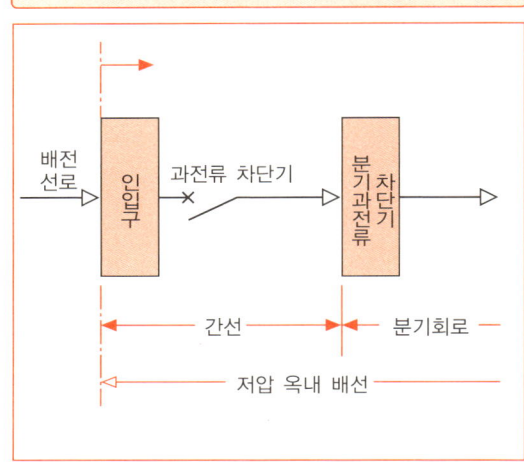

### 과전류 차단기는 단락·과부하로 자동차단

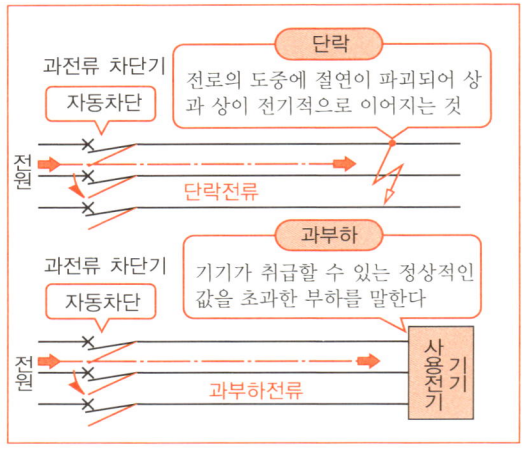

---

### 과전류 차단기는 과부하·단락에서 전선을 보호한다

* 저압 옥내 배선은, 간선과 분기회로(108페이지 참조)로 구성되어 있다.
* 저압 옥내 배선의 간선이란, 인입구에서 분기과 전류 차단기에 이르는 배선 중, 분기회로의 분기 점에서 전원측의 부분을 말한다.
● 인입구는, 옥외 또는 옥내에서의 전로가, 가옥의 외벽을 관통하는 부분을 말한다.
* 옥내전로의 각 부분의 전선은, 과부하전류 및 단 락전류에 대해 보호되어 있다.
● 과부하 전류는, 전기적 손상없는 회로에서 발생 하는 정격전류를 초과한 전류를 말한다.
● 저압간선은 인입구 장치의 과전류 차단기 또는 그 간선의 전원측에 시설된 과전류 차단기를 통 해 과부하전류, 단락전류로부터 보호되고 있다.

● 인입구 장치는, 인입구 이후의 전로에 부착하는 전원측에서 보아 최초의 개폐기와 과전류차단기 의 조합을 말한다.
● 과전류 차단기, 배선용 차단기, 퓨즈, 기중차단 기처럼 과부하 전류와 단락전류를 자동차단하는 기능을 가진 기구를 말한다.
● 저압전로에 시설하는 과전류 차단기는, 전로 중 이것을 시설하는 자리를 통과하는 단락전류를 차단하는 능력을 가지는 것으로 한다.
* 과전류차단기를 시설하고 전선을 보호하는 목적 은, 과부하 전류와 단락전류를 통해 전류의 제곱 에 비례하여 발생하는 줄 열로 인해, 전선의 절 연물(유기물)이 가열하여 소손되는 사고를 방지 하는 데 있다.

# 20 저압간선에 시설하는 과전류차단기의 정격전류

## 전동기부하를 포함하는 저압간선의 과전류차단기의 정격전류

### ($I_M$의 합계)×3+($I_H$의 합계)≦2.5$I_W$의 경우

● 과전류차단기의 정격전류 $I_B$

$I_B$≦($I_M$의 합계)×3+($I_H$의 합계)

### ($I_M$의 합계)×3+($I_H$의 합계)>2.5$I_W$의 경우

● 과전류차단기의 정격전류 $I_B$

$$I_B≦2.5I_W$$

● $I_B$ : 과전류차단기의 정격전류$I_B$
● $I_M$ : 전동기의 정격전류
● $I_H$ : 다른 전기사용기계기구의 정격전류
● $I_W$ : 저압간선의 전선 허용전류

### 전동기 부하를 포함하는 저압간선 　　－예－

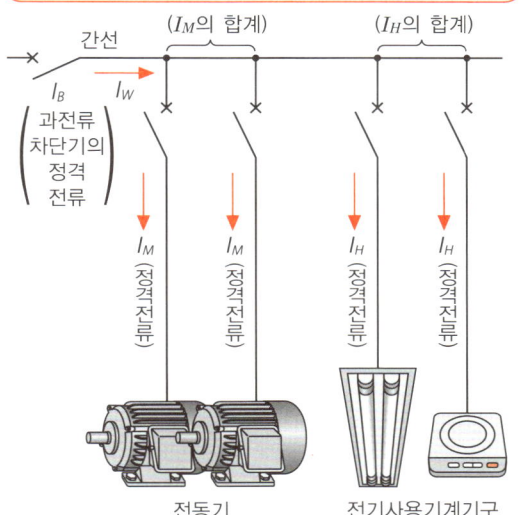

전동기　　　　전기사용기계기구

## 저압간선에 시설하는 과전류 차단기의 정격전류　　　－전동기·다른 전기사용 기계기구에 급전－

＊ 저압간선을 보호하기 위해 시설하는 과전류 차단기는, 그 저압간선의 전선 허용전류 이하의 정격전류의 과전류 차단기로 한다.

＊ 전등과 전열회로 등에 사용하는 전선을 과부하 전류와 단락전류로부터 보호하는 경우의 과전류 차단기의 정격전류는, 그 전선의 허용전류 이하의 정격전류로 한다.

● 코드, 전등기구용심선 등을 보호하는 과전류 차단기로서 배선용 차단기를 이용하는 경우의 정격 전류는 15A 또는 20A의 정격전류로 한다.

● 저압간선에 전동기 또는 이와 유산한 시동전류 가 큰 전기사용기계 기구가 연결된 경우의 저압 간선을 보호하는 과전류 차단기의 정격전류는 다음 중 하나일 필요가 있다.

(1) 과전류 차단기의 정격전류 I는, 전동기 등의 정격전류 I의 합계의 3배에 다른 전기사용 기구 의 정격전류 I의 합계를 더한 값 이하로 한다.

(2) 과전류 차단기의 정격전류 $I_B$는, (1)의 규정에 의한 값 $I_M$의 경우×3+($I_H$의 합계)가, 당해의 저압간선의 전선의 허용전류 $I_w$를 2.5배한 값을 초과하는 경우에는, 저압간선의 전선의 허용전류 $I_w$를 2.5배한 값 이하로 한다.

(3) 당해의 저압간선의 전선의 허용전류 $I_w$가 100A를 초과하는 경우이며, (1)에 규정하는 값 $I_M$의 합계)×3+$I_H$의 합계) 또는 (2)에 규정하는 값 (2.5$I_w$)가, 과전류 차단기의 표준정격에 해당 하지 않을 때는 (1) 또는 (2)의 규정에 의한 값보 다 크게, 그 값에 가장 가까운 표준정격의 과전 류 차단기로 한다.

＊ 전동기 등에 전기가 공급되는 저압간선에 시설 하는 개폐기의 정격전류 $I_s$는, 저압간선의 과전 류 차단기의 정격전류 $I_s$ 이상으로 한다.

# 21 저압간선을 분기하는 경우의 과전류 차단기의 시설

## 굵은 간선에서 가는 간선을 분기하는 경우의 과전류 차단기의 시설생략

### 가는 간선을 분기하는 경우

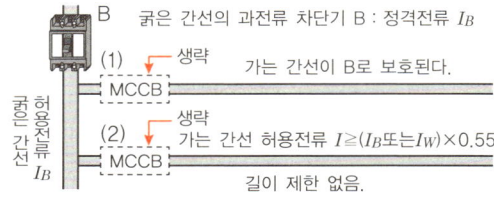

굵은 간선의 과전류 차단기 B : 정격전류 $I_B$

(1) 생략　가는 간선이 B로 보호된다.

(2) 생략　가는 간선 허용전류 $I \geqq (I_B$또는$I_W) \times 0.55$

길이 제한 없음.

### 길이 8m 이하의 가는 간선을 분기하는 경우

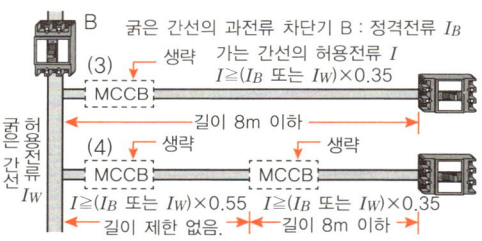

굵은 간선의 과전류 차단기 B : 정격전류 $I_B$

(3) 생략　가는 간선의 허용전류 $I$
　$I \geqq (I_B$ 또는 $I_W) \times 0.35$

길이 8m 이하

(4) 생략　생략

$I \geqq (I_B$ 또는 $I_W) \times 0.55$　$I \geqq (I_B$ 또는 $I_W) \times 0.35$
길이 제한 없음.　길이 8m 이하

### 길이 3m 이하의 가는 간선을 분기하는 경우

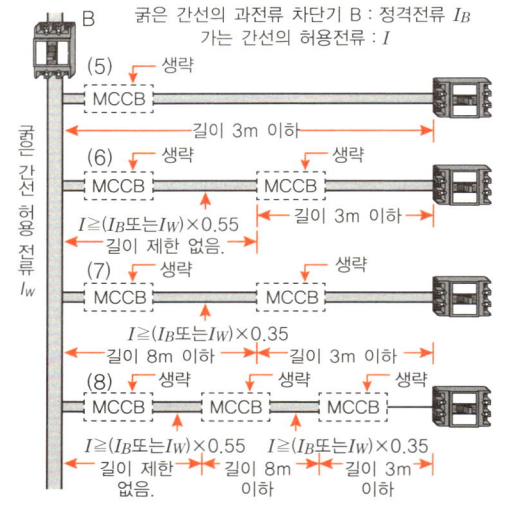

굵은 간선의 과전류 차단기 B : 정격전류 $I_B$
가는 간선의 허용전류 : $I$

(5) 생략
길이 3m 이하

(6) 생략　생략
$I \geqq (I_B$또는$I_W) \times 0.55$　길이 3m 이하
길이 제한 없음

(7) 생략　생략
$I \geqq (I_B$또는$I_W) \times 0.35$
길이 8m 이하　길이 3m 이하

(8) 생략　생략　생략
$I \geqq (I_B$또는$I_W) \times 0.55$　$I \geqq (I_B$또는$I_W) \times 0.35$
길이 제한 없음.　길이 8m 이하　길이 3m 이하

## 저압간선(굵은 간선)에서 다른 저압간선(가는 간선)을 분기하는 경우의 과전류 차단기의 시설

* 저압간선(굵은 간선)에서 가는 간선을 사용하는 다른 저압간선(가는 간선)을 분기하는 경우에는, 그 연결 자리에 가는 간선을 단락 전류로부터 보호하기 위해, 과전류 차단기를 시설한다.

* 굵은 간선에서 분기하는 가는 간선의 연결점에 시설하는 과전류 차단기를 생략할 수 있다.

〈가는 간선을 분기하는 경우〉
(1) 분기하는 가는 간선이 굵은 간선으로 직접 연결되는 과전류 차단기 $B_1$로 보호받고 있는 경우.
(2) 분기하는 가는 간선의 허용전류 $I$가, 굵은 간선의 과전류 차단기의 정격전류 $I_B$ 또는 굵은 간선의 전선 허용전류 $I_W$의 55% 이상의 경우.

〈길이 8m 이하의 가는 간선을 분기하는 경우〉
(3) 분기하는 길이 8m 이하의 가는 간선의 허용전류 $I$가 굵은 간선의 과전류 차단기의 정격전류 $I_B$ 또는 전선의 허용전류 $I_W$의 35% 이상의 경우.
(4) 분기하는 (2)의 가는 간선에 연결하는 길이

8m 이하의 가는 간선의 허용전류 $I$가, 굵은 간선의 과전류 차단기의 정격전류 $I_B$ 또는 전선의 허용전류 $I_W$의 35% 이상 되는 경우.

〈길이 3m 이하의 가는 간선을 분기하는 경우〉
(5) 분기하는 길이 3m 이하의 가는 간선의 경우.
(6) 분기하는 (2)의 가는 간선에, 길이 3m 이하의 가는 간선을 연결하는 경우.
(7) 분기하는 (3)의 길이 8m 이하의 가는 간선에, 길이 3m 이하의 가는 간선을 연결하는 경우.
(8) 분기하는 (2)의 가는 간선에, (3)의 길이 8m 이하의 간선을 연결하여, 거기에 길이 3m 이하의 가는 간선을 연결하는 경우.
[주 1] 과전류 차단기가 생략 가능한 것은, 저압간선에 연결되는 사용기기가 전동기 등 이외에 한한다
[주 2] 길이 3m 이하의 가는 간선의 부하측에는, 다른 간선을 연결하지 않는 경우에 한한다.

# 22 저압간선의 전선 굵기

## 주택의 저압간선의 전선 굵기

| 분기<br>회로 수 | 동 전선의<br>최소 굵기(mm<br>단상 2선식 220V |
|---|---|
| 2 이하 | 4 |
| 3 | 6 |
| 4 | 6 |
| 5 또는 6 | 10 |

## 전동기·전등·가열장치 등에 공급하는 저압 간선의 전선 굵기

### 전동기에만 공급하는 저압 간선의 전선 굵기

전동기의 정격전류 $I_M$의 합계

**50A 이하의 경우**
- 저압간선의 전선 허용전류 $I_W$

$$I_W \geq (I_M의 \ 합계) \times 1.25$$

**50A를 초과하는 경우**
- 저압간선의 전선 허용전류 $I_W$

$$I_W \geq (I_M의 \ 합계) \times 1.1$$

### 전동기 정격전류 $I_M$합계 > 다른 기기 정격전류 $I_H$합계의 저압간선 전선의 굵기

전동기의 정격전류 $I_M$의 합계

**50A 이하의 경우**
- 저압간선의 전선 허용전류 $I_W$

$$I_W \geq (I_M의 \ 합계) \times 1.25 + (I_H의 \ 합계)$$

**50A를 초과하는 경우**
- 저압간선의 전선 허용전류 $I_W$

$$I_W \geq (I_M의 \ 합계) \times 1.1 + (I_H의 \ 합계)$$

## 저압간선에 사용하는 전선의 굵기를 결정하는 방법  −전동기·전등·가열장치 등에 전기 공급−

* 저압간선 전선의 굵기는, 다음과 같이 결정한다.
- 저압간선의 전선은, 저압간선의 각 부분마다, 그 부분을 통하여 공급되는 전기사용 기계기구의 정격전류의 합계 이상의 허용전류가 있는 전선으로 한다.
* 주택의 저압 간선의 전선 굵기는 20A 배선용 차단기 분기회로의 경우, 분기회로의 수에 따라 상란 좌측 표에 나타내는 값 이상의 굵기로 하면 좋다.
* 전동기에 공급하는 저압간선의 전선 굵기는, 다음의 값 이상의 허용전류가 있는 전선으로 한다.
  (1) 저압 간선에 연결하는 전동기의 정격전류 $I_M$의 합계가 50A 이하의 경우, 저압간선의 전선 허용전류 $I_W$는, 전동기의 정격전류 $I_M$ 합계의 1.25배로 한다.
  (2) 저압간선에 연결하는 전동기의 정격전류 $I_M$의 합계가 50A를 초과하는 경우, 저압간선의 전

선 허용전류 $I_W$는, 전동기의 정격전류 $I_M$ 합계의 1.1배로 한다.
* 전동기와 전등, 가열장치, 기타의 전력장치 등을 합쳐서 공급하는 저압간선의 전선 굵기는, 다음의 값 이상의 허용전류가 있는 전선으로 한다.
- 저압간선에 연결되는 부하 중, 전동기 또는 이것과 유사한 시동전류가 큰 기기의 정격전류 $I_M$의 합계가, 다른 전기사용 기계기구의 정격전류 $I_H$합계 보다 큰 경우, 저압간선 전선의 허용전류 $I_W$는, 다른 전기사용 기계기구 정격전류 $I_H$의 합계에 하기 (1), (2)의 값을 더한 값 이상으로 한다.
  (1) 전동기의 정격전류 $I_M$의 합계가 50A 이하의 경우는, 그 정격전류 $I_M$의 합계의 1.25배.
  (2) 전동기의 정격전류 $I_M$의 합계가 50A를 초과하는 경우는, 그 정격전류 $I_M$의 합계의 1.1배.

# 23 절연전선·케이블의 허용전류

공사방법의 허용전류(A), PVC 절연, 2개 부하 도체, 구리 또는 알루미늄, 도체 온도 : 70℃, 주위온도 : 기중 40℃, 지중 30℃

| 도체의 공칭 단면적 mm² | 설치방법 | | | | | | |
|---|---|---|---|---|---|---|---|
| | A1 | A2 | B1 | B2 | C | D1 | D2 |
| 1 | 2 | 3 | 4 | 5 | 6 | 7 | 8 |
| 구리 | | | | | | | |
| 1.5 | 12.5 | 12 | 15 | 14 | 17 | 19.5 | 19.5 |
| 2.5 | 17 | 16 | 21 | 20 | 23 | 26 | 25 |
| 4 | 23 | 22 | 28 | 26 | 31 | 33 | 34 |
| 6 | 30 | 28 | 36 | 33 | 40 | 41 | 43 |
| 10 | 40 | 37 | 50 | 45 | 55 | 53 | 57 |
| 16 | 53 | 50 | 66 | 60 | 74 | 69 | 74 |
| 25 | 67 | 65 | 88 | 78 | 97 | 88 | 98 |
| 35 | 86 | 80 | 109 | 97 | 120 | 106 | 117 |
| 50 | 104 | 96 | 131 | 116 | 146 | 125 | 139 |
| 70 | 131 | 121 | 167 | 146 | 185 | 154 | 171 |
| 95 | 158 | 1456 | 202 | 175 | 224 | 182 | 205 |
| 120 | 183 | 167 | 234 | 202 | 260 | 206 | 232 |
| 150 | 209 | 191 | 261 | 224 | 299 | 232 | 261 |
| 185 | 238 | 216 | 297 | 2566 | 341 | 260 | 295 |
| 240 | 279 | 253 | 348 | 299 | 401 | 299 | 340 |
| 300 | 319 | 291 | 398 | 343 | 461 | 337 | 380 |

## 절연전선·케이블의 허용전류는 절연 종류·주위온도·시설방법에 따라 다르다

* 절연 전선과 케이블의 허용전류란, 절연 전선과 케이블에 통하게 하는 최대의 전류값을 말한다.
* 절연전선과 케이블에는, 저항 $R$이 있으므로, 전류 $I$가 흐르면, 전류의 제곱에 비례하는 줄 열($I^2R$)이 발생한다.
● 발열량은, 전류값이 클 수록 많아지므로, 그 발열로 절연전선과 케이블의 도체가 가열되어, 이것을 통해 피복된 절연물이나 시스가 열화, 용융, 소손에 이르기 때문에 절연전선이나 케이블은 허용전류의 수치를 정하여, 통하게 하는 전류값을 제한하고 있다.
* 절연전선과 케이블의 허용전류는 피복에 이용되는 절연물의 종류, 주위온도, 금속관공사, 케이블 공사 등의 시설방법에 따라 다르다.
* 절연전선 등을 전선관에 많이 수용하면 밀접하게 접촉되기 때문에 방열성능이 악화된다.

● 방열성능의 악화는, 허용전류의 저감에 연결되므로 통하게 하는 전류값을 낮게 할 필요가 있고, 이것을 전류감소계수라 하며, 통하는 전류는 허용 전류값에 전류감소계수를 곱한 값이 된다.
* 허용전류에 의한 절연전선·케이블을 선정함에 있어서는, '절연전선·케이블의 허용전류＞과전류 차단기의 정격전류＞부하전류'를 기본으로 하는 것이 좋다.
* 공사방법(A)의 허용전류를 상란에 나타낸다.
* 저압배선중의 전압강하는, 간선과 분기회로에서 각각 표준전압의 2% 이하로 한다.
  －인입선 부착점에서 인입구까지의 부분도 간선에 포함한다－
* 전선사용 장소 내의 변압기를 통해 공급되는 경우의 간선의 전압강하는 3% 이하로 한다.

## 24 저압 옥내 간선의 간편 설계 –간선전류가 특정되어 있는 경우–

### 간선의 굵기, 개폐기 및 과전류차단기의 용량     –저압 옥내 간선–

| 최대 상정 부하 전류 (A) | 배선종류에 의한 간선의 동 전선 최소 굵기 (㎟) | | | | | | | | | | | | 개폐기의 정격 (A) | 과전류차단기의 정격(A) | |
| --- | --- | --- | --- | --- | --- | --- | --- | --- | --- | --- | --- | --- | --- | --- | --- |
| | 공사방법 A1 | | | | 공사방법 B1 | | | | 공사방법 C | | | | | | |
| | 2개선 | | 3개선 | | 2개선 | | 3개선 | | 2개선 | | 3개선 | | | B종 퓨즈 | A종 퓨즈 또는 배선용 차단기 |
| | PVC | XLPE, EPR | PVC | XLPE, EPR | PVC | XLPE, EPR | PVC | XLPE, EPR | PVC | XLPE, EPR | PVC | XLPE, EPR | | | |
| 20 | 4 | 2.5 | 4 | 2.5 | 2.5 | 2.5 | 2.5 | 2.5 | 2.5 | 2.5 | 2.5 | 2.5 | 30 | 20 | 20 |
| 30 | 6 | 4 | 6 | 4 | 4 | 2.5 | 6 | 4 | 4 | 2.5 | 4 | 2.5 | 30 | 30 | 30 |
| 40 | 10 | 6 | 10 | 6 | 6 | 4 | 10 | 6 | 6 | 4 | 6 | 4 | 60 | 40 | 40 |
| 50 | 16 | 10 | 16 | 10 | 10 | 6 | 10 | 10 | 10 | 6 | 10 | 6 | 60 | 50 | 50 |
| 60 | 16 | 10 | 25 | 16 | 16 | 10 | 16 | 10 | 10 | 10 | 16 | 10 | 60 | 60 | 60 |
| 75 | 25 | 16 | 35 | 25 | 16 | 10 | 25 | 16 | 16 | 10 | 16 | 16 | 100 | 75 | 75 |
| 100 | 50 | 25 | 50 | 35 | 25 | 16 | 35 | 25 | 25 | 16 | 35 | 25 | 100 | 100 | 100 |
| 125 | 70 | 35 | 70 | 50 | 35 | 25 | 50 | 35 | 35 | 25 | 50 | 35 | 200 | 125 | 125 |
| 150 | 70 | 50 | 95 | 70 | 50 | 35 | 70 | 50 | 50 | 35 | 70 | 50 | 200 | 150 | 150 |
| 200 | 95 | 70 | 120 | 70 | 70 | 50 | 95 | 50 | 70 | 50 | 70 | 50 | 200 | 200 | 175 |
| 250 | 120 | 70 | 150 | 95 | 95 | 70 | 95 | 70 | 70 | 50 | 95 | 70 | 200 | 200 | 200 |
| 300 | 185 | 120 | 240 | 150 | 120 | 70 | – | 95 | 95 | 70 | 120 | 95 | 300 | 250 | 250 |
| 350 | 240 | 150 | 300 | 185 | – | 95 | – | 120 | 150 | 95 | 185 | 120 | 300 | 300 | 300 |
| 400 | 300 | 185 | – | 240 | – | 120 | – | – | 185 | 120 | 240 | 150 | 400 | 400 | 350 |
| | – | 240 | – | 300 | – | – | – | – | 240 | 150 | 240 | 185 | 400 | 400 | 400 |

## 24 저압 옥내 간선의 간편 설계 –간선전류가 특정되어 있는 경우–

[비고1] 단상 3선식 또는 3상 4선식 간선에서 전압강하를 감소하기 위하여 전선을 굵게 할 경우라도 중성선은 표의 값보다 굵은 것으로 할 필요는 없다.

[비고2] 1. 간선의 중성선 부하부담은 회로에 발생할 수 있는 최대불평형 부하에 의하여 결정되어야 하며 최대불평형 부하는 중성선과 전압측 전선간의 부하로 산출하여야 한다.

2. 가정용 전기레인지, 오븐, 조리기구, 전기건조기에 전원을 공급하기 위한 간선의 중성선은 전압 측 전선간의 최대부하의 70% 이상이어야 한다.

3. 직류 3선식, 고류 단상 3선식, 3상 4선식 계통의 간선 중 중성선은 최대 불평형 전류가 200A를 초과하는 전류에 한하여 70% 이상으로 한다. 다만, 고조파가 발생하는 장소에서 중성선의 굵기는 전압선과 동일하게 하여야 한다.

    예: 최대 불평형 전류가 300A시 200A는 100%, 나머지 100A는 70% 즉 70A가 되므로 중성선의 허용전류는 270A 이상이어야 한다.

4. 전기방전등이나 데이터처리장치(Data Processing) 또는 이와 유사한 기구에 공급되는 전원이 3상 4선식 Y결선인 경우의 간선 중 중성선은 줄여서는 안 된다.

[비고3] 최소 전선 굵기는 1회선에 대한 것이며, 2회선 이상일 경우는 부록 500-2의 복수회로 보정계수를 적용하여야 한다.

[비고4] 공사방법 A1은 벽 내의 전선관에 공사한 절연전선 또는 단심케이블. B1은 벽면의 전선관에 공사한 절연전선 또는 단심케이블. 공사방법 C는 벽면에 공사한 단심 또는 다심케이블을 시설하는 경우의 전선 굵기를 표시하였다.

[비고5] B종퓨즈의 정격전류는 전선의 허용전류의 0.96배를 초과하지 않는 것으로 한다.

[비고6] 이 표의 전선 굵기 및 허용전류는 부록 500-2에서 공사방법 A1, 공사방법 B1, 공사방법 C는 표 A.52-2~A.52-5에 의한 값으로 하였다.

# 5 저압 옥내 배선의 간선에서 분기하는 분기회로

## 25 분기회로는 간선에서 분기하여 부하에 이르는 배선을 말한다

### 저압 옥내 배선의 분기회로

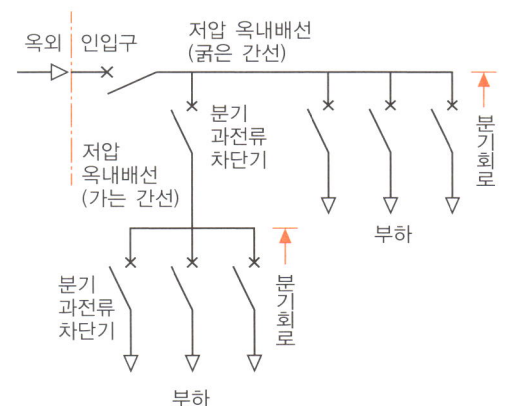

### 저압 옥내배선의 분기회로 종류

| 분기회로 종류 | 분기과전류 차단기의 정격전류 |
|---|---|
| 15A 분기회로 | 15A |
| 20A 배선용 차단기 분기회로 | 20A(배선용 차단기) |
| 20A 분기회로 | 20A(퓨즈) |
| 30A 분기회로 | 30A |
| 40A 분기회로 | 40A |
| 50A분기회로 | 50A |
| 50A를 초과하는 분기회로 | 배선의 허용전류 이하 |

### 분기회로의 종류는 분기과전류 차단기의 정격전류에 의해 구분 된다

* 분기회로는, 간선에서 분기하여 분기과전류 차단기를 거쳐, 부하에 이르는 사이의 배선을 말한다.

● 분기과전류 차단기는, 분기회로마다 시설하는 것으로서, 그 분기회로를 과부하전류, 단락전류에서 보호하는 과전류 차단기를 말한다
  −분기과전류 차단기로서는, 일반적으로 배선용 차단기 또는 퓨즈가 이용되고 있다.−

* 분기회로에는, 저압간선(굵은간선 : 21항 참조)에서 직접 분기하여, 분기과전류 차단기를 거쳐 전등·콘센트 등의 부하에 이르는 배선이 있다.

● 또, 분기회로에는, 저압간선(굵은 간선)에서 분리되어, 가는 전선을 사용하는 저압간선(가는 간선)에서 분기하여, 분기 과전류 차단기를 거쳐

부하에 이르는 사이의 배선도 있다.

* 분기회로의 종류는, 분기회로를 보호하는 분기 과전류 차단기의 정격전류에 따라, 15A 분기회로, 20A 분기회로, 30A 분기회로, 40A 분기회로, 50A 분기회로, 50A를 초과하는 분기회로로 구분되고 있다.

● 예를 들어, 15A 분기회로란, 분기 과전류 차단기의 정격전류가 15A 이하를 말한다.

● 20A 분기회로에는, 정격전류가 15A를 초과하여 20A 이하의 배선용 차단기를 통한 회로와, 정격전류가 15A를 초과하여 20A 이하의 배선용 차단기 이외(퓨즈)를 통한 회로가 있다.

* 모든 부하는, 상란에 나타내는 분기회로의 구분 중 하나로 시설하게 되어 있다.

**125**

## 26 주택의 분기회로 수

### 일반 주택의 분기회로 수 (내선규정 3605-3)

| 주택의 면적 [m²] | 바람직한 분기회로 수(220V 기준) | | | | |
|---|---|---|---|---|---|
| | 계 | 내역 | | | |
| | | 전등용 | 일반 콘센트용 | | α(개별로 산출한 분기회로 수) |
| | | | 부엌용 | 부엌용 이외 | |
| 50(20평) 이하 | 3+α | 1 | 1 | 1 | α의 값은 주방용 대형 기기(정격소비전력이 공칭전압 220V는 3KW 이상)인 냉난방장치용 등 필요에 따라서 증가되는 분기회로 수 |
| 70(20평) 이하 | 3+α | 1 | 1 | 1 | |
| 100(30평) 이하 | 4+α | 1 | 1 | 2 | |
| 130(40평) 이하 | 5+α | 1 | 2 | 1 | |
| 170(50평) 이하 | 6+α | 2 | 2 | 1 | |
| 170(50평) 초과 | 7+α | 2 | 2 | 2 | |

### 주택에서의 설비부하용량과 필요 최소 분기 회로 수

- 설비부하용량[VA]=주택의 바닥면적[m²]×표준부하(30[VA/m²])+(500~1,000)[VA]
- 필요한 최소 분기회로 수=설비 부하 용량[VA]/3,300[VA]

### 필요한 최소 분기회로 수는 설비 부하 용량에서 산출한다

* 사용전압 220V의 15A, 20A(배선용차단기에 한한다) 분기회로 수는 부하의 상정에 따라 상정한 설비부하용량(전등 및 소형 전기기계기구에 한한다)을 3,300VA로 나눈 값(사용전압이 110V인 경우에는 1,650VA로 나눈 값)을 원칙으로 한다. 이 경우 계산결과에 단수(端數)가 생겼을 때에는 절상한다.

(1) 사용전압이 220V인 경우
설비부하 7,050VA를 3,300VA로 나누어 회로수를 구한다.
7,050VA÷3,300VA=2.14
가 되어 단수를 절상하면 3회로가 된다. 또한 그밖에 3KW의 룸 에어컨이 설치되어 있으므로 별도로 1회로를 추가하면 합계 회로 수는 4회로가 된다.

(2) 사용전압이 110V인 경우
설비부하 7,050VA를 1,650VA로 나누어 회로수를 구한다.
7,050VA÷1,650VA=4.27
이 되어 단수를 절상하면 5회로가 된다. 또한 그밖에 3KW의 룸 에어컨이 설치되어 있으므로 별도로 1회로를 추가하면 합계 회로 수는 6회로가 된다.

* 주택의 분기회로 수는 위의 표를 참고할 것. 또한 표의 분기회로 수는 표준적인 것을 나타내는 것으로 설계에서는 적절히 증가시켜도 된다.

* 연속부하가 있는 분기회로의 부하용량은 그 분기회로를 보호하는 과전류차단기의 정격 전류의 80%를 초과하지 않을 것.

# 27 분기회로에 개폐기 과전류 차단기 설치

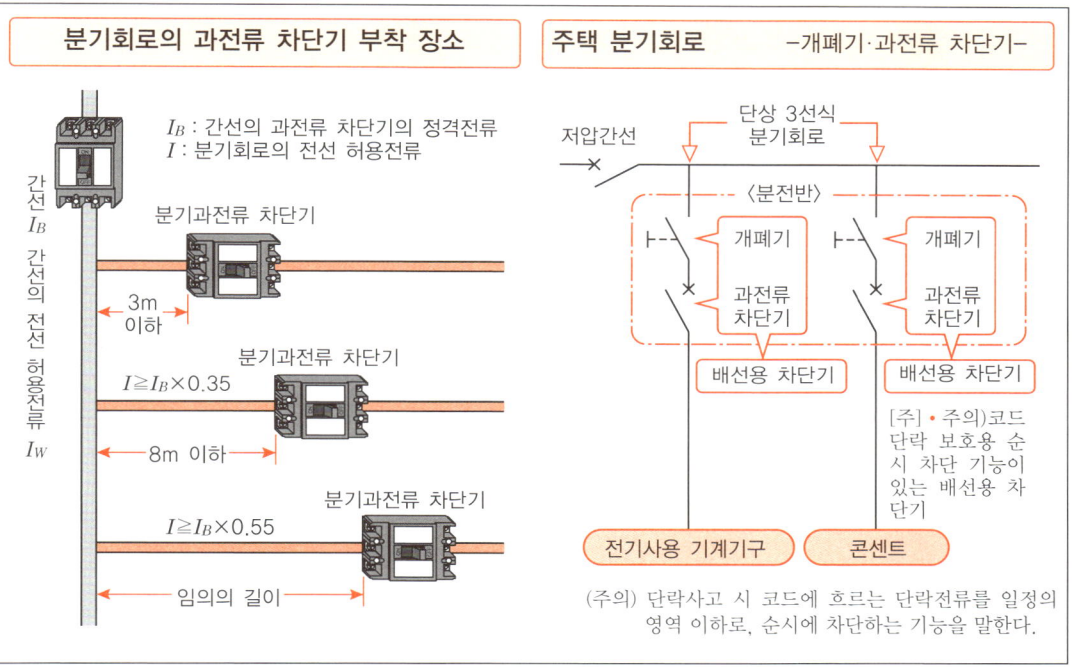

## 분기회로의 과전류 차단기 부착 장소

$I_B$ : 간선의 과전류 차단기의 정격전류
$I$ : 분기회로의 전선 허용전류

간선 $I_B$
간선의 전선 허용전류 $I_W$

분기과전류 차단기
3m 이하

분기과전류 차단기
$I \geqq I_B \times 0.35$
8m 이하

분기과전류 차단기
$I \geqq I_B \times 0.55$
임의의 길이

## 주택 분기회로  –개폐기·과전류 차단기–

저압간선

단상 3선식 분기회로

〈분전반〉

개폐기
과전류 차단기
배선용 차단기

개폐기
과전류 차단기
배선용 차단기

[주] • 주의)코드 단락 보호용 순시 차단 기능이 있는 배선용 차단기

전기사용 기계기구 | 콘센트

(주의) 단락사고 시 코드에 흐르는 단락전류를 일정의 영역 이하로, 순시에 차단하는 기능을 말한다.

## 분기회로의 개폐기·과전류 차단기의 부착 장소

\* 저압옥내배선의 간선에서 분기하는 분기회로를 과부하전류와 단락전류로부터 보호되는 과전류 차단기는, 간선과의 분기점에서 전기사용 기계기구에 이르는 전선의 길이가 3m이하의 자리에 설치한다.

\* 저압간선과의 분기점에서 과전류 차단기까지의 분기회로의 전선이 아래와 같이 나타내는 경우에는, 분기점에서 3m를 초과하는 자리에 과전류 차단기를 시설할 수 있다.

● 분기회로의 전선 허용전류 $I$가 그 전선에 연결되는 저압간선을 보호하는 과전류 차단기의 정격전류 $I_B$의 55% 이상인 경우, 분기점에서 3m를 초과하는 임의의 길이의 자리에 시설할 수 있다.

● 분기회로의 전선 길이가 8m 이하이며, 또한 전선 허용전류 $I$가 그 전선으로 연결되는 저압 간선을 보호하는 과전류 차단기의 정격전류 $I$의 35% 이상인 경우, 분기점에서 8m 이하의 자리

에 시설할 수 있다.

\* 정격전류가 50[A]를 초과하는 전기사용 기계기구에 이르는 분기회로에 시설하는 과전류 차단기의 정격전류는, 전기사용 기계기구의 정격전류를 1.3배한 값을 초과하지 않는 것으로 한다.

\* 저압 간선에서 분기되는 분기회로에는, 개폐기를 시설한다.

● 분기회로에 시설되는 과전류 차단기가 개폐기의 기능을 가지고 있는 경우에는, 과전류 차단기와 별도로 개폐기를 시설할 필요는 없다.

\* 주택에 시설하는 단상 3선식 분기회로의 개폐기 및 과전류 차단기는, 분전반 내에 시설한다.

● 주택의 분기회로용의 과전류 차단기는, 배선용 차단기로 한다.

● 콘센트가 있는 분기회로에 시설하는 과전류 차단기로서의 배선용 차단기는, '코드 단락 보호용 순시 차단기능'을 갖고 있는 것으로 한다.

# 28 전동기 분기회로 과전류 차단기의 정격전류

## 전동기 분기회로 분기과전류 차단기의 정격전류

### 전동기의 정격전류

#### 50[A] 이하의 경우

$I_{B1} \leqq I_M \times 3 + (I_H \text{의 합계})$

- $I_{B1}$ : 과전류 차단기의 정격전류
- $I_M$ : 전동기의 정격전류
- $I_H$ : 다른 전기사용 기계기구 의 정격전류

#### 50[A]를 초과하는 경우

$I_{B1} \leqq I_M \times 2.75 + (I_H \text{의 합계})$

- $I_{B1}$ : 과전류 차단기의 정격전류
- $I_M$ : 전동기의 정격전류
- $I_H$ : 다른 전기사용 기계기구 의 정격전류

### 전동기 분기회로의 분기개폐기 정격전류

$I_S > I_{B1}$

- $I_S$ : 분기개폐기의 정격전류
- $I_{B1}$ : 분기과전류 차단기의 정격전류

## 전동기의 분기회로

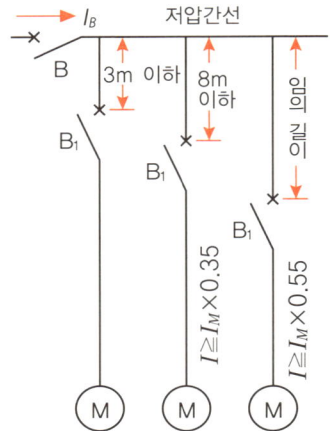

$I_B$ : 간선의 과전류 차단기의 정격전류
$I$ : 분기회로 전선의 허용전류
$B_1$ : 분기과전류 차단기

## 전동기분기회로 과전류 차단기의 설치자리와 정격전류의 결정방법

✱ 전동기의 분기회로란, 저압간선에서 분기되어, 분기개폐기 및 분기과전류 차단기를 거쳐, 전동기에 이르는 사이의 배선을 말한다.

✱ 전동기는, 1대마다 전용 분기회로를 갖추어 시설하는 것을 원칙으로 한다.

● 전동기를 전용 분기회로로 하는 것은, 전동기 및 배선에 고장이 생겼을 경우, 그 고장이 미치는 범위를 극력 한정하는 것과 동시에 보수·점검을 용이하게 하기 위해서이다.

✱ 저압간선에서 분기되어 전동기에 이르는 분기회로에는, 분기점에서 전선의 길이 3m 이하의 자리에 분기개폐기 및 분기과전류 차단기를 시설하는 것을 원칙으로 한다.
 –분기회로의 전선 길이를 '긍장'이라고 한다–

● 전동기의 분기회로에 설치하는 분기개폐기와 분기과전류 차단기는, 앞에 기록한 내용($I \geqq I_B \times 0.55$, $I \geqq I_B \times 0.35$)을 부합하는 경우, 분기점에 서 3m를 초과하는 자리인 '임의의 길이의 자리' 또는 '8m 이하의 자리'에 시설할 수 있다.

✱ 전동기의 분기회로에 부착하는 분기개폐기의 정격전류 $I_S$는, 분기과전류 차단기의 정격전류 $I_B$ 이상으로 한다.

✱ 전동기에 전기를 공급하는 분기회로에 부착하는 과전류 차단기의 정격전류는 다음과 같다.

● 전동기의 정격전류 $I_M$이 50[A] 이하의 경우, 과전류 차단기의 정격전류 $I_{B1}$은, 전동기의 정격전류 $I_M$의 3배로, 다른 전기사용 기계기구의 정격전류 $I_H$의 합계를 더한 값 이하로 한다.

● 전동기의 정격전류 $I_M$이 50[A]를 초과한 경우, 과전류 차단기의 정격전류 $I_{B1}$은, 전동기의 정격전류 $I_M$의 2.75배에 다른 전기사용 기계기구의 정격전류 $I_H$의 합계를 더한 값 이하로 한다.

✱ 분기과전류 차단기는, 분기회로에 시설되는 과부하 보호 장치와 보호 협조 유지가 요구된다.

# 29 분기회로 전선의 굵기와 허용전류

## 분기회로 전선의 굵기
−「전기설비 기술기준·해설」제 149조−

| 분기회로의 종류 | 분기회로 일반 | | 분기점에서 하나의 수구(콘센트는 제외)에 이르는 부분(길이 3m 이하일 때에 한한다) |
|---|---|---|---|
| | 동 전선의 굵기(mm²) | 라이팅덕트 | 동 전선의 굵기(mm²) |
| 15A | 2.5(1.0) | 15A | − |
| 20A 배선용차단기 | 2.5(1.0) | 15A 또는 20A | − |
| 20A (퓨즈에 한한다) | 4(1.5) | 20A | 2.5(1.0) |
| 30A | 6(2.5) | 30A | 2.5(1.0) |
| 40A | 10(6) | | 4(1.5) |
| 50A | 16(10) | | 4(1.5) |
| 50A 초과 | 해당 과전류차단기의 정격전류 이상의 허용전류를 가지는 것 | | |

## 전동기 분기회로 전선의 허용전류

### 전동기 정격전류가 50[A] 이하의 경우

$$I_{W1} \geqq I_M \times 1.25$$

$I_{W1}$ : 분기회로 전선의 허용전류
$I_M$ : 전동기의 정격전류

### 전동기 정격전류가 50[A]를 초과하는 경우

$$I_{W1} \geqq I_M \times 1.1$$

$I_{W1}$ : 분기회로 전선의 허용전류
$I_M$ : 전동기의 정격전류

## 분기회로에 따른 전선의 굵기가 다르다
−전동기 분기회로 전선의 허용전류−

* 저압 옥내배선의 간선에서 분기되는 분기회로 전선의 굵기는, 분기회로 종류에 따라 상란의 표에 나타내는 값 이상의 연동선, 또는 이것과 동등 이상의 허용전류가 되는 전선, 또는 굵기가 위의 표에 나타내는 값 이상의 MI 케이블로 한다.
−MI케이블은 무기절연 케이블이라고도 하며, 구리 도체를 산화 마그네슘과 구리 피복 안에 무기절연된 케이블을 말한다.−

● 간선의 분기점에서 전선 길이가 3m 이하의 부분에, 하나의 콘센트·소켓 등을 만든 경우의 전선 허용전류는 이 전선을 흐르는 부하전류 이상의 것으로 한다.

● 15A 분기회로 또는 20A 배선용 차단기 분기회로의 전선은, 정격전류가 15A 이하의 콘센트·소켓 등을 만든 경우이며, 분기과전류 차단기에서 콘센트·소켓 등의 분기점까지의 전선 굵기는

2mm(구리)로 하고, 분기점에서 이에 도달하는 전선의 굵기는 1.6mm(구리)로 한다.

* 정격전류가 50A를 초과하는 하나의 전기사용 기계기구(전동기를 제외)에 이르는 분기회로의 전선 허용전류는, 전기사용기계기구 및 과전류 차단기의 정격전류 이상으로 한다.

* 전동기나 시동전류가 큰 전기사용 기계기구만으로 이르는 분기회로 전선의 허용전류는, 과전류 차단기의 정격전류의 2.5분의 1 이상으로 한다.

* 단독으로 연결 운전하는 전동기 등으로 공급되는 분기회로 전선은 다음과 같다.

● 전동기 등의 정격전류가 50A 이하의 경우는 그 정격전류의 1.25배 이상의 허용전류가 되는 전선.

● 전동기 등의 정격전류가 50A를 초과하는 경우에는 그 정격전류의 1.1배 이상의 허용전류가 되는 전선.

# 30 주택용 콘센트는 넓이·용도에 따라 시설한다

거실

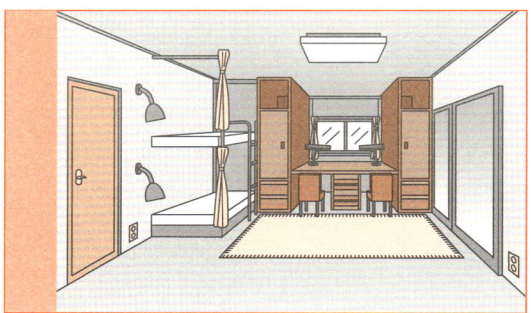

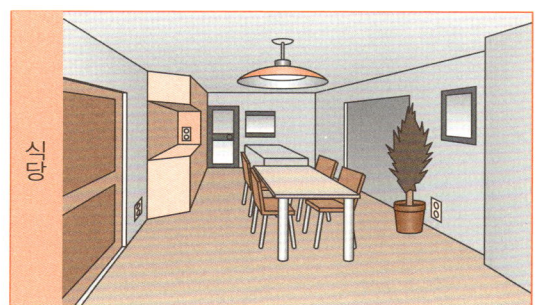

식당

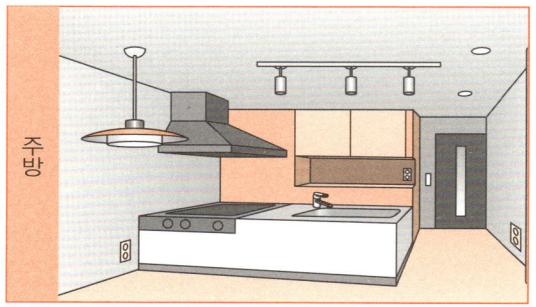

주방

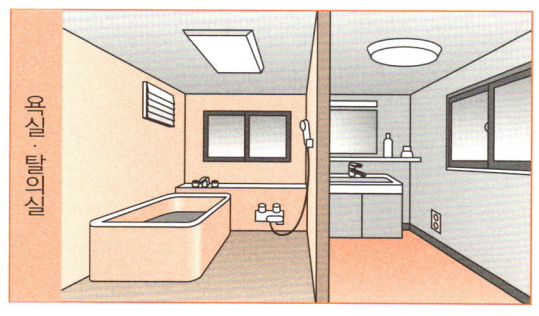

욕실·탈의실

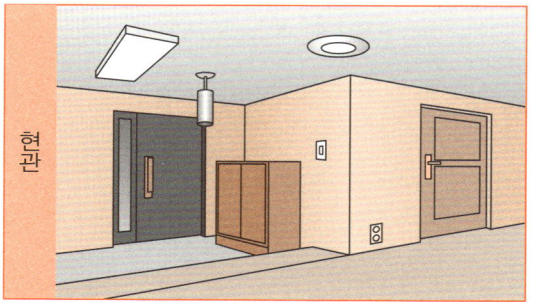

현관

주택의 콘센트 수

| 방의 크기 | 표준적인 설치 수 | 바람직한 설치 수 |
|---|---|---|
| 5m² 미만 | 1 | 2 |
| 5m² 이상 10m² 미만 | 2 | 3 |
| 10m² 이상 15m² 미만 | 3 | 4 |
| 15m² 이상 20m² 미만 | 3 | 5 |
| 부엌 | 2 | 4 |

[비고1] 콘센트는 구수(口數)에 관계없이 1개로 본다.
[비고2] 콘센트는 2구 이상 콘센트를 설치하는 것이 바람직하다.
[비고3] 대형 전기기계기구의 전용콘센트 및 환풍기, 전기시계 등을 벽에 붙이는 전용콘센트는 위 표에 포함되어 있지 않다.
[비고4] 다용도실이나 세면장에는 방수형 콘센트를 시설하는 것이 바람직하다.

# 6 조명설비는 인공 광원으로 시환경을 확보한다

## 31 조명설비는 전기 에너지를 빛 에너지로 변환한다

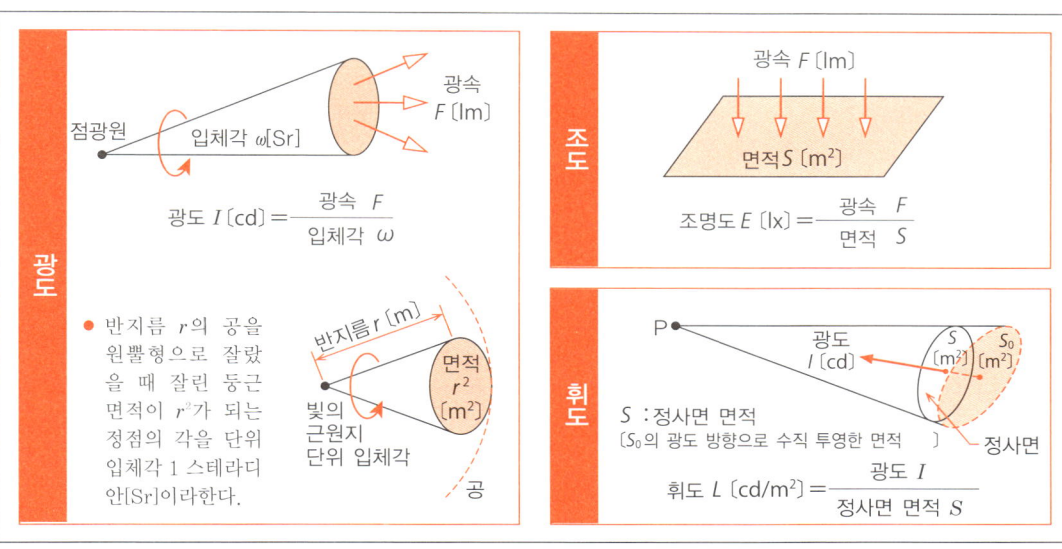

광도 $I$ [cd] $=\dfrac{\text{광속 } F}{\text{입체각 } \omega}$

● 반지름 $r$의 공을 원뿔형으로 잘랐을 때 잘린 둥근 면적이 $r^2$가 되는 정점의 각을 단위 입체각 1 스테라디안[Sr]이라한다.

조명도 $E$ [lx] $=\dfrac{\text{광속 } F}{\text{면적 } S}$

$S$ : 정사면 면적
〔$S_0$의 광도 방향으로 수직 투영한 면적〕

휘도 $L$ [cd/m²] $=\dfrac{\text{광도 } I}{\text{정사면 면적 } S}$

---

### 조명에 사용되는 용어
−광속·광도·조도·휘도−

\* 조명설비는, 전기 에너지를 빛 에너지로 변환하여, 그 빛을 우리들의 생활에 도움이 되도록 만든 설비를 말한다.
\* 조명설비는, 건물과 시설 등의 자연채광이 잘 안 드는 장소나 밤에, 인공광원을 통해 시환경을 확보한다.
\* 조명에 자주 사용되는 용어에 관해서 아래에 설명한다.
\* 광속(光束) – 기호 : $F$, 단위 : 루멘[lm]
광속은, 방사속을 시각을 통해 잰 양을 말한다. 방사속은, 전자파나 광자(光子)의 형태로 방사나 입사하는 단위 시간당 공간을 전반하는 방사 에너지를 말한다.
\* 광도(光度) – 기호 : $I$ 단위 : 칸델라[cd]

광도는, 어느 방향의 빛의 강도를 말하며, 점광원에서 어떤 방향으로 향하는 광속을, 그 광원을 정점으로 하여, 그 방향에 단위 입체각 당 발산하는 광속으로 환산한 값을 말한다.
\* 조명도(照明度) – 기호 : $E$ 단위 : 룩스[lx]
조명도는, 광원을 통해 비치는 면의 밝기의 정도를 뜻하며, 주어진 점을 포함한 아주 작은 면에 입사한 광속을 단위 면적으로 환산한 값을 말한다.
수평면 조명도란, 어느 점을 포함하는 수평면상의 면에 수직방향의 조명도를 말한다.
\* 휘도(輝度) – 기호 : $L$, 단위 : [cd/m²]
휘도는, 어느 방향에서 본 눈부심을 나타내며, 단위 면적 당의 광도를 말한다.

# 32 조명방식에는 여러 가지가 있다

| 조명설비의 배광분류 | 분류 | | 직접 조명 방식 | 반직접 조명방식 | 전반 확산 조명방식 | 반간접 조명방식 | 간접 조명방식 |
|---|---|---|---|---|---|---|---|
| | 배광곡선 | 상반구 광속 | | | | | |
| | | 하반구 광속 | | | | | |

| 조명설비의 배치분류 | 전반 조명방식 | 국부적 전반 조명방식 | 국부 조명방식 | Task·Ambient 조명방식 |
|---|---|---|---|---|
| | 광원 | 광원  광원 | 광원  광원 | 광원  주변(전반)조명  광원  작업(국부)조명 |

## 조명방식의 광원 종류·조명기구의 배광·조명기구의 배치에 의한 분류

✽ 조명방식이란, 어떤 광원. 조명기구의 종류와 배치에 따라 조명할 것인가를 말한다.

〈사용하는 광원 종류에 의한 분류〉
● 전구(LED) 조명방식, ● 형광등 조명방식,
● 수은등 조명방식, ● 나트륨등 조명방식

〈조명기구의 배광에 의한 분류〉
✽ 배광은, 조명기구에서 나오는 빛의 공간 각 방향의 광도의 각도에 대한 분포를 말하며, 각 방향의 광도분포를 그린 곡선을 배광곡선이라 한다.
● 직접조명방식 : 광원에서의 빛이, 직접 빛으로서 피조면을 비추는 방식을 말한다.
● 반직접 조명방식 : 광원에서의 빛으로 피조면을 비춰 일부가 천장을 비추는 방식을 말한다.
● 전반 확산 조명방식 : 광원을 젖빛 유리, 창호지, 천 등의 씌우개(투과성을 덮음)로 싸서 조명하는 방식을 말한다.
● 반간접 조명방식 : 대부분은 천장, 벽에서 반사

한 빛에 의해 밝히며, 일부의 빛이 직접 피조면을 비추는 방식을 말한다.
● 간접 조명방식 : 광원의 빛이 천장, 벽 등에서 반사한 빛으로 피조면을 비추는 방식을 말한다.

〈조명기구의 배치에 따른 분류〉
● 전반 조명방식 : 조명하려고 하는 실내전체 또는 대상물을 한결같은 밝기로 조명하는 방식으로 균일조명이라고도 한다.
● 국부 조명방식 : 각각의 작업, 특정 대상물에 한정한 소범위만을 조명하는 방식을 말한다.
● 국부적 전반 조명방식 : 세밀한 작업을 하는 실내 공간에는 높은 조명도를 주고, 다른 공간에는 평균적인 조명을 부여하는 방식을 말한다.

〈작업·주변(국부·전반) 조명방식〉
● 작업영역(태스크)의 공간에는 전용 국부조명을 설치하고, 천장, 벽 등의 주변(앰비엔트)에는 간접조명을 통해 조명하는 방식을 말한다.

# 33 사무소·공장·주택의 유지 조명도

| 사무소 | 단위 : [lx] |
| --- | --- |
| 영역·작업·활동 | 유지조명도 |
| 설계·제도 | 750 |
| 키보드 조작 | 500 |
| 설계실, 제도실 사무실, 임원실 | 750 |
| 전자계산기실 집중감시실 제어실, 인쇄실 조리실, 진찰실 수위실 | 500 |
| 접수 | 300 |
| 회의실, 응접실 집회실 | 500 |
| 숙직실, 식당 | 300 |
| 탕비실, 카페 오피스 라운지 서고, 탈의실 화장실, 세면장 전기실, 기계실 전기·기계실 배전 ·계기반 | 200 |
| 창고 | 100 |
| 계단 | 150 |
| 옥내 비상계단 | 50 |
| 복도, 엘리베이터 | 100 |
| 엘리베이터 홀 | 300 |
| 현관 홀 (주간) | 750 |
| 현관홀 (야간), 현관 차 대는 곳 | 100 |

| 공장 | 단위 : [lx] |
| --- | --- |
| 영역·작업·활동 | 유지조명도 |
| 정밀기계, 전자부품의 제조, 인쇄공장에서의 매우 세밀한 시각 작업, 예를 들어, 조립a, 검사a, 시험a, 선별a, | 1,500 |
| 섬유공장에서의 선별, 검사, 인쇄공장에서의 조판, 교정, 화학공장에서의 분석 등의 세밀한 시각 작업, 예를 들어, 조립b, 검사b, 선별b | 750 |
| 일반작인 제조공장 등에서의 보통 시각 작업. 예를 들어, 조립 c, 시험 c, 선별 c, 포장 a | 500 |
| 거친 시각 작업에서 한정된 작업, 예를 들어, 포장 b, 짐꾸리기 b, c | 200 |
| 거친 시각 작업에서 한정된 작업, 예를 들어, 포장 c, 짐꾸리기 b, c | 100 |
| 설계·제도 | 750 |
| 제어실 등의 계기반, 제어반의 감시 | 500 |
| 창고내의 사무 | 300 |
| 하물 적재, 하물 하역, 하물 이동 | 150 |
| 설계실, 제도실 | 750 |
| 제어실 | 200 |
| 작업을 동반하는 창고 | 200 |
| 창고 | 100 |
| 전기실, 공조기계실 | 200 |
| 화장실, 세면장 | 200 |
| 계단 | 150 |
| 옥내비상계단 | 50 |
| 복도, 통로, 출입구 | 100 |

| 주택 | | 단위 : [lx] |
| --- | --- | --- |
| 영역·작업·활동 | | 유지조명도 |
| 거실 | 수예 | 1,000 |
| | 단란 | 200 |
| | 전반 | 50 |
| 서재 | 독서 | 750 |
| | 전반 | 100 |
| 아이방 | 공부 | 750 |
| | 놀이 | 200 |
| | 전반 | 100 |
| 응접실 양실 | 테이블 | 200 |
| | 소파 | 200 |
| | 전반 | 100 |
| 좌식 | 의자 | 200 |
| | 전반 | 100 |
| 식당 | 식탁 | 300 |
| | 전반 | 50 |
| 부엌 | 조리대 | 300 |
| | 전반 | 100 |
| 침실 | 독서 | 500 |
| | 전반 | 20 |
| 화장실 욕실 | 화장 | 300 |
| | 세면 | 300 |
| | 세탁 | 200 |
| | 전반 | 100 |
| 변소 | 전반 | 75 |
| 계단 복도 | 전반 | 50 |
| | 심야 | 2 |
| 창고 | 전반 | 30 |
| 현관 | 신발장 | 200 |
| | 전반 | 100 |
| 차고 | 전반 | 50 |

- 출전 : JIS Z 9110 또는 KS A 3011(조도 기준) (조명기준 총칙) 발췌
- 유지 조명도는, 어느 면의 평균 조명도를 사용 기간 중에 밑돌지 않도록 유지해야 할 값을 말한다.
- 공장 표 안의 a는 세밀한 일, 어두운 색상의 것, 대조가 약한 것, 특히 고가의 물건, 위생과 관련이 있는 것, 정밀도 높은 것을 요구받은 경우, 작업시간이 긴 경우 등을 나타낸다. b는 a와 c의 중간 것으로 나타낸다. c는 거친 것, 밝은 색인 것, 튼튼한 것, 그렇게 고가가 아닌 것을 나타낸다.

# 34 광원에는 열방사 광원과 루미네센스 광원이 있다

### 백열전구
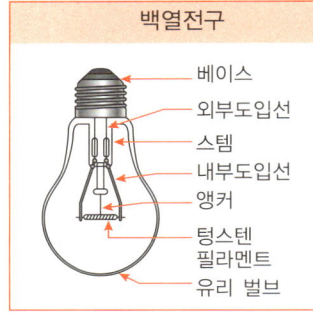
- 베이스
- 외부도입선
- 스템
- 내부도입선
- 앵커
- 텅스텐 필라멘트
- 유리 벌브

### LED램프(전구)
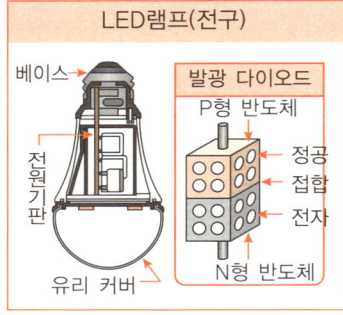
- 베이스
- 전원기판
- 유리 커버
- 발광 다이오드
  - P형 반도체
  - 정공
  - 접합
  - 전자
  - N형 반도체

### 형광등
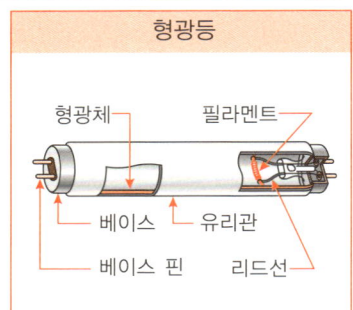
- 형광체
- 필라멘트
- 베이스
- 유리관
- 베이스 핀
- 리드선

### 수은램프
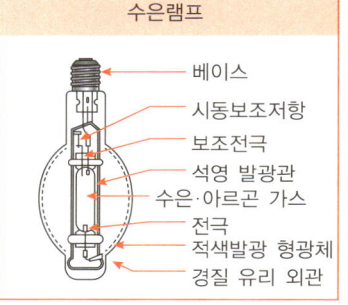
- 베이스
- 시동보조저항
- 보조전극
- 석영 발광관
- 수은·아르곤 가스
- 전극
- 적색발광 형광체
- 경질 유리 외관

### 메탈 할라이드 램프

- 베이스
- 바이메탈
- 저항
- 발광관
- 리드 와이어
- 보온재
- 게터
- 외관

### 고압 나트륨 램프
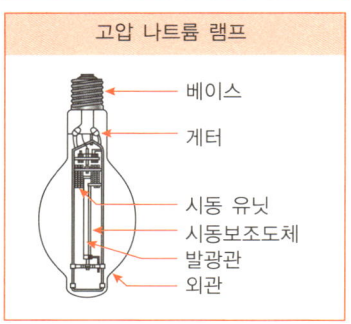
- 베이스
- 게터
- 시동 유닛
- 시동보조도체
- 발광관
- 외관

## 광원에는 백열전구·LED 램프·저압방전 램프·고압방전 램프 등이 있다

* 광원이란, 가시광을 방사하는 물체를 말하며, 방전 기구에서 물체를 가열하여 고온으로 하면 가시광이 방사되는 **열방사광원**과, 그 이외의 **루미네센스 광원**이 있다.
● 열방사광원의 대표적인 예로서 백열전구가 있으며, 코일상의 텅스텐의 필라멘트를 전류를 통해 가열하고, 그 열로 발하는 빛을 이용하고 있다.(백열 전구는 LED 램프로 이행 중)
● 루미네센스 광원에는, LED 램프, 저압방전 램프, 고압방전 램프 등이 있다.
* LED 램프의 LED란, 발광 다이오드로, 통전하면 빛을 발하는 반도체를 말한다.
● 발광 다이오드는, P형 반도체(정공 : 정(+)전하를 가진)와 N형 반도체(전자 : 부(−)전하를 가진)를 접합한 것으로, 순방향의 전압을 가하면 전류가 흘러 정공과 전자가 재결합하고, 가지고 있는 에너지의 일부를 빛 에너지로 바꾼다.

* 저압 방전 램프에는 형광등, 저압 나트륨 램프 등이 있다.
● 형광등은, 진공으로 한 유리 관 내에 수은 증기를 봉입하여, 전극간에 발생시키는 아크 방전으로 인한 전자가 수은의 원자와 충돌하여 생기는 자외선을 유리관 내면에 바른 형광체에 쪼여, 가시광으로 변환하는 방전 램프이다.
● 저압 나트륨 램프는, 관내에 봉입한 나트륨 증기 안의 방전을 통해 오렌지 색의 단색 빛을 발광하고, 자동차 전용도로 등에 이용된다.
* 고압 방전 램프는, HID라고도 말하며, 관구 내에 아르곤 가스와 수은 증기를 봉입하여, 방전을 통해 청백색의 빛을 발하는 수은 램프, 아르곤 가스와 수은 증기에 더한 할로겐화 금속의 증기를 봉입한 메탈 할라이드 램프, 아르곤 가스와 수은 증기에 더한 고압 나트륨 증기를 봉입한 고압 나트륨 램프 등이 있다.

# 35 조명기구에는 여러 종류가 있다

## 주택에 사용되는 조명기구 —예—

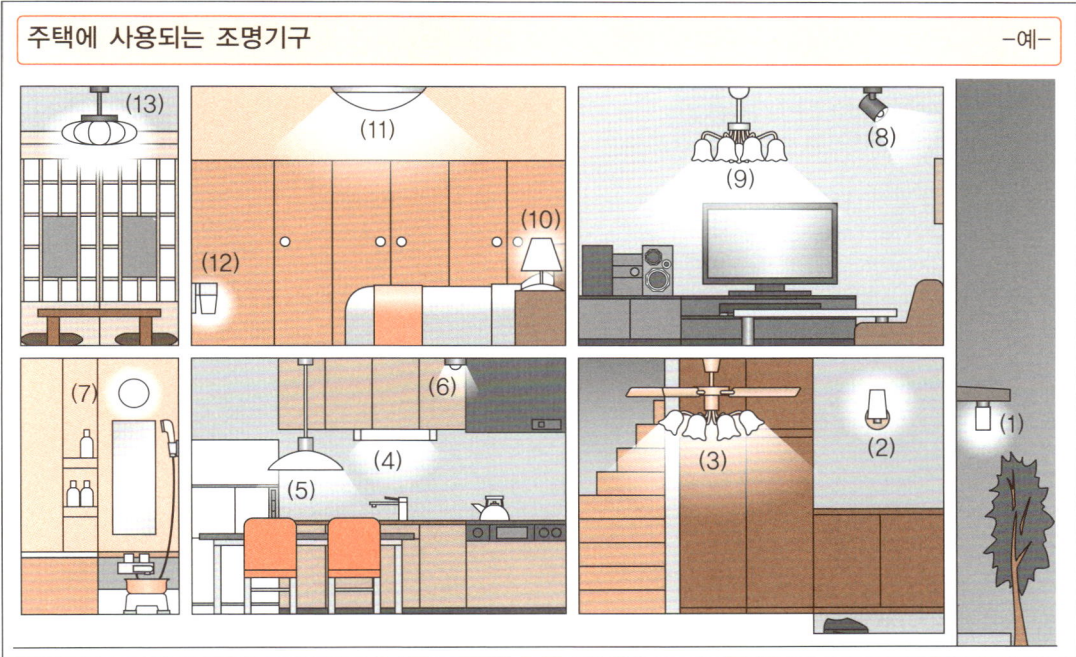

## 조명기구는 사용 장소와 용도에 따라 분류된다

\* 주택에 주로 사용되고 있는 조명기구의 종류와 그 용도의 예는 아래와 같다. (위의 그림 참조)

(1) **아웃 도어 라이트** : 주택의 밖에 설치하는 조명기구로, 현관 앞 분위기를 주는 역할 외에 방범에도 큰 역할을 하고 있다.

(2) **브래킷 라이트** : 벽면과 기둥에 설치되는 조명기구로 주로 현관 홀과 거실, 침실 등에 이용되며 아늑한 느낌을 내는 효과가 있다.

(3) **실링 팬** : 조명기구와 팬을 일체화 하여 방 전체의 조명과 팬을 돌려 온도를 균일화 한다.

(4) **키친 라이트** : 키친의 상부에 설치되어 직관 형광 램프 2등이 일반적이다.

(5) **펜던트 라이트** : 천장에서 매달린 조명기구로 다이닝 룸과 키친 테이블을 비추는 데 많이 이용된다.

(6) **다운 라이트** : 천장과 벽에 박힌 사각이나 원형의 조명기구를 말한다.

(7) **욕실등** : 욕실 등 습기가 많은 장소에서 사용되는 조명기구로 방습구조가 되어 있다.

(8) **스포트라이트** : 지향성이 강한 빛을 가지기 때문에 그림 등을 비추는 데 자주 이용된다.

(9) **샹들리에** : 천장에 메달린 다등형 조명기구로 장식성이 높고, 거실이나 천장이 높은 공간의 조명으로 이용된다.

(10) **스탠드** : 방 코너나 테이블 사이드, 침대 사이드 등에 놓는 조명기구이다.

(11) **실링 라이트** : 천장에 반원을 그리듯이 직접 설치하는 조명기구로, 메인 조명으로서 방 전체를 밝게 균일하게 비춘다.

(12) **풋 라이트** : 바닥을 비추는 조명기구로 복도나 계단, 침실 등에 이용된다.

(13) **거실 조명** : 거실에 사용되어, 목재, 대나무, 한지 종이 등을 소재로 한 조명기구이다.

# 36 실내 전반 조명의 조명도 계산 방법

## 사무실의 전반적인 조명에서 램프 개수를 구하는 방법[예] －광속법－

✻ 사무소 빌딩 사무실에서의 가로 8m, 세로 10m, 천장높이 2.8m, 실내 마무리가 천장 백색 석회, 벽 회색 페인트 칠의 전반적인 조명의 조명기구 램프 개수를 구해본다.

- 평균 조명도 : $E$ = 750[lx]
  (33항 참조 : KS A 3011의 사무실)
- 바닥 면적 : $A$ = 8×10 = 80[m²]
- 광원에서 작업면까지의 높이 : $H$ = 1.95[m]
  $H$ = 2.8 − 0.85 = 1.95[m]
  (작업면은 일반 사무소에서는 바닥 위 0.85[m])
- 실지수 $K = \dfrac{8 \times 10}{1.95 \times (8+10)} = 2.3$
- 반사율 : 천장 75% (백색 석회 칠)
  벽 50% (회색 페인트 칠)
- 조명률 : $U$ = 0.56 (오른쪽 표 참조)
- 보수율 : $M$ = 0.7 (형광등의 경우)
- 사용조명기구 : 직접부착 V형 FL 40W×2

- 램프 광속 : $F$ = 3,000[lm]

  램프 개수 $N = \dfrac{8 \times 10}{3,000 \times 0.56 \times 0.7} = 51$(개)

  2등식의 기구이기 때문에 필요대수 26대

| 반사율 | 천장 | 75% | | | 50% | | |
|---|---|---|---|---|---|---|---|
| | 벽 | 50% | 30% | 10% | 50% | 30% | 10% |
| 실지수 | | 조명률 | | | | | |
| 0.60 | | 0.30 | 0.24 | 0.20 | 0.28 | 0.23 | 0.20 |
| ⋮ | | | | | | | |
| 1.50 | | 0.51 | 0.45 | 0.41 | 0.48 | 0.43 | 0.39 |
| 2.0 | | 0.56 | 0.50 | 0.46 | 0.52 | 0.47 | 0.44 |
| 2.5 | | 0.61 | 0.55 | 0.50 | 0.56 | 0.51 | 0.48 |

## 실내전반 조명의 평균조도와 램프 개수의 산출방법

✻ 광속법에 의한 조명도 계산은 아래와 같다.
- 광속법이란, 광원에서 나온 전광속이 작업면에 달하는 비율, 즉 조명률에 의한 작업면의 평균조명도를 구하는 방법이다.
✻ 실내의 전반적인 조명의 평균조명도 $E$[lx]는, 다음과 같은 식으로 구한다.

$$E[\text{lx}] = \frac{F \cdot N \cdot U \cdot M}{A}$$

- 여기에서 $F$는 램프 광속[lm/개], $N$은 램프의 개수, $U$는 조명률, $M$은 보수율, $A$는 작업면의 면적[m²]이다.
- 조명율 $U$는, 광원의 광속과 작업면에 입사하는 광속의 비를 말한다.
- 조명률은, 실지수 $K$를 산출하여, 조명기구를 선택하여, 천장·벽표면의 반사율에서 구한다.
- 실지수(室指數) $K$는, 방의 가로 $X$[m], 세로 $Y$[m], 광원에서 작업면까지의 높이를 $H$[m]이라 하면 다음과 같이 구한다.

$$K = \frac{X \cdot Y}{H(X+Y)}$$

- 보수율 $M$이란, 어느 기간 사용 후의 작업면의 평균조명도와 초기평균 조도의 비를 말한다.
✻ 광속법에 따라 조명도계산을 하는 경우, KS A 3011(조도 기준 총칙 : 33항 참조)에서, 조명하려고 하는 작업·활동장소를 특정하여, 그 평균 필요 조명도(유지조명도)가 정해지면, 조명기구 램프 개수 $N$는 다음과 같은 식으로 구한다.

$$N = \frac{E \cdot A}{F \cdot U \cdot M}(\text{개})$$

- 평균 필요 조명도에 적합한 조명기구를 선택한다.
- 작업·활동장소의 실지수를 산출하여 그 천장·벽의 반사율을 결정하고 조명율을 구한다.
- 조명기구의 램프 광속을 특성표에서 구하고, 보수율을 메이커의 설계자료 등에서 특정한다.

# 7 콘센트와 스위치

## 37 콘센트에는 여러 형태가 있다

### 고정형 커넥터·가반형 커넥터와 접속 플러그 　　　　　　　　　　　－예－

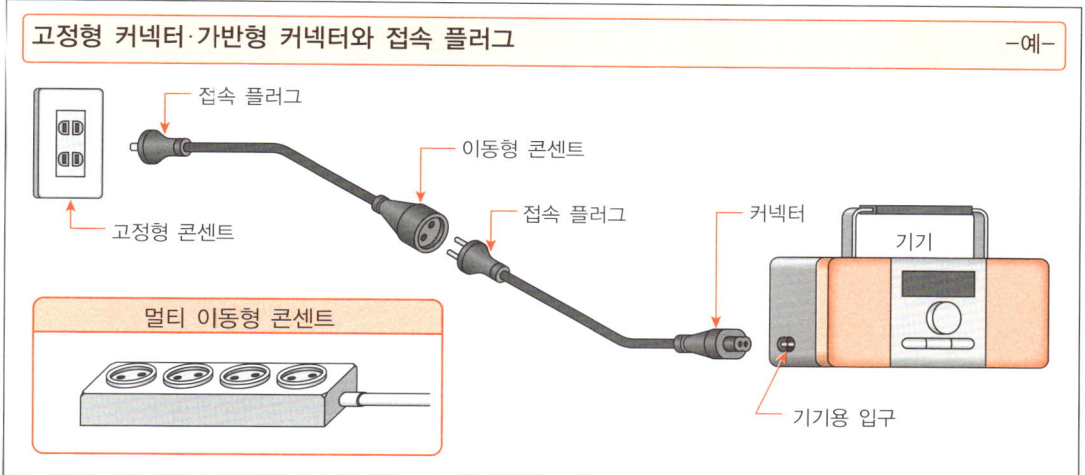

### 콘센트는 접속 플러그의 삽입·인출로 전로를 단로하여 폐로한다

＊ 콘센트는, 삽입·인출 식 연결 장치의 플러그를 꽂는 한 종류로, 커넥터, 배선 접속단자 등으로 구성된 것을 말한다.

● 접속식 연결 장치는, 접속 식 플러그를 꽂고 빼서 배선과 코드 또는 코드 상호간의 전기적 접속 및 단로하는 것을 말한다.

● 삽입·인출 플러그는, 연결 꼭지 및 절연물로 덮은 코드 접속부 등으로 구성되어, 이것을 손으로 플러그에 꽂고 빼는 것을 말한다.

＊ 고정형 콘센트는, 고정한 배선에 접속하는 콘센트를 말한다.

＊ 이동형 콘센트란, 이동 케이블에 접속하거나, 또는 일체로 되어 있어, 전선에 접속할 때, 어느 장소에서 다른 장소로 용이하게 옮기게 할 수 있는 콘센트를 말한다.

＊ 기기용 콘센트는, 기기에 내포하거나, 기기에 고정하는 콘센트를 말한다.

＊ 걸기형 콘센트는, 연결 꼭지 날 받이가 원호로 되어, 이것에 적합한 접속 식 플러그를 빼고 꽂아, 오른쪽 방향으로 회전 시키면 접속 식 플러그가 빠지지 않는 구조로 된 콘센트를 말한다.

＊ 콘센트에는, 접지극이 없는 콘센트와 접지극이 있는 콘센트가 있으며, 접지극이 있는 콘센트에는, 접지용 단자가 있는 것과 접지용 단자가 없는 것이 있다.

● 접지극이 있는 것은 플러그를 빼고 꽂을 때에 접지극의 날이, 다른 날보다 빨리 접촉하여 플러그를 뺄 때는 다른 날보다 느리게 개로하는 구조로 되어 있다.

# 38 콘센트는 부하의 종류·용도에 따라 선택한다

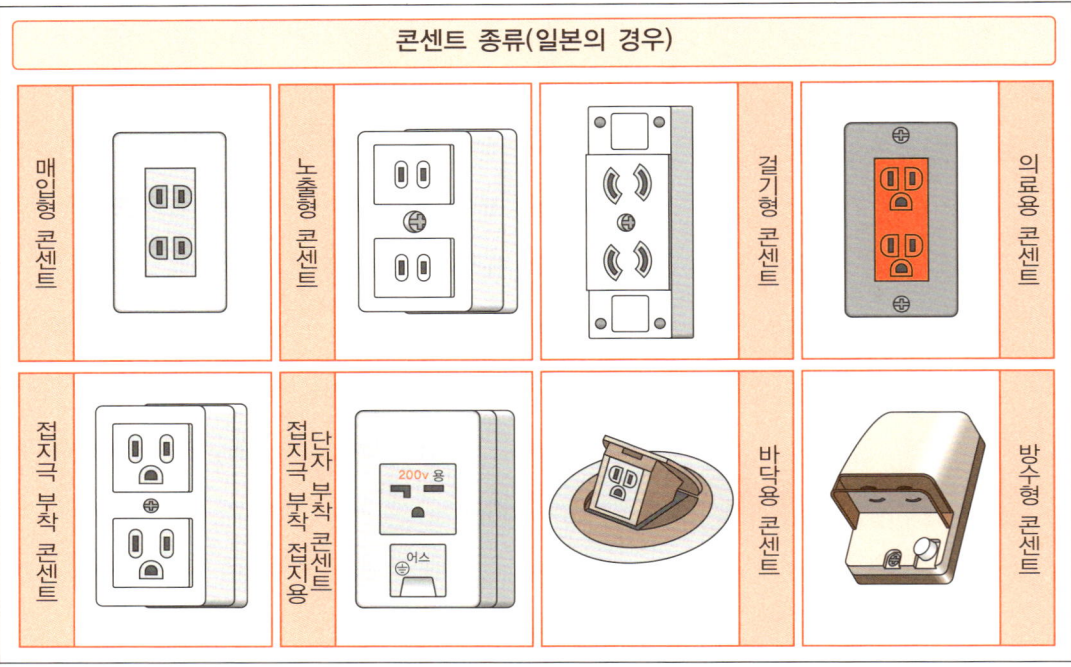

### 콘센트 종류(일본의 경우)

매입형 콘센트

노출형 콘센트

걸기형 콘센트

의료용 콘센트

접지극 부착 콘센트

단자 부착 접지극 부착 콘센트 접지용

바닥용 콘센트

방수형 콘센트

## 콘센트 선정

* 일반적으로 사용하는 콘센트는 매입형 콘센트를 많이 채택하여 사용하고 있다.
● 20A 배선용 차단기로 보호되는 분기회로에 접속되는 콘센트는, 15A 콘센트, 20A 콘센트가 이용된다.
● 탕비기, 주방기기 등, 용량이 큰 기기에 접속하는 콘센트는 용량에 적합한 전용 콘센트를 사용한다.
● 컴퓨터 전원 등과 같이 빼면 위험할 수 있는 기기에는, 걸기형 등의 콘센트를 사용한다.
● 병원이나 진료소 등에서 의료용 전기기구를 사용하는 경우에는, 의료용 콘센트(JIS T 1021)에 적합한 것을 사용한다. (본체 색 : 빨강·초록)
  －의료용 콘센트는 감전방지를 위해 접지저항을 낮게 내려, 강도·내약품성을 강화하고 있다.
● 옥외에서 빗물 등을 맞는 경우에는, 방수형 콘센트(빗물 방지형, 방수형)를 사용한다.

### －접지극 부착 콘센트를 사용하는 기기－

* 동일한 구내에서 교류·직류·전압·상·주파수 등 전기 방식이 다른 회로, 또는 분기회로의 종류가 다른 회로에 콘센트를 시설할 때는, 각 콘센트는 다른 용도 플러그가 내포될 우려가 없는 구조의 콘센트를 선정하여 잘못 꽂는 실수를 방지한다.
* 아래와 같은 기기 및 용도의 콘센트는, 접지극 부착 콘센트를 사용한다.
● 전기세탁기, 전자레인지, 전기냉장고, 전기의류 건조기, 전기 식기세척기, 전기 냉난방기, 온수 비데 부착 좌변기, 전기 온수기, 자동판매기
● 주방, 세면장, 화장실에 시설하는 콘센트
● 의료용 전기 기구에 사용하는 의료용 콘센트
● 주택에 시설하는 220V용 콘센트
● 옥외에 시설하는 콘센트

# 39 콘센트의 용도·정격·극배치(일본의 경우)

| 용도 | | 극수 | 정격 | 극배치·접지극 유무 | | 콘센트 (예) |
|---|---|---|---|---|---|---|
| | | | | 없음. | 있음. | |
| 보통형 콘센트 | 단상 100V | 2 | 15A 125V | | 접지극 | 〈단상100V(15A 125A)〉 −접지극 없음− |
| | | | 20A 125V | | 접지극 | |
| | 단상 200V | 2 | 15A 250V | | 접지극 | |
| | | | 20A 250V | | 접지극 | −접지극 있음− |
| | | | | | 접지극 | |
| | | | 30A 250V | | 접지극 | |
| | 3상 200V | 2 | 15A 250V | | 접지극 | 〈단상 100V(15A 125A)〉 −접지극 없음.− |
| | | | 20A 250V | | | |
| | | | 30A 250V | | | |
| 걸기형 콘센트 | 단상 100V | 2 | 15A 125V | | 접지극 | |
| | 단상 200V | 2 | 15A 250V | — | 접지극 | −접지극 있음.− |
| | | | 20A 250V | | 접지극 | |
| | | | 30A 250V | | 접지극 | |
| | 3상 200V | 3 | 20A 250V | | 접지극 | |
| | | | 30A 250V | | — | |

# 40 스위치는 전기회로를 개폐한다

---

**주택용 스위치의 종류** —예—

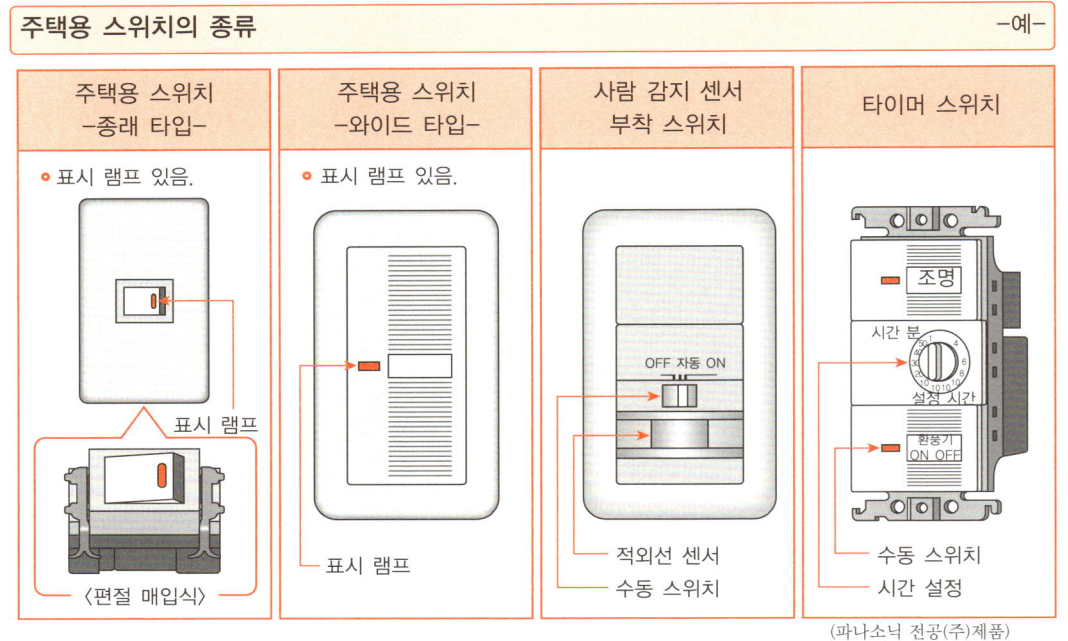

| 주택용 스위치 -종래 타입- | 주택용 스위치 -와이드 타입- | 사람 감지 센서 부착 스위치 | 타이머 스위치 |
|---|---|---|---|

- 표시 램프 있음.
- 표시 램프 있음.

표시 램프

〈편절 매입식〉

표시 램프

OFF 자동 ON

적외선 센서
수동 스위치

조명

시간 분
설정 시간

환풍기 ON OFF

수동 스위치
시간 설정

(파나소닉 전공(주)제품)

---

**주택용 스위치에는 여러 종류가 있다**

✽ 스위치란, 전기회로의 개폐 또는 접속 변경 기기를 말한다.

✽ 양절 스위치는, 2극으로 쓰이고, 한 곳의 부하를 두 곳에서 동시에 개폐하는 스위치이다.

● 양절 스위치는, 단상 2선식 220V 회로에 사용되며, 2줄의 전원배선은 동시에 전압이 걸려 있으므로, 한 쪽을 끄면 부하에는 전류가 흐르지 않지만, 기구에는 전압이 걸려 있으므로 감전방지를 위해 양쪽 선을 끊는 것이다.

〈표시 램프가 있는 스위치〉

● 표시 램프가 있는 스위치란, 스위치의 내부에 표시 램프를 내포시킨 스위치를 말한다.

● 표시 램프가 부착 스위치에는, 스위치가 꺼져 있는 때에, 표시 램프가 점등하고 있는 것과, 스위치가 켜져 있는 상태에서, 표시 램프가 점등하는 것이 있다.

〈사람 감지 센서가 있는 스위치〉

✽ 사람 감지 센서가 있는 스위치란, 스위치에 내장된 센서가 인체에서 발하는 적외선(열)을 감지하여 자동적으로 스위치가 켜지고, 사람이 없어지면 스위치가 자동적으로 꺼진다.

〈타이머 스위치〉

✽ 타이머 스위치는, 설정시간이 경과하면 자동적으로 열리는 스위치를 말한다.

## 41 주택용 스위치 배선 방법

### 양절 스위치, 3로·4로 스위치 배선도 　　　　　　　　　　　　　　　　　　　　－예－

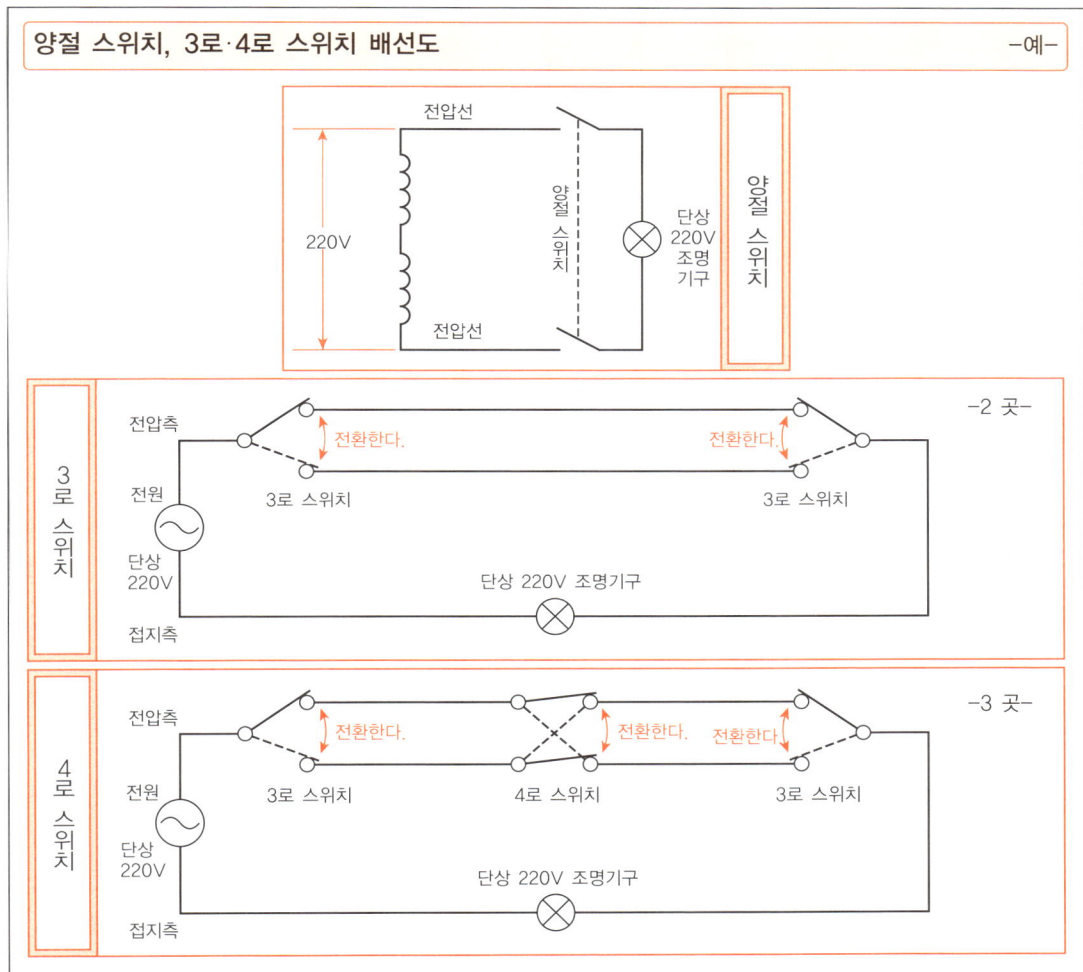

〈3로 스위치〉
* 3로 스위치는, 단극 전환으로 이용하며, 1 곳의 부하 (예 : 전등)를 2 곳에서 개폐 조작하는 스위치를 말한다.
　－3로 스위치를 이용하여 부하(예 : 전등)를 점멸하는 경우의 전환은, 동극 전환이라 한다－
● 3로 스위치는, 계단 조명을 위계단과 아랫계단에서 ON, OFF하는 경우, 또는 복도나 통로의 양단, 그리고 출입구가 두 군데 있는 방 등에 설치되며, 어느 쪽에서도 ON, OFF 할 수 있게 한다.
〈4로 스위치〉
* 4로 스위치란는, 단극 전환으로 이용하여, 3로 스위치를 조합함으로써, 복수의 자리에서 한 곳의 부하 (예 : 전등)를 개폐 조작하는 스위치를 말한다.
　－4로 스위치를 이용하여 부하(예 : 전등)를 점멸하는 경우의 전환을, 동극 전환이라 한다. －

# 42 스위치와 콘센트의 시설 방법

## 스위치와 콘센트의 설치 법 −예 : 문 입구·기둥·바닥−

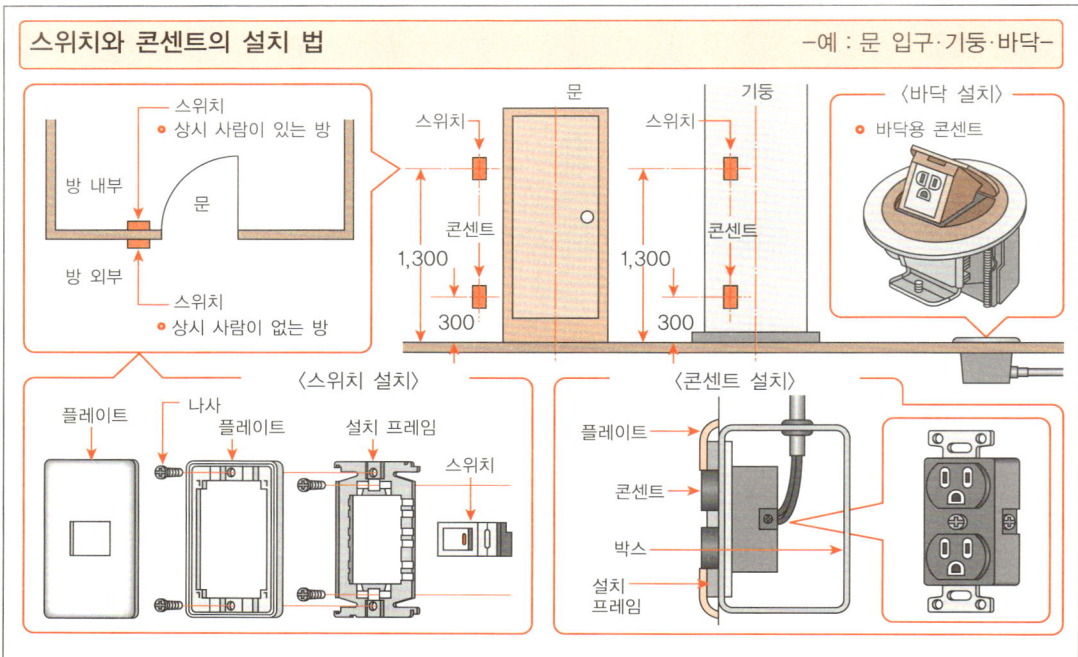

## 스위치의 시설 방법

* 스위치는, 보통 바닥 위 1.2~1.3m 정도의 높이에 설치한다.
* 상시, 그 방에 사람이 있어서 필요에 따라 스위치를 ON, OFF하는 경우에는, 방 내측에 스위치를 설치한다. (예 : 사무실, 응접실, 거실)
● 상시 사람이 없는 방에 들어갈 때에 스위치를 켜고, 나갈 때에 끄는 경우에는, 방의 외측에 스위치를 설치한다. (예 : 창고, 화장실, 욕실)
● 입구 부근에 스위치를 설치하는 경우, 문을 열었을 때, 문의 그늘에 감춰지지 않는 위치로 한다.
* 매입형 스위치는, 금속제 또는 난연성 절연물 박스에 넣어 설치한다.
* 노출형 스위치는, 기둥 등의 내구성이 있는 건축재에 견고하게 설치한다.
● 기둥에 설치하는 스위치는, 칸막이에 지장이 없도록 기둥의 중심을 벗어나 설치한다.
* 스위치는 전로의 전압측 배선에 설치한다.

## 콘센트의 시설 방법

* 콘센트의 철치는, 사무소에서는 바닥 위 0.3m 정도, 거실에서는 0.15m 정도, 주방 등 받침대가 있는 장소는 받침대 위 0.1~0.3m 정도의 높이에 시설한다.
* 매입형 콘센트는, 금속제 또는 난연성 절연물의 박스에 넣어 시설한다.
* 노출형 콘센트는 기둥 등의 내구성이 있는 건축재에 견고하게 설치한다.
● 기둥 설치의 콘센트는, 칸막이에 지장이 없도록 기둥 중심을 벗어나 설치한다.
* 콘센트를 바닥에 설치하는 경우에는, 플로어 박스 또는 아웃렛 박스 등의 내부에 넣어 설치한다.
● 주택의 거실 등 건조한 바닥재에 설치하는 경우에는, 뚜껑이 있는 플레이트를 갖춘 바닥용 콘센트(매입형)를 이용한다.
* 큰센트는, 전로의 전압측 배선에 시설한다.

# 8 전등·콘센트 설비의 설계도 종류와 그림 기호

## 43 전등·콘센트 설비의 설계도 종류

### 전등·콘센트 설비의 평면 배선도

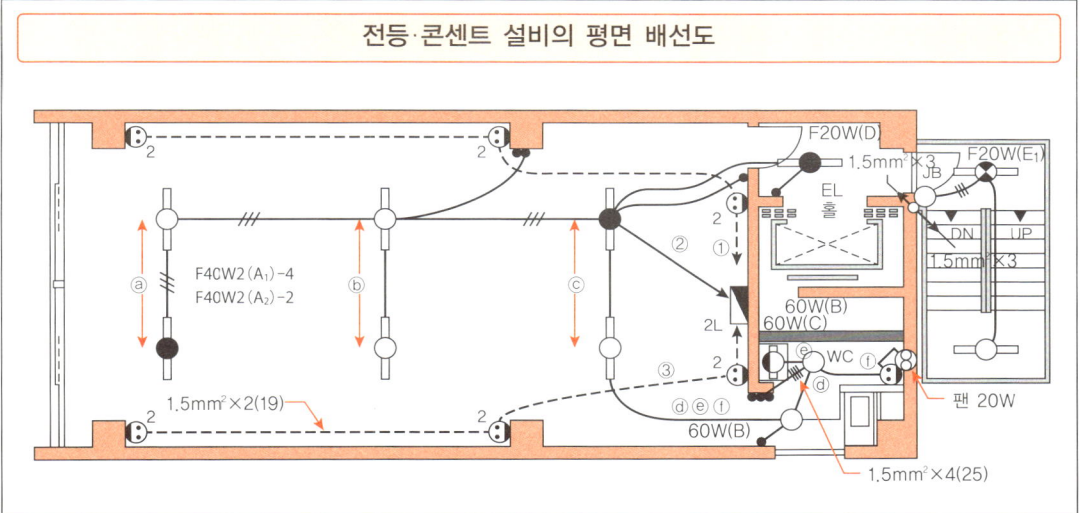

### 설계도에는 평면 배선도·단면도·상세도·결선도·기기 상세도 등이 있다

* 전등·콘센트 설비는, 분전반, 조명기구, 콘센트, 스위치(점멸기)등의 기기 및 배관·배선을 말한다.
* 전등·콘센트 설비의 **설계도**는, 분전반 조명기구, 콘센트, 스위치 등의 기기 배치, 기기 사양, 개수, 설치 상태 등에 대해 설계자의 의도를 나타낸 도면을 말한다.
* 전등·콘센트 설비의 설계도에는, 평면배선도, 단면도, 상세도, 결선도, 기기상세도 등이 있다.
* **평면 배선도**는, 건축 평면도에 분전반, 조명기구, 콘센트, 스위치 등의 위치를 나타내며, 그들의 기기 종류나 정격, 기기 상호간의 배선을 그림 기호를 이용하여 기재한 도면을 말한다.
* **단면도**는, 예를 들어 계단 부분 등에서는 아랫층

에서 위층으로 연결되어 있으므로 평면도만으로는 나타내기 어렵기 때문에, 계단의 한 단면을 상정하여 도면을 만들고, 거기에 조명기구, 콘센트, 스위치 등을 기재한 도면을 말한다.
* **상세도**는, 조명기구, 콘센트, 스위치 등의 기기류가 많고, 배선이 복잡하므로 평면 배선도로는 명확히 표현할 수 없는 부분을 확대하여 상세하게 기재한 도면을 말한다.
* **결선도**는, 예를 들어 평면 배선도에서는, 분전반 위치와 배선 관계는 표현할 수 있지만, 분전반 안의 분기회로나 개폐기 정격 등은 표현할 수 없으므로 이들의 사항을 그림 기호를 이용하여 표현한 도면 (예 : 분전반 결선도)을 말한다.

# 44 전등·콘센트 설비의 단면도·결선도·기기상세도

## 단면도 　　　　　 -예 : 계단 단면도-

2층

분전반에

2.5mm²×2(19)

2.5mm²×3(19)

3,700
1,250
1,250

3로

1층

## 결선도 　　　　　 -예 : 분전반 결선도-

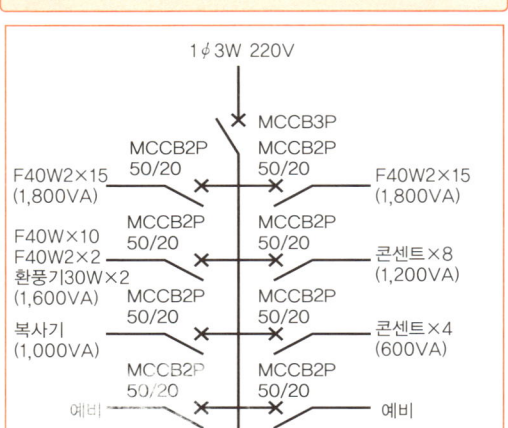

1∮3W 220V

MCCB3P

MCCB2P 50/20　　MCCB2P 50/20
F40W2×15 (1,800VA)　　　　　　　F40W2×15 (1,800VA)

F40W×10
F40W2×2
환풍기30W×2 (1,600VA)　　MCCB2P 50/20　　MCCB2P 50/20　　콘센트×8 (1,200VA)

복사기 (1,000VA)　　MCCB2P 50/20　　MCCB2P 50/20　　콘센트×4 (600VA)

예비　　MCCB2P 50/20　　MCCB2P 50/20　　예비

## 기기상세도 　　 -예 : 조명기구 자도(姿圖)-

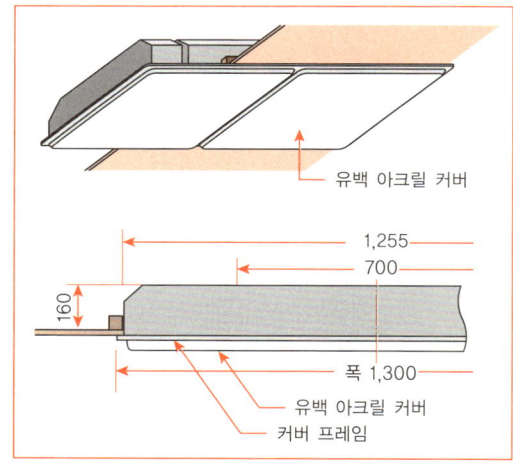

유백 아크릴 커버

1,255
700
160

폭 1,300

유백 아크릴 커버
커버 프레임

## 기기상세도 　　 -예 : 분전반 구조도-

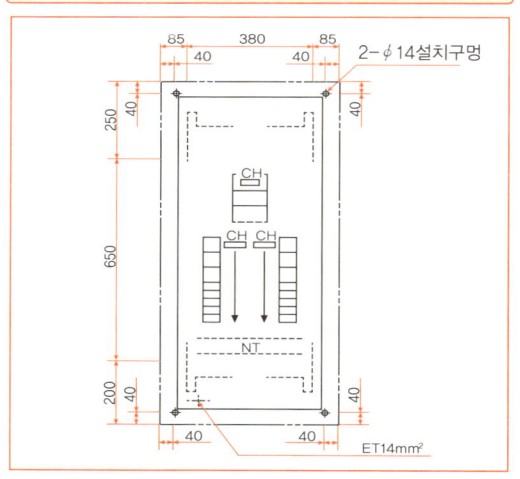

85　　380　　85
2-∮14설치구멍
250　40
40
CH
650
CH CH
NT
200　40
40　　40
ET14mm²

---

* **기기상세도**는, 기기의 구조도, 자도(姿圖), 제작도 등의 총칭이다.
● 분전반은, 설치 장소에 따라 노출형·매입형·반매입형 등 구조가 다르므로, 치수·구조·사양을 명시한 구조도가 필요하다.
● 특수한 조명기구 등은, 자도를 만들어, 형식기

호, 치수, 구조, 사양을 명시한다.
* 전등·콘센트 설비 등의 설계도를 작성하는 있어서 누구나 내용을 알기 쉽게 기재하는 그림기호는, JIS C 0303에 규정되어 있는 「**구내 전기설비의 배선용 그림 기호**」를 사용하면 편하다.(46~48항 참조)

# 45 전등·콘센트 설비의 배선도

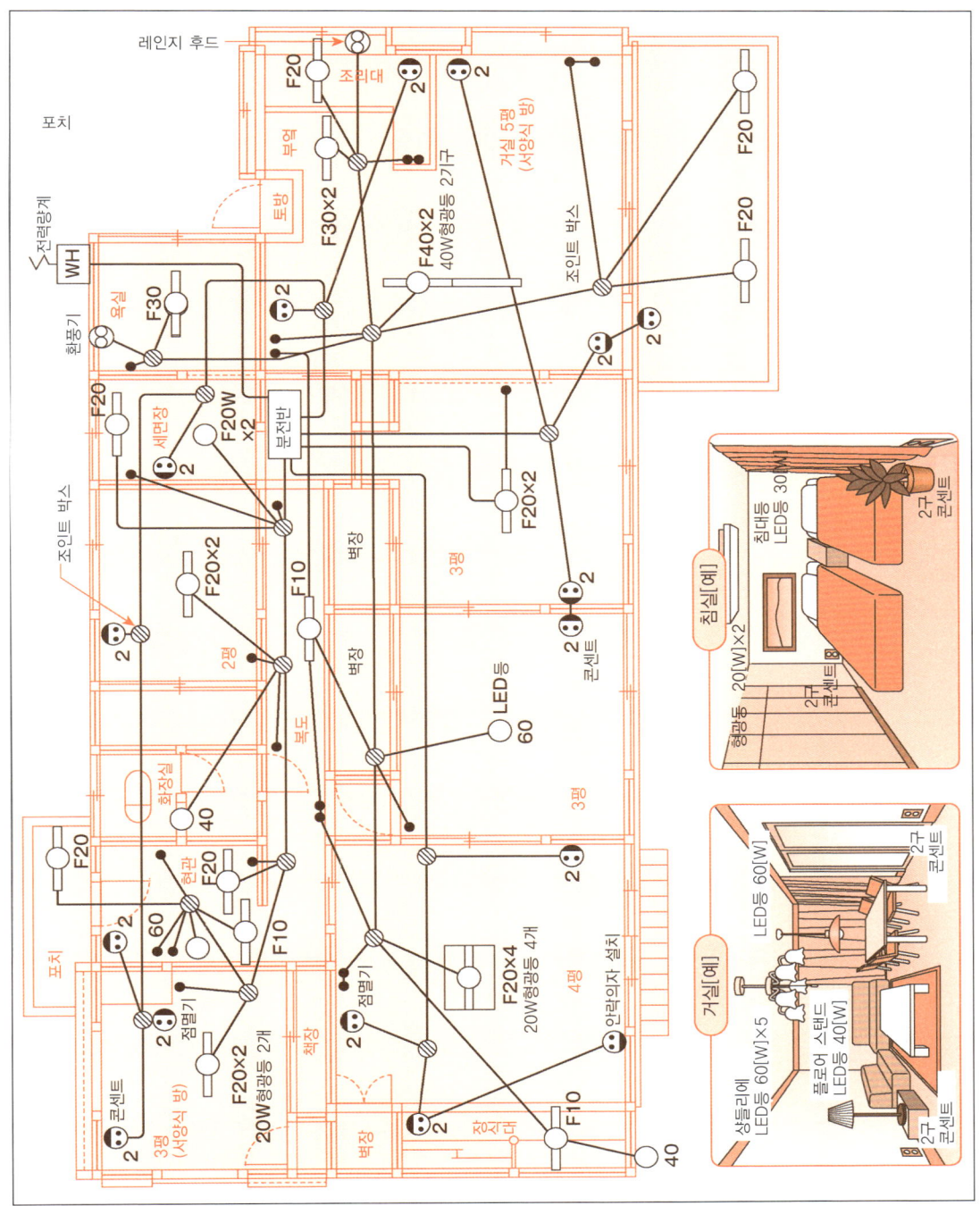

# 46 조명기구의 그림 기호(일본의 경우)

| 그림기호 | 조명기구 명칭 | 그림기호 | 조명기구 명칭 |
|---|---|---|---|
| (1) ⊖ (2) ▭ | **천장 직접부착형 형광등**<br>(1) 박스가 있는 천장 직접부착형 형광등<br>(2) 박스가 없는 천장 직부형 형광등 | (1) ○ (2) ⊖ | **백열등**<br>(1) 백열등 (일반)<br>(2) 팬던트 (백열등) |
| (1) ⊖ (2) ⊖W | **벽 부착 형광등**<br>(1) 벽 부착은 벽측을 칠한다.<br>(2) 벽 부착은 W를 기재한다. | (1) CH (2) DL | **샹들리에·다운 라이트**<br>(1) 샹들리에<br>(CH : Chandelier)<br>(2) 다운 라이트<br>(DL : Down Light) |
| ⊖F | **바닥 내장 형광등**<br>• 바닥 내장은 F를 기재한다. | (1) CL ( ) (2) ( ) | **실링**<br>(1) 실링 (천장 직접부착)<br>(2) 인패(걸림) 실링 만 (둥근 것)<br>(3) 인패(걸림) 실링 만 (각진 것)<br>• CL : Ceiling Light |
| (1) ▬●▬ (2) ● | **비상용 조명**<br>(1) 형광등에 의한 비상용 조명<br>(2) 백열등에 의한 비상용 조명<br>• 「건축기준법」에 의한 것 | (1) ◐ (2) ○W | **벽 부착 백열등**<br>(1) 벽 부착은 벽측을 칠한다.<br>(2) 벽 부착은 W를 기재한다. |
| (1) ▬⊗▬ (2) ⊗ | **유도등**<br>(1) 형광등에 의한 유도등<br>(2) 백열등에 의한 유도등<br>• 「소방법」에 의한 것 | ○F | **바닥 내장 백열등**<br>• 바닥 부착은 W를 기재한다. |
| (1) ▬⊗▬W (2) ⊗W | **벽 부착 유도등**<br>• 벽 부착은 W ㅍ를 기재한다.<br>(1) 형광등의 벽 부착 유도등<br>(2) 백열등의 벽 부착 유도등<br>• 「소방법」에 의한 것 | (1) ○H (2) ○M | **수은등·메탈 할라이드 등**<br>(1) 수은등(H를 기재한다)<br>(2) 메탈 할라이드 등(M을 기재한다) |
| (1) ▬⊗▬F (2) ⊗F | **바닥 부착 유도등**<br>• 바닥 부착은 F를 부착한다.<br>(1) 형광등의 바닥 부착 유도등<br>(2) 백열등의 바닥 부착 유도등<br>• 「소방법」에 의한 것 | (1) ◎ (2) ◉ | **옥외등**<br>(1) 옥외등<br>(2) 자동 점멸기 부착 옥외등 |

※ 우리나라는 KS C 0301 참조

# 47 콘센트의 그림 기호(일본의 경우)

| 그림 기호 | 콘센트의 명칭 |
|---|---|
| (1)<br>(2) | **천장 부착 콘센트**<br>(1) 일반형 천장 부착 콘센트<br>(2) 와이드형 천장 부착 콘센트 |
| | **바닥 부착 콘센트**<br>• 바닥면에 수납할 수 있는 콘센트<br>• 2는 개수를 나타낸다. |
| (1)<br>(2) | **벽 내장 일반형 콘센트**<br>• 벽 부착은 벽면을 칠한다.<br>• 벽 부착 일반형 콘센트는, (1) 외에 (2)로도 표시한다. |
| (1)<br>(2) | **벽 부착 와이드형 콘센트**<br>• 벽 부착은 벽면을 칠한다.<br>• 벽 부착 와이드형 콘센트는 (1) 외에 (2)로도 표시한다. |
| (1)<br>(2) | **2구 벽 부착 콘센트**<br>• 2구 이상은 개수를 기재한다.<br>(1) 2구 벽 부착 일반형 콘센트<br>(2) 2구 벽 부착 와이드형 콘센트 |
| (1)<br>(2) | **3극 벽 부착 콘센트**<br>• 3극 이상은 극수를 개재한다.<br>(1) 3극 벽 부착 일반형 콘센트<br>(2) 3극 벽 부착 와이드형 콘센트 |
| (1)<br>(2) | **빠짐 방지형 벽 부착 콘센트**<br>(1) 빠짐 방지형 일반형 콘센트<br>(2) 빠짐 방지형 와이드형 콘센트<br>• LK : Lock |

| 그림기호 | 콘센트의 명칭 |
|---|---|
| (1)<br>(2) | **걸림형 벽 부착 콘센트**<br>(1) 걸림형 벽 부착 일반형 콘센트<br>(2) 걸림형 벽 부착 와이드형 콘센트<br>• T : Twist |
| (1)<br>(2) | **접지극 부착 벽 부착 콘센트**<br>(1) 접지극 부착 벽 부착 일반형 콘센트<br>(2) 접지극 부착 벽 부착 와이드형 콘센트<br>• E : Earth |
| (1)<br>(2) | **접지 부착 부착 벽 콘센트**<br>(1) 접지 단자 부착 벽 부착 일반형 콘센트<br>(2) 접지 단자 부착 벽 부착 와이드형 콘센트<br>• ET : Earth Terminal |
| (1)<br>(2) | **접지극 부착 접지 단자 콘센트**<br>(1) 접지극 부착 접지단자 부착 벽 부착 일반형 콘센트<br>(2) 접지극 부착 접지단자 부착 벽 부착 와이드형 콘센트<br>• EET : Earth Earth Terminal |
| | **비방지형 벽 부착 콘센트**<br>• 비방지형 벽 부착 일반형 콘센트<br>• WP : Weather Proof |
| | **의료용 벽 부착 콘센트**<br>• 의료용 벽 부착 일반형 콘센트<br>• 의료용은 H를 기재한다. |
| (1)<br>(2) | **비상용 콘센트**<br>• 비상용 콘센트는 (1) 외에 (2)로 표시해도 된다.<br>• 소방법에 의한 것. |

※우리나라는 KS C 0301 참조

# 48 스위치와 기타 그림 기호(일본의 경우)

| 그림 기호 | 스위치의 명칭 |
|---|---|
| (1) ● <br> (2) ◆ | **단극 스위치** <br> (1) 일반형 단극 스위치 <br> (2) 와이드 핸들형 단극 스위치 |
| (1) ●3　(2) ●4 <br> (3) ◆3　(4) ◆4 | **3로 스위치 · 4로 스위치** <br> (1) 일반형 3로 스위치 <br> (2) 일반형 4로 스위치 <br> (3) 와이드 핸들형 3로 스위치 <br> (4) 와이드 핸들형 4로 스위치 |
| (1) ●2P <br> (2) ◆2P | **2극 스위치** <br> • 2극 이상은 극수를 기재한다. <br> (1) 2극 일반형 스위치 <br> (2) 2극 와이드 핸들형 스위치 |
| ●P | **풀 스위치** <br> 풀 스위치는 P를 기재한다. <br> (1) 일반형 풀 스위치 <br> • P : Pull |
| (1) ●H <br> (2) ◆H | **위치 표시등 내장 스위치** <br> (1) 일반형 위치 표시등 내장 스위치 <br> (2) 와이드 핸들형 위치 표시등 <br> 　 내장 스위치 <br> • 내장 램프로 스위치의 위치 표시 |
| (1) ●L <br> (2) ◆L | **확인 표시등 내장 스위치** <br> (1) 일반형 확인 표시등 내장 스위치 <br> (2) 와이드 핸들형 확인 표시등 <br> 　 내장 스위치 <br> • ON-OFF를 램프 점등으로 확인 |
| (1) ●T <br> (2) ◆T | **타이머 부착 스위치** <br> • 타이머 부착 스위치는 T를 기 <br> 　 재한다. <br> (1) 일반형 타이머 부착 스위치 <br> (2) 와이드 핸들형 타이머 부착 스위치 |

| 그림 기호 | 스위치의 명칭 |
|---|---|
| (1) ◢ <br> (2) ⊠ | **분전반 · 배전반** <br> (1) 분전반 <br> (2) 배전반 |
| (1) S 2P30A f 30A <br> (2) Ⓢ 2P30A f 30A A5 | **개폐기** <br> (1) 극수, 정격전류, 퓨즈 정격 전 <br> 　 류 등을 기재한다. <br> (2) 전류계 부착 스위치는 전류계 <br> 　 의 정격 전류를 기재한다. |
| (1) B 3P 225AF 150A <br> (2) S MCCB | **배선용 차단기** <br> (1) 극수, 프레임 크기, 정격 전류 <br> 　 등을 기재한다. <br> (2) 그림 기호 B 는 S MLCB로 해 <br> 　 도 된다 |
| (1) E 2P 30AF 15A 30mA <br> (2) S ELCB | **누전 차단기** <br> (1) 과전류 보호가 있는 누전 차단기는 <br> 　 극수, 프레임의 크기, 정격 전류, <br> 　 정격 감도 전류 등을 기재한다. <br> (2) 그림 기호 E 는 S ELCB로 한다. |
| (1) Ⓦⓗ 　 ⓌⒽ <br> (2) Wh | **전력량계** <br> (1) 필요에 따라 전기방식, 전압, <br> 　 전류 등을 기재한다. <br> (1) 의 그림 기호는 (2)로 한다. <br> (3) 박스 또는 후드 부착을 나타낸다. |
| (1) ∞ <br> (2) ⊂⊃ | **환풍기** <br> (1) 필요에 따라 종류 및 크기를 <br> 　 기재한다. <br> (2) 천장부착 환풍기를 나타낸다. |
| (1) R C I <br> (2) R C O | **방 에어컨** <br> (1) 옥내 룸 에어컨은 I(In)를 기 <br> 　 재한다. <br> (2) 옥외 룸 에어컨은 O(Out)를 <br> 　 기재한다. |

※ 우리나라는 KS C 0301 참조

# 9 전등·콘센트 설비의 설계도·시공도의 작성순서

## 49 설계도를 기반으로 시공도를 작성한다

### 전등 설비의 설계도에서 시공도를 작성한다 　　　　　　　　　　　　-예-

〈설계도〉

1.5mm²-3C

2.5mm²(PF16)

① 　제 1 박스

(A)

1.5mm²-2C　　1.5mm²-2C

1.5mm²-2C

〈시공도〉

기준선　　　650　　3,000　　① 2L　기준선

H=FL+1 300　　(A)　2.5mm²(PF16)

1.5mm²(PF22)

1,400

(A)　　(A)　　(A)

1,000

800

460

800

650

기록 없는 배선은 HFIX 1.5mm²-2C

### 시공도에서는 건축의 기준선을 기준으로 기구의 설치 치수를 기입한다

✳ 전등·콘센트 설비 도면에는, 설계도 외에 시공도가 있다.

● 설계도가 전등·콘센트 설비의 내용을 나타내기 위해 작성된 도면인데 반해 **시공도**는 그 방에 어떻게 전등·콘센트 등의 기구나 배관·배선을 설치할지를 나타내는 도면이다.

✳ 시공도에서는 평면의 차이 치수, 설치 높이를 정확히 기입하는 것이 중요하다.

● 시공도의 최종 마무리 작업으로의 치수는 보통 건축의 기준선을 기준으로 하여, 거기에서 얼마의 치수 위치에 있는지를 기입한다.

● 기준선에는 세로와 가로가 있으며 그들의 세로·가로의 기준선을 기준으로 기구까지의 치수를 기입함으로써 평면상의 위치가 결정되므로 올바른 위치에 시공할 수 있다.

✳ 전등·콘센트 설비의 시공도에서는, 천장면에 설치하는 조명기구, 그리고 벽면에 설치하는 배선기구 등의 설치 치수를 정확히 기입한다.

● 예를 들어 조명 기구는 기구의 아웃렛 박스 및 현수 볼트용 인서트의 위치를 슬래브 위에 기재할 수 있도록 세로와 가로의 기준선에서의 치수를 기입한다.

● 아웃렛 박스란, 전선이나 케이블 배선공사에서 배선의 분기, 연결 등으로 이용한 스틸 또는 플라스틱제의 박스이다.

● 인서트란, 레미콘을 세척 전에 거푸집에 장착해 두는 나사 매입 앵커의 총칭이다.

# 50 전등·콘센트 설비의 평면 배선도 작성 순서(일본의 경우)

조명기구, 스위치·콘센트 배치

조명기구, 스위치·콘센트 배선

## 전등·콘센트 설비의 평면 배선도는 각 구성기구의 그림 기호로 표시한다

* 전등·콘센트 설비의 설계도는, 건축평면도를 기반으로 건물의 기준선, 기둥, 벽, 문, 창문 등의 주요 부분을 기재하여 평면도를 작성한다.
● 작성한 평면도에 조명기구의 배치를 기재하여 스위치 및 콘센트의 위치를 조명기구와 동일한 평면도 위에 그린다.
● 조명기구, 스위치·콘센트의 배선은 분전반의 1분기회로마다 선으로 묶어 분전반에 화살표를 가지고 분기회로의 번호를 매겨 표시한다.
* 조명기구의 형광등 그림기호는 ━○━이지만, ○는 아웃렛 박스를 표시한다.
* 1개의 아웃렛 박스로 몇 대의 형광등이 연결되어 있는 경우에는, 아웃렛 박스의 위치에 따라 ━○━ 또는 ○━━와 같이 나타낸다.
● 형광등의 용량(와트 수)나 개수는, 그림 기호의 가까이에 와트(W)×등수를 기재한다.
● 예를 들어 ━○━ 는, 40W의 형광등 2개이다.
    F40×2

● 형광등에 따른 비상용 조명은 ━●로 표시한다.
* 조명기구의 백열등은 ○로 표시하여 용량, 등수를 나타내는 경우에는 와트(W)×등수를 기재한다.
● 예를 들어 ○₁₀₀×₂는, 100W의 백열등 2등이다.
* 스위치의 그림 기호는, 일반형이 ●이며, 와이드 핸들형이 ◆이다.
● 하나의 방에 스위치가 몇 개 있는 경우, 스위치가 어느 조명기구를 점멸시키는 것을 알 수 있도록 스위치와 조명기구 각각에 영문자, 숫자 이외의 한글(가, 나, 다…순 또는 ㄱ, ㄴ, ㄷ…순)를 기재하면 된다.
* 콘센트의 그림 기호는, 일반형이 ⊖이며, 와이드 핸들형이 ⬦이지만, ⬤, ⬥로 나타내도 되며, 2개 이상의 경우에는, 개수를 기재한다.
* 분전반 그림 기호는 ◣로 나타내며, ◣ 2L의 2는 2층, L은 분전반을 나타낸다.

# 51 평면 배선도의 기구 배선표시법

## 배선에 전선의 종류·굵기·개수 기입

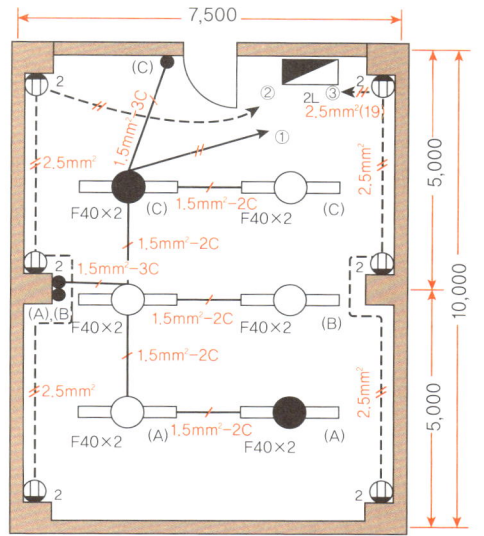

## 전선의 기호와 배선의 그림 기호

| 전선의 기호 | 전선의 명칭 |
|---|---|
| HFIX | • 450/750V 저독성 가교폴리올레핀 전선 |

| 배선의 그림 | 기호, 배선의 명칭 |
|---|---|
| —————— | • 천장 은폐 배선<br>천장 은폐 배선 중 천장 내부 내배선을 구별하는 경우에는, 천장 내부 내배선에 ——— 을 이용한다. |
| — — — | • 바닥 은폐 배선<br>바닥면 노출 배선 및 2중 바닥 내배선의 그림 기호는 — — — 을 이용한다. |
| - - - - - - | • 노출 전선 |

## 배선의 그림 기호와 전선의 종류·굵기·개수의 표시법

✱ 전등·콘센트 설비평면 배선도의 배치가 완료되어 기구의 배선을 그리는 순서는, 특별히 정해지지는 않았지만, 일반적으로 다음과 같다.

● 조명기구 상호간의 배선은, 각 조명기구의 아웃트렛 박스 사이를 최단거리로 묶는 것을 원칙으로 하며, 천장 은폐 배선의 경우에는, 실선 ——으로 기록한다.

● 조명기구에서 스위치까지의 배선은, 조명기구의 아웃렛 박스와 스위치를 천장 은폐 배선으로 하는 경우에는 실선 ——으로 기록한다.

● 조명기구에서 분전반까지의 배선을 천장 슬래브에 장착된 전선관에 HFIX 입선공사라고 하기위해서는, 조명기구의 제1 아웃렛 박스에서 분전반 방향으로 화살표를 붙인 실선 ——을 기록하면 분전반까지 배관배선 하는 것을 나타낸다.

● 콘센트 상호간의 배선은 바닥 은폐배선이 되므로 파선 - - - - 으로 기록한다.

● 콘센트에서 분전반까지의 배선도 바닥 은폐 배선이 되므로 화살표를 붙인 파선 - - - -으로 기록하면 분전반까지 배관배선 하는 것을 나타낸다.

✱ 사용하는 전선은 특수한 경우를 제외하고 HFIX를 사용한다.

● 전선에 HFIX를 사용하는 경우에는, 예를 들어 ⫻$_{1.5mm^2}$ 는 HFIX1.5mm$^2$ 2줄의 배선을 나타낸다.

✱ 금속관공사의 전선관이 얇은 강철 전선관이면, 관 외경의 근사치(홀수)로 나타내며, 굵은 강철 전선관이라면 관 내경의 근사치(짝수)라고 하고, 나사 없는 전선관이라면 수치 앞에 E를 붙인다.

✱ 조명기구·스위치, 콘센트 배선의 회로번호는, 분전반의 배선 화살표 근방에 기록한다.

# 52 전등·콘센트 설비의 평면배선도(설계도)

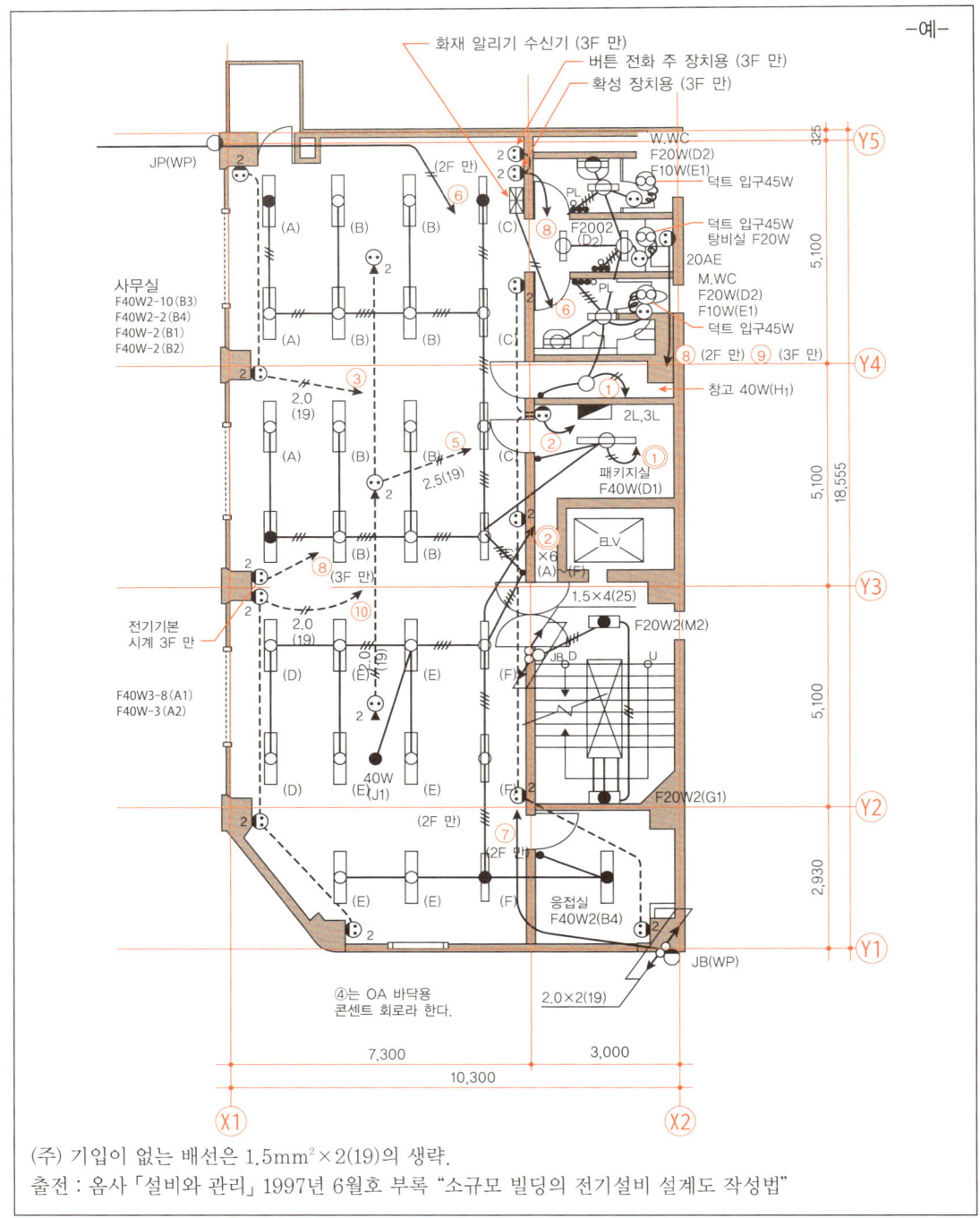

—예—

화재 알리기 수신기 (3F 만)
버튼 전화 주 장치용 (3F 만)
확성 장치용 (3F 만)

JP(WP)

사무실
F40W2-10(B3)
F40W2-2(B4)
F40W-2(B1)
F40W-2(B2)

전기기본
시계 3F 만

F40W3-8(A1)
F40W-3(A2)

40W
(E)(J1)

W.WC
F20W(D2)
F10W(E1)
덕트 입구45W

덕트 입구45W
탕비실 F20W

20AE
M.WC
F20W(D2)
F10W(E1)
덕트 입구45W

창고 40W(H1)

2L,3L

패키지실
F40W(D1)

EL.V

F20W2(M2)

JB_D

F20W2(G1)

응접실
F40W2(B4)

JB(WP)

2.0×2(19)

④는 OA 바닥용
콘센트 회로라 한다.

7,300    3,000

10,300

325
5,100
5,100
18,555
5,100
2,930

Y5
Y4
Y3
Y2
Y1

X1    X2

(주) 기입이 없는 배선은 1.5mm²×2(19)의 생략.
출전 : 옴사 「설비와 관리」 1997년 6월호 부록 "소규모 빌딩의 전기설비 설계도 작성법"

# 53 전등·콘센트 설비 시공도 작성 순서

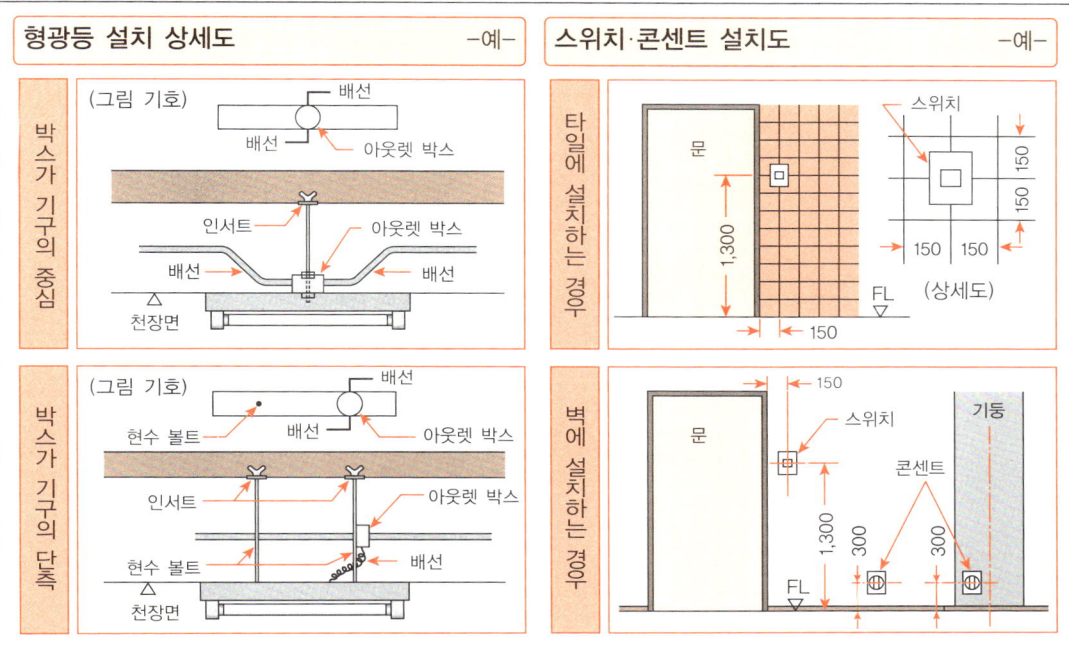

## 조명기구, 스위치·콘센트의 시공도 기재방법

* 형광등, 백열등 등의 조명기구의 시공도 기재는, 그림 기호에 따라 다르지만, 기본적으로는 실물 치수를 축척에 맞춘다.

● 형광등의 등수가 1개의 경우에는 ⊂⊃, 2개의 경우에는 ⊂⊃로 그림 기호를 바꿔서 나타내면 된다.

* 형광등은, 시공도에 아웃렛 박스와 인서트의 위치, 현수 볼트의 위치를 기록한다.

● 아웃렛 박스는, 기구의 중심에 설치하는 경우와 기구의 현수 볼트 위치의 단측에 설치하는 경우가 있다.

● 단측에 설치하는 경우에는, 아웃렛 박스의 그림 기호○를 단측에 기록하고, 다른 측의 인서트, 현수 볼트의 위치에 ●또는 ×표시를 한다.

* 벽에 설치하는 스위치는, 문의 입구 치수, 마무리 치수에서 위치를 시공도에 기입한다.

● 스위치 설치 위치는, 건축의 기준선에서의 차이 치수 외에, 설치 높이를 기재한다.

● 스위치의 설치 치수는, 일반적으로 출입구 문틀 외면에서 차이 치수 150mm, 설치 높이는 1,300mm 라고 하면 된다.

● 계단실 스위치 설치 위치는, 일반적으로 계단실 입구 부근으로 하고, 3로 스위치, 4로 스위치를 이용하여 각 단에서 점멸하는 경우가 많다.

● 욕실·화장실 등의 타일 벽에 스위치를 설치하는 경우에는, 타일 레이아웃 그림에서 스위치의 중심선과 타일 줄눈에 맞는 치수를 기재한다.

* 콘센트의 설치 높이는, 일반적으로 바닥 위 300mm로 한다.

● 기둥에 설치하는 콘센트는 앞으로 칸막이 벽이 기둥의 중심으로 와도 사용할 수 있도록 기둥 중심을 피해서 설치하면 좋을 것이다.

● 바닥 설치형의 fan coil unit 용의 콘센트는, 전원 공급방법을 검토하여, 바닥용 콘센트, 벽 부착 콘센트 중 하나가 좋다.

# 54 조명기구·스위치, 콘센트 설비의 시공도

## 조명기구·스위치 설비의 시공도 —예—

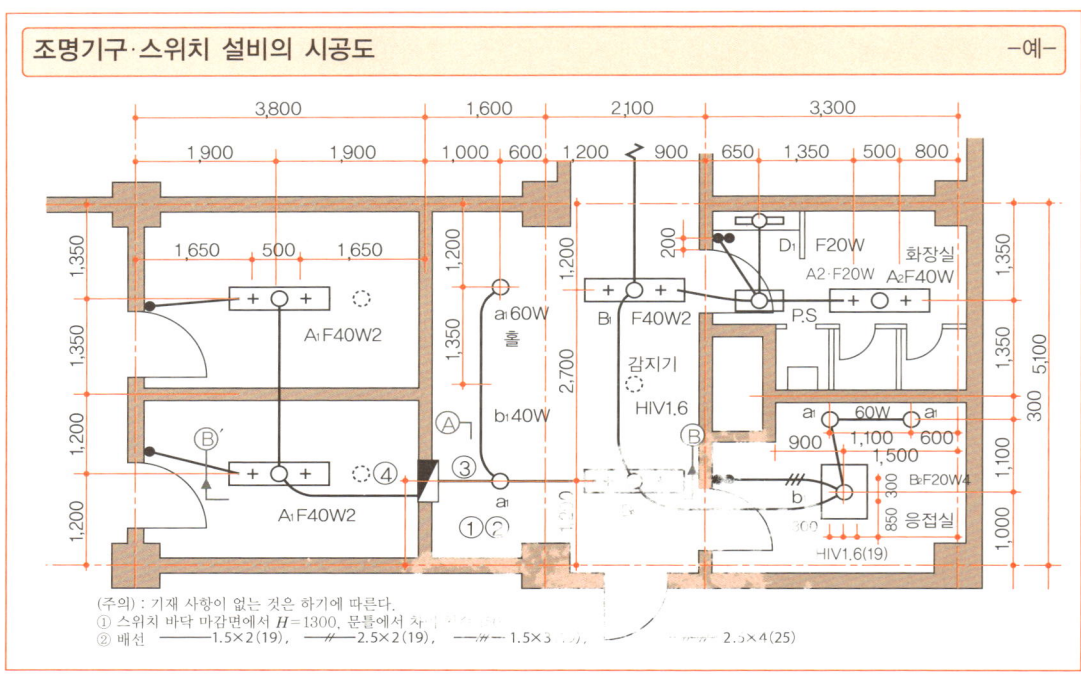

(주의) : 기재 사항이 없는 것은 하기에 따른다.
① 스위치 바닥 마감면에서 $H$=1300, 문틀에서 차...
② 배선 ────1.5×2(19), ────2.5×2(19), ─╫─ 1.5×3..., ─────2.5×4(25)

## 콘센트 설비의 시공도(일본의 경우) —예—

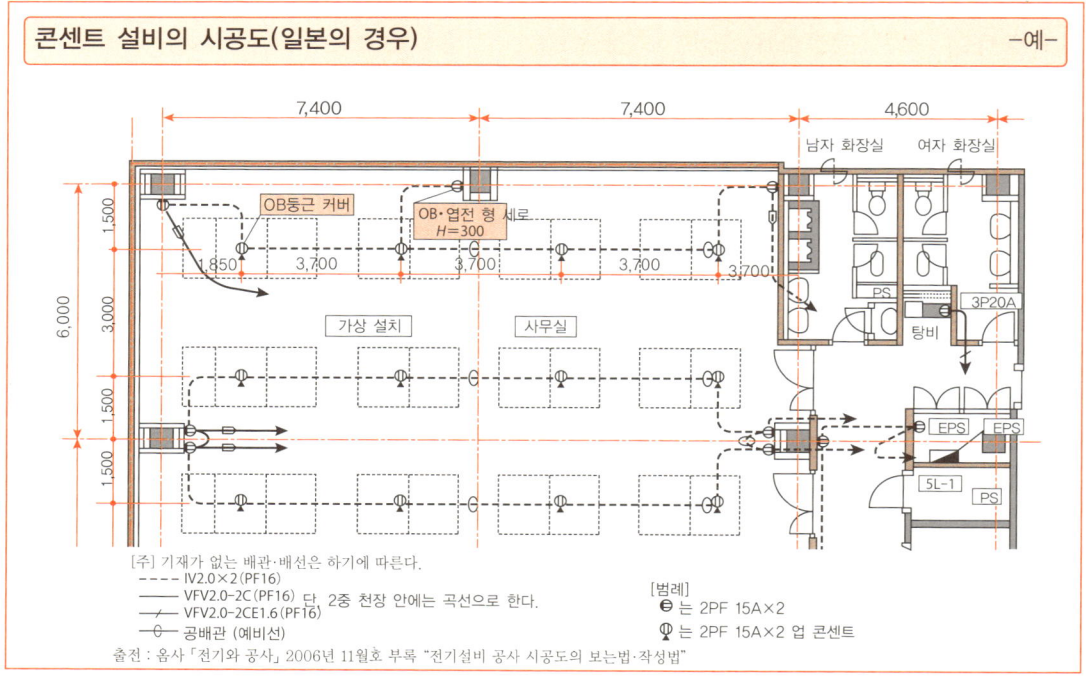

[주] 기재가 없는 배관·배선은 하기에 따른다.
- --- IV2.0×2(PF16)
- ── VFV2.0-2C(PF16) 단 2중 천장 안에는 곡선으로 한다.
- ── VFV2.0-2CE1.6(PF16)
- ─o─ 공배관 (예비선)

[범례]
- ⊖는 2PF 15A×2
- ⚇는 2PF 15A×2 업 콘센트

출전 : 옴사 「전기와 공사」 2006년 11월호 부록 "전기설비 공사 시공도의 보는법·작성법"

# 10 전등·콘센트 설비의 시공법

## 55 콘센트 설치 공사의 시공법

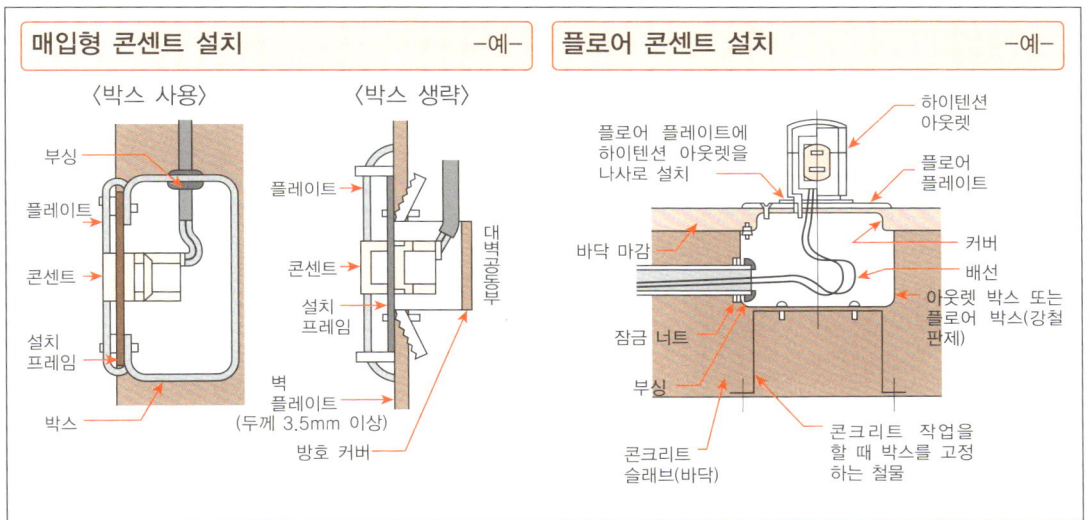

### 매입형 콘센트 설치 —예—

〈박스 사용〉

- 부싱
- 플레이트
- 콘센트
- 설치 프레임
- 박스

〈박스 생략〉

- 플레이트
- 콘센트
- 설치 프레임
- 벽 플레이트 (두께 3.5mm 이상)
- 방호 커버
- 대벽공동부

### 플로어 콘센트 설치 —예—

- 플로어 플레이트에 하이텐션 아웃렛을 나사로 설치
- 하이텐션 아웃렛
- 플로어 플레이트
- 바닥 마감
- 커버
- 배선
- 아웃렛 박스 또는 플로어 박스(강철 판제)
- 잠금 너트
- 부싱
- 콘크리트 슬래브(바닥)
- 콘크리트 작업을 할 때 박스를 고정하는 철물

### 매입형 콘센트·플로어 콘센트 설치 공사 —예—

* 주택이나 사무소에서는 매입형 콘센트를 벽 안에 설치하여 시설하는 방법이 보통이지만, 플로어 콘센트를 바닥면에 설치하는 경우도 있다.
● 매입형 콘센트에는, 1구, 2구 콘센트와 연용형 콘센트가 있는데, 주택과 사무소에서는 2구 콘센트가 많이 이용되고 있다.
* 일반적으로 매입형 콘센트는 벽 안에 박스를 설치하여 그 박스 안에 콘센트를 시설한다.
● 매입형 콘센트를 넣는 박스에는 금속제와 합성 수지제가 있으며, 배선이 금속관 공사의 경우에는 금속제를 사용하고, 합성수지관 공사에서는 합성 수지제를, 또 비닐 외장 케이블 공사에서는 금속제나 합성 수지제를 사용하면 좋을 것이다.
● 박스는 사용 장소와 목적에 따라, 스위치 박스,

아웃렛 박스를 사용한다.
* 벽의 구조가 대벽으로 안이 공동으로 되어 있는 경우는 박스를 생략할 수 있다.
● 이 경우, 콘센트는 단자 등의 충전부를 노출하지 않는 난연소 절연물의 외함이 있는 것으로 하고, 설치 부분의 벽두께는 3.5mm 이상을 필요로 한다.
* 콘센트를 바닥에 설치하는 경우의 플로어 콘센트는, 플로어 박스 또는 아울렛 박스의 내부에 넣거나, 또는 이것들의 박스 표면 플레이트에 나사로 부착 설치하는 구조의 콘센트를 사용한다.
● 플로어 콘센트의 배선은, 목조 바닥에서는 금속관·합성수지관·비닐 외장 케이블 공사가, 콘크리트 바닥에서는 금속 관공사가 많다.

**155**

# 56 직접부착·체인에 의한 조명기구의 설치

## 직접부착 조명기구 설치　　　　　-예-

**인서트 직접부착**

현수 볼트 간격
600~800
인서트

콘크리트 박스　안정기

**노 볼트 스터드 설치**

현수 볼트 간격
600~800
인서트

안정기　노 볼트 스터드

## 체인에 의한 조명기구의 설치　　　-예-

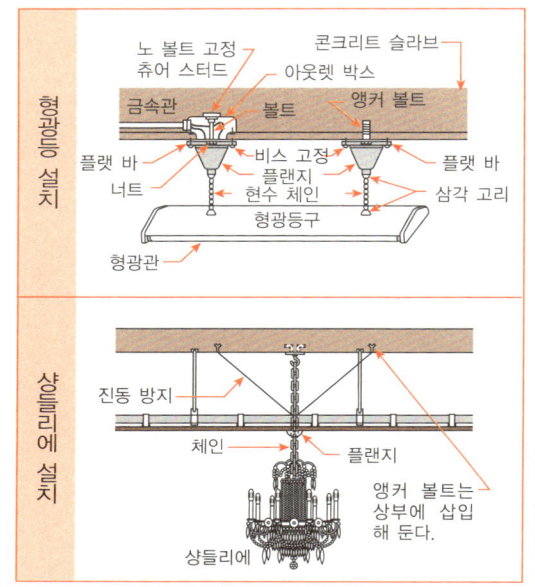

**형광등 설치**

노 볼트 고정 츄어 스터드
콘크리트 슬라브
아웃렛 박스
금속관　볼트　앵커 볼트
플랫 바
비스 고정
플랫 바
너트
플랜지
삼각 고리
현수 체인
형광등구
형광관

**샹들리에 설치**

진동 방지
체인　플랜지
앵커 볼트는 상부에 삽입 해 둔다.
샹들리에

## 직접부착·체인에 의한 형광등 설치 방법　　　-샹들리에 설치-

✱ 콘크리트 천장에 조명기구를 직접 부착할 경우에는, 콘크리트 타설시에 현수 볼트를 위한 인서트를 삽입해 둔다.

✱ 천장 안에 매입형 조명기구를 설치하는 경우, 아웃렛 박스, 풀 박스 등은, 항상 점검이나 전선의 교환을 할 수 있는 위치에 설치함과 동시에 금속관의 지지나 어스 본드 등을 실시하여 박스 내에 전선을 넣는다.

✱ 체인 팬던트, 파이프 팬던트로 조명기구를 설치하는 경우에는, 건축물을 보강하거나 나무 블록, 아웃렛 박스를 사용하는 등의 방법에 따라 충분히 기구 중량에 견딜 수 있도록 시설한다.

● 금속관공사로 조명기구를 플랜지에서 체인을 메다는 경우에는, 아웃렛 박스에 노 볼트 고정 츄어 스터드를 사용하고 플랜지의 안에서 전선과 기구선을 연결하여 플랜지를 고정하고 나서 체인을 늘어뜨린다.

● 철근 콘크리트로 만든 아파트 등에서는, 천장 콘크리트 박스 또는 아웃렛 박스 안에 들어갈 매입용 로제트를 사용하고 로제트 안에서 전선과 코드를 연결하여 조명기구를 매달아 체인으로 들어 늘어뜨린다.

● 샹들리에 설치는 대형인 경우 체인으로 매다는 것이 일반적이다.

✱ 주택 등에서 직접부착 조명기구를 설치하는 현수 실링 로제트는, 내열형으로 하며, 이것을 아웃렛 박스로 시설시는 금속제로 한다.

● 실링 로제트란, 조명기구에 전원을 공급하기 위해 주로 천장에 설치되는 전원 소켓 및 플러그를 말한다.

● 실링 로제트에 연결하는 조명기구의 무게는 5kg을 초과하는 경우에는, 로제트의 전기적 접속부에 하중이 가해지지 않도록 한다.

# 57 천장에 코드를 매달아 조명기구 설치하기

## 코드를 매달아 조명기구 설치하기 —예—

콘크리트 슬래브
나무 블록
전선관
고부 부싱
로제트 또는
현수 실링
아웃렛 박스
60cm 이하
VVF 케이블
코드
15cm 이상
합성수지관
너트
천장
간선
장식
천장
조명기구
코드

## 브래킷·다운 라이트 설치 —예—

브래킷 설치

전선관
브래킷
아웃렛 박스
고무 패킹
도색 커버

다운 라이트 설치

VVF 케이블
터미널 블록
(단자대)
다운 라이트
탈락 방지
쇠장식

## 코드가 매달린 조명기구와 브라켓·다운 라이트의 설치법

* 주택에서 대부분 이용하고 있는 조명기구의 코드를 매다는 공법은, 전선의 접속부가 은폐 장소에 있으므로, 점검입구가 있는 2중 천장 안에서만 시설하고 코드에 특수한 보강이 되어있지 않는 한 조명기구의 무게는 3kg 이하로 한다.

* 다운 라이트는 단자대를 구비한 것으로 하며 2중 천장의 천장재에 부속 철물로 지지한다.

* 브래킷은 아웃렛 박스의 위에 나무 블록을 씌우듯이 설치하고 도색 커버에 적합한 금속제 설치 프레임이 있는 경우에는, 직접 설치 프레임에 조명기구를 설치한다.

● 중량이 있는 브래킷은, 노 볼트 스터드를 사용하여 설치한다.

* 2중 천장 안에 조명기구를 설치하는 경우에는, 미리 슬래브 안에 아웃렛박스 또는 콘크리트 박스를 삽입하여, 또한 현수 볼트용 인서트를 삽입한다.

* 2중 천장 안에서 옥내 배선으로부터 분기하여 조명기구에 연결하는 배선은, 케이블 공사나 금속제 유연성 전선 공사로 한다 (다음 페이지 참조).

* 옥내 배선과의 분기점 또는 아웃렛 박스에서 조명기구 전원 인입 부분에 이르는 배선의 길이가 30cm 이하로 직접 건축재에 접촉될 우려가 없도록 다음 중 하나로 시설하는 경우에는, 케이블 공사 또는 금속제 유연성 전선공사가 아니어도 된다.

● 조명기구 리드선과 옥내배선과의 연결을 기구내부에서 하며, 전선에 늘어짐이 생기지 않도록 아웃트렛 박스 또는 기구내에 전선을 지지하는 경우.

● 옥내배선의 분기점, 조명기구 전원 인입 부분, 조명기구 크기 등의 상호 관계에서 기구설치 상태에서 배선이 직접 건축재에 접촉하지 않는 경우.

● 다른 점검구에서 건축재에 접촉하지 않도록 배선을 접속 가능한 경우.

**157**

# 58 2중 천장의 조명기구 설치도

## 2중 천장 형광등 노출 설치　　－예－

## 2중 천장 형광등 매입 설치　　－예－

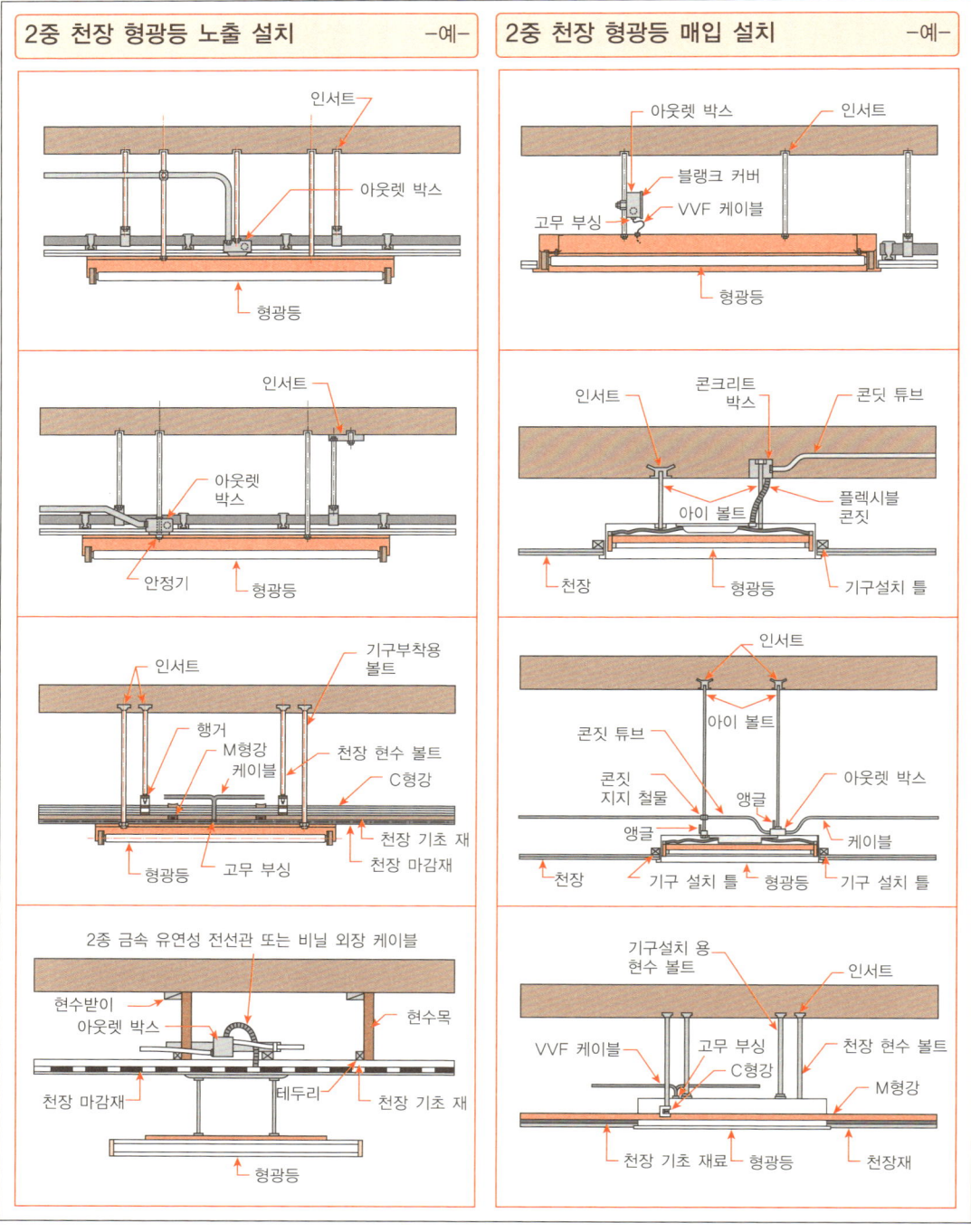

인서트
아웃렛 박스
형광등

인서트
아웃렛 박스
안정기
형광등

인서트
기구부착용 볼트
행거
M형강 케이블
천장 현수 볼트
C형강
천장 기초 재
천장 마감재
형광등
고무 부싱

2종 금속 유연성 전선관 또는 비닐 외장 케이블
현수받이
아웃렛 박스
현수목
천장 마감재
테두리
천장 기초 재
형광등

아웃렛 박스
인서트
블랭크 커버
고무 부싱
VVF 케이블
형광등

인서트
콘크리트 박스
콘딧 튜브
플렉시블 콘짓
아이 볼트
천장
형광등
기구설치 틀

인서트
아이 볼트
콘짓 튜브
콘짓 지지 철물
앵글
아웃렛 박스
앵글
케이블
천장
기구 설치 틀
형광등
기구 설치 틀

기구설치 용 현수 볼트
인서트
VVF 케이블
고무 부싱
C형강
천장 현수 볼트
M형강
천장 기초 재료
형광등
천장재

158

# 59 분전반 설치 공사의 시공법

## 노출형 분전반 설치도 —콘크리트 벽의 경우—

### 노출배관에 따른 설치도 —예—

### 매입 배관에 따른 설치도 —예—

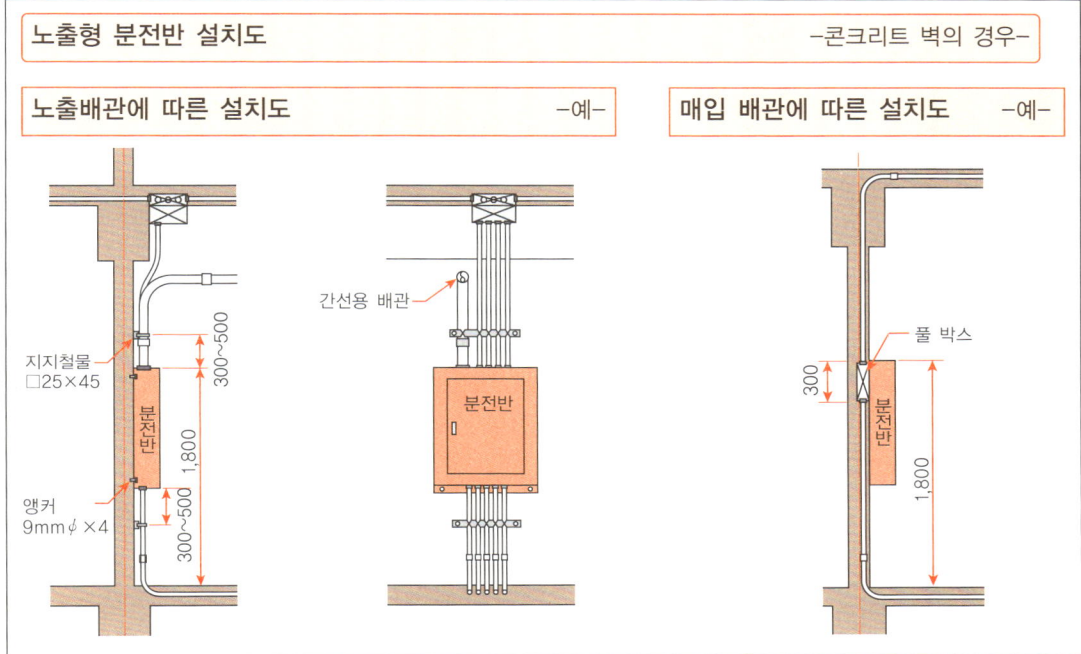

## 노출형 분전반·매입형 분전반·자립형 분전반 설치 공사

* 분전반은, 분기 과전류 차단기 및 분기 개폐기를 집합하여 설치하는 반(주개폐기나 인입구 장치를 설치하는 경우 포함)을 말한다.
● 분전반은 조작, 보수, 점검을 쉽게 하기 위해 일반적으로 1,800mm 정도의 높이로 설치한다.
● 전선관을 캐비닛에 연결하는 경우에는, 캐비닛의 내면에 로크 너트 및 부싱을 완전하게 밀착하도록 시공한다.
  -캐비닛은 분전반을 넣는 문 또는 미닫이 문 부착 금속제 또는 합성수지제 상자-
* 분전반에는, 노출형 분전반, 매입형 분전반, 자립형 분전반이 있다.(다음 페이지 참조)
* 노출형 분전반 설치 장소에는 콘크리트벽, 블록벽, ALC(발포 콘크리트)벽 등이 있다.(다음 페이지 참조)
● 노출형 분전반을 콘크리트 벽에 설치하는 경우에는 반의 중량에 대하여 충분히 유지하는 힘을

얻기 위해서는 앵커 볼트를 사용하여 분전반까지의 배관은 노출배관 또는 매입배관으로 한다.
● 노출형 분전반을 블록 벽 또는 ALC벽에 설치하는 경우에는, 대형 분전반 등은 앵커 볼트에서는 충분한 강도를 얻을 수 없는 경우가 있으므로 블록 벽 또는 ALC벽을 볼트로 관통하여 flat bar 등을 이용하여 조인다.
* 매입형 분전반은 벽면과 분전반 표면이 동일 평면상이 되도록, 또는 캐비닛과 벽 사이에 틈새가 없도록 시공한다.(다음 페이지 참조)
● 매입형 분전반을 벽면 내장으로 설치하는 경우에는, 벽 뒷면에 25mm 정도의 마무리 공간을 미리 계산해 뒷면에 라스 망을 쳐두면 좋다.
* 자립형 분전반은 100mm 정도의 기초를 설치하고 앵커 볼트를 기초에 고정하여, 벽에는 메커니컬 볼트로 설치하면 좋다.

# 60 분전반(노출형·매입형·자립형) 설치도

## 노출형 분전반[예]

### 블록 벽의 경우

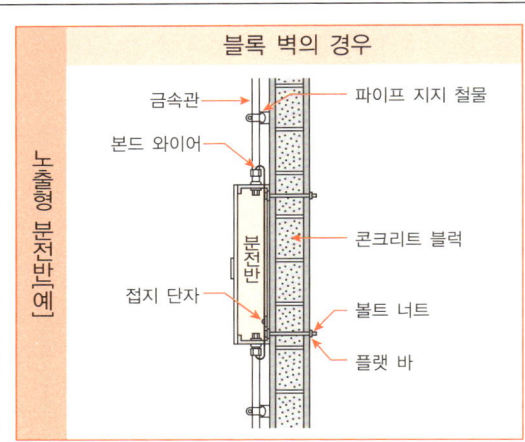

- 금속관
- 파이프 지지 철물
- 본드 와이어
- 콘크리트 블럭
- 접지 단자
- 볼트 너트
- 플랫 바
- 분전반

### ALC 벽의 경우

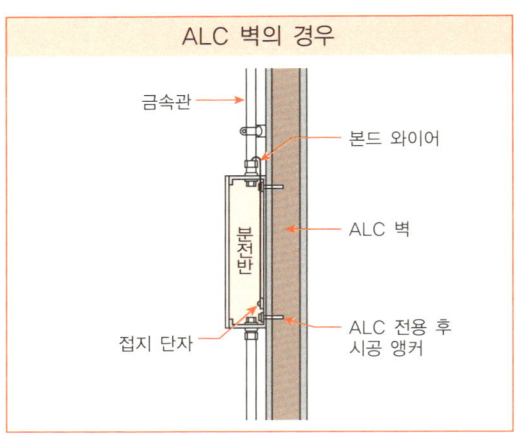

- 금속관
- 본드 와이어
- ALC 벽
- 접지 단자
- ALC 전용 후 시공 앵커
- 분전반

## 매입형 분전반[예]

### 조인트 박스 있음

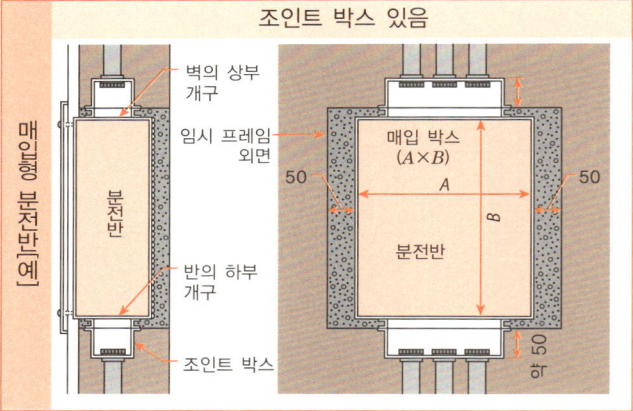

- 벽의 상부 개구
- 임시 프레임 외면
- 분전반
- 반의 하부 개구
- 조인트 박스
- 매입 박스 $(A \times B)$
- 50
- A
- B
- 50
- 분전반
- 하 50

### 조인트 박스 없음

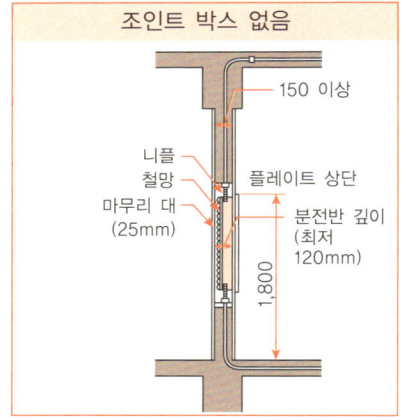

- 150 이상
- 니플
- 철망
- 플레이트 상단
- 마무리 대 (25mm)
- 분전반 깊이 (최저 120mm)
- 1,800

## 자립형 부전반[예]

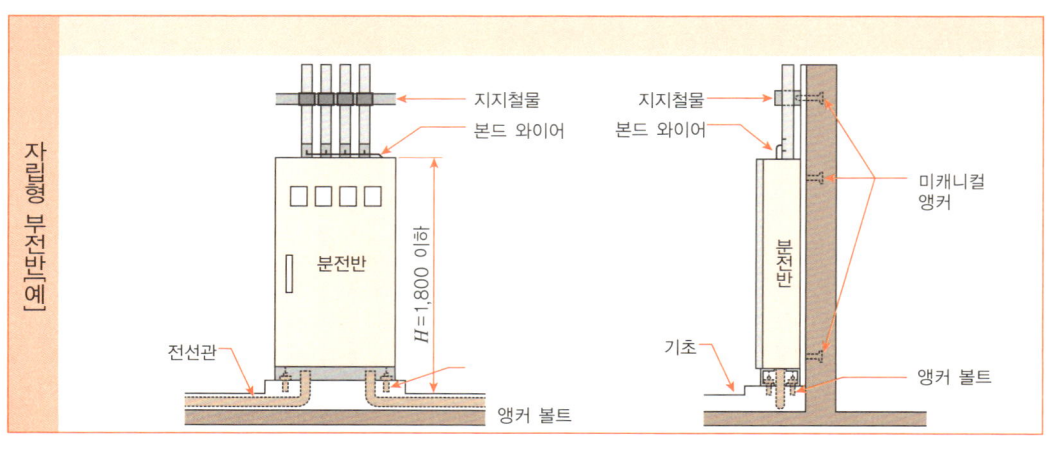

- 지지철물
- 본드 와이어
- 분전반
- $H = 1,800$ 이하
- 전선관
- 앵커 볼트
- 지지철물
- 본드 와이어
- 미캐니컬 앵커
- 분전반
- 기초
- 앵커 볼트

# 찾아보기

## ㄱ

가공배전선로 · · · · · · · · · · · · · · ·95
가공송전선 · · · · · · · · ·80, 81, 82
가공인입선 · · · · · · · · · · · · · · · ·102
가공지선 · · · · · · · · · · · · · · · · · · ·82
가스 차단기 · · · · · · · · · · · · · · · ·89
가스 터빈 발전소 · · · · · · · · · · ·49
가압수형 경수로 · · · · · · · · · · · ·59
간선 · · · · · · · · · · · · · · · · ·118, 122
간접 조명방식 · · · · · · · · · · · · ·132
감도전류 · · · · · · · · · · · · · · · · · ·114
감속재 · · · · · · · · · · · · · · · · · · · ·57
감철심 알루미늄 연선 · · · · · · · ·81
강제 순환 보일러 · · · · · · · · · · ·52
−개폐기 · · · · · · · · · · · · · · · · · ·108
−수 · · · · · · · · · · · · · · ·108, 126
−의 전선 굵기 · · · · · · · · · · · ·129
개폐기구 · · · · · · · · · · · · · · · · · ·117
개폐소 · · · · · · · · · · · · · · · · · · · ·51
결선도 · · · · · · · · · · · · · · · · · · ·143
경수로 · · · · · · · · · · · · · · ·57, 59
계기용 변성기 · · · · · · · · · · · · · ·86
계기용 변압기 · · · · · · · · · · · · · ·86
계약 암페어 수치 · · · · · · · · · ·112
계약용 안전 브레이커 · · · · · · · ·113
계약용 전류 제한기 · · · · · · · · ·113
계통 연계형 · · · · · · · · · · · · · · · ·67
−태양광발전 · · · · · · · · · ·67, 68
고감도형 누전차단기 · · · · · · · ·114
고압 3상3선식 · · · · · · · · · · · · · ·92
고압 가공인입선 · · · · · · · · · · · ·96
고압 나트륨 램프 · · · · · · · · · ·134
고압 수전설비 · · · · · · · · · · · · · ·37
고압 컷 아웃 · · · · · · · · · · · · · ·101
고압 · · · · · · · · · · · · · · · · · · · · ·40
고압방전 램프 · · · · · · · · · · · · ·134
고압배전선 · · · · · · · · · · · · · · · ·101
고압배전선로 · · · · · · · · · · · · · · ·90
공기 차단기 · · · · · · · · · · · · · · · ·89
과부하 전류 · · · · · · · · · · · · · · ·118
과열기 · · · · · · · · · · · · · · · · · · · ·52
과전류 · · · · · · · · · · · · · · · · · · ·116
−차단기 · · · · · · · · · · · · · · · · ·118

## ㄴ 〔ㄱ에서 ㄴ으로〕

관로식 · · · · · · · · · · · · · · · · · · · ·83
관류보일러 · · · · · · · · · · · · · · · ·52
광기전력효과 · · · · · · · · · · · · · ·69
광도 · · · · · · · · · · · · · · · · · · · ·131
광속 · · · · · · · · · · · · · · · · · · · ·131
광속법 · · · · · · · · · · · · · · · · · · ·136
광원 · · · · · · · · · · · · · · · · · · · ·134
광전자 · · · · · · · · · · · · · · · · · · · ·69
광전효과 · · · · · · · · · · · · · · · · · ·69
교류 · · · · · · · · · · · · · · · · · · · · ·40
교류송전 · · · · · · · · · · · · · · · · · ·78
굴뚝 · · · · · · · · · · · · · · · · · · · · ·51
규소 강판 · · · · · · · · · · · · · · · · ·88
그랜드 와이어 · · · · · · · · · · · · · ·82
금속관공사 · · · · · · · · · · · · · · · ·31
급수 펌프 · · · · · · · · · · · · · · · · ·52
급수가열기 · · · · · · · · · · · · · · · ·52
궁장 · · · · · · · · · · · · · · · · · · · ·128
기중절연형 변전소 · · · · · · · · · ·85

## ㄴ

내연력 발전소 · · · · · · · · · · · · · ·49
냉각재 · · · · · · · · · · · · · · · · · · · ·58
노즐 · · · · · · · · · · · · · · · · · · · · ·53
노출 장소 · · · · · · · · · · · · · · · ·104
노출형 분전반 · · · · · · · · ·159, 160
누전 차단기 · · · ·25, 112, 114, 115

## ㄷ

다단식 터빈 · · · · · · · · · · · · · · · ·53
다운라이트 · · · · · · · · · · · · · · · ·135
−의 설계 · · · · · · · · · · · · · · · ·157
단로기 · · · · · · · · · · · · · · · · · · · ·86
단상 2선식 · · · · · · · · · · · · · · · ·91
단상 3선 중성선 결상보호 · · · · ·114
단상 3선식 · · · · · · · · · · · ·23, 101
단상교류 · · · · · · · · · · · · · · · · · ·40
−방식 · · · · · · · · · · · · · · · · · · ·91
댐 수로식 · · · · · · · · · · · · · · · · ·44
댐식 · · · · · · · · · · · · · · · · · · · · ·44
도수로 · · · · · · · · · · · · · · · · · · · ·45
동기발전기 · · · · · · · · · · · · · · · ·47
동작시간 · · · · · · · · · · · · · · · · ·114

## ㄹ

럭스 · · · · · · · · · · · · · · · · · · · ·131
렌즈의 법칙 · · · · · · · · · · · · · · ·105
루멘 · · · · · · · · · · · · · · · · · · · ·131
루프 방식 · · · · · · · · · · · · · · · · ·93
루프 수전방식 · · · · · · · · · · · · · ·94
리미터 · · · · · · · · · · · · · · · · · · ·113

## ㅁ

매입형 분전반 · · · · · · · · ·159, 160
매입형 스위치 · · · · · · · · · · · · ·142
매입형 콘센트 · · · · · · · · · · · · ·142
−의 설치 · · · · · · · · · · · · · · · ·155
매전용 전력량계 · · · · · · · · · · · ·68
매전용 전력량계 · · · · · · · · · · · ·68
메탈 할라이드 램프 · · · · · · · · ·134
모듈 · · · · · · · · · · · · · · · · · · · · ·71
모선 · · · · · · · · · · · · · · · · · · · ·110
목질 바이오매스 발전 · · · · · · · ·72

## ㅂ

바닥용 콘센트 · · · · · · · · · · · · ·142
바이너리 사이클 발전 · · · · · · · ·74
바이오가스 발전 · · · · · · · · · · · ·72
바이오매스(바이오) · · · · · · · · · ·72
−발전 · · · · · · · · · · · · · · · · · · ·60
반도 터빈 · · · · · · · · · · · · · · · · ·53
반도체 · · · · · · · · · · · · · · · · · · · ·69
반동수차 · · · · · · · · · · · · · · · · · ·47
반사재 · · · · · · · · · · · · · · · · · · · ·57
발광 바이오드 · · · · · · · · · · · · ·134
발광 발원 · · · · · · · · · · · · · · · ·134
발전기 · · · · · · · · · · · · ·45, 51, 65
방사속 · · · · · · · · · · · · · · · · · · ·130
방수로 · · · · · · · · · · · · · · · · · · · ·45
배광 · · · · · · · · · · · · · · · · · · · ·132
−곡선 · · · · · · · · · · · · · · · · · · ·132
배선 그림기호 · · · · · · · · · · · · ·151
배선용 그림기호 · · · · · · · · · · ·144
배선용 차단기 · · · · · · · · · · · · · ·
24, 112, 116, 117, 127
배연탈질장치 · · · · · · · · · · · · · · ·51
배연탈황장치 · · · · · · · · · · · · · · ·51

배전 ·············10, 19, 36, 78
-설비 ······················90
배전선·······················36
-의 공급방식 ·················93
배전선로 ····················90
배전용 변압기 ···············95
배전용 변전소·····17, 36, 79, 84
백열 전구··················134
변류기·····················86
변압······················88
변압기·····45, 47, 51, 87, 88
변전소·········18, 84, 85, 86
보수율····················136
보안용 차단기···············112
보안책임 분계점 ·············102
보일러 설비·················50
보조 지지물·················102
보호계전기 ·················87
복수 터빈··················53
복수기············50, 51, 52
복합 사이클 발전소···········49
본선 · 예비선 수전방식 ········94
분기 개폐기·················112
분기 과전류 차단기···········125
분기선····················109
분기회로·············116, 125
분로 리액터·················87
분리 장치 ·················117
분전반 ·······22, 68, 106, 159
-의 그림 기호 ··············150
브라켓 라이트···············135
브라켓 설치·················157
브레이커···················116
블레이드···················65
비닐 절연전선 ··············109
비등수형 경수로 ·············59

사업용 전기 공작물···········37
서비스 브레이커··············113
서지 탱크···················45
서지····················71,77
설비 부하 용량···············126
소매전기 사업자 ·····101,112,113
소출력 발전설비··············37
소호장치 ··················117
솔라 발전···················66
솔라 패널 ··················71
송전 ·············10, 17, 78
송전선··················36, 80
송전용 변전소···············84
수력발전······11, 42, 43, 44, 60

수압 관로···················45
수전방식···················94
수지상방식··················93
수차·················45, 47
-발전기····················47
스위치 ·······26, 140, 142
-의 설계··················153
-의 그림 기호··············150
수평면 조도·················131
순시치····················41
순환방식···················93
스마트 미터 ···········104,105
스트링····················71
스폿 네트워크 수전방식 ·······94
승압변전소 ·················84
실링 라이트·················135
실지수····················136
쓰레기 발전·················72

아라고 원판·················105
아웃도어 라이트··············135
아웃렛 박스·················149
-의 그림기호 ···············150
아치댐·····················46
아크혼····················82
암페어 브레이커········112, 113
암페어 트립················116
애자················81, 101
-인입 배선·················103
야외 활동 조명··············149
-의 그림 기호··············150
양력형 풍차·················64
양상풍력 발전················62
양수식····················43
양절 스위치·················140
어레이 ····················71
역조류····················67
연결함····················68
연료봉····················56
연료전지···················77
연료집합체··················56
열방사광원·················134
열중성자···················57
영상 변류기···········86, 115
옥내 배선··················100
옥내식 변전소···············85
옥외식 변전소···············85
요 제어···················65
우라늄 연료·················56
원자력 발전·······13, 42, 54
원자로····················57

유도형 전력량계 ············105
유입 차단기·················89
유지 조명도················132
육플루오린화황 ········85, 89
인서트···················148
인입구···············103, 118
-장치·········103, 106, 118
-배선·········100, 103, 104
인입분계표식 ···············103
인입선·········20, 100, 101
-부착점··········100, 102
인자 실링 로젯··············156
인자형 콘센트···············137
일반 송배전 사업자 ··········
 41, 67, 96, 102, 104, 113
일반용 전기 공작물············37

자가용 전기 공작물···········37
자기차단기 ·················89
자연 순환 보일러··············52
장간애자 ··················81
재산 분계점················102
재생가능 에너지··············60
재열 터빈··················53
재열기····················52
저수지식···················43
저압 나트륨 램프·············134
저압 배전선·················101
-로·······················90
저압3상3선식 ···············91
저압3상4선식 ···············92
저압····················40
저압간선 ·······119, 120, 121
-의 전선 굵기··············121
저압옥내배선 ·········30, 118
전국 기간 연계 계통··········78
전기 집진 장치 ··············51
전기공작물 ·················37
전기사업용 전기공작물 ········37
전기사업자·····37, 41, 78, 113
전도전자···················69
전동기의 분기회로 ···········127
전등 · 동력공용3상 4선식 ·····92
전등 · 콘센트 설비 ······143, 145
전력계통···················36
전력량계 ·······21, 104, 105
전력손실···················79
전력용 콘덴서···············87
전류제한기·················112
전반 조명 방식 ·············131
전해질···················77

절연전선·····················122
절탄기·······················52
정현파교류···················41
제어 장치····················65
제어재(제어봉)················58
조도························131
조력발전·················60, 75
조류발전·····················75
조명·························29
–기구의 그림 기호··········146
–기구의 설계···············157
–설비······················131
–방식······················132
조명률······················136
조상설비·····················87
조정지식·····················43
종량전등B··················113
주상변압기················36, 95
주택용 분전반··················
        106, 108, 110, 111, 112, 116
–의 종류····················107
주택용 스위치···············140
주택용 콘센트···············130
주파수······················41
–변환소·····················41
증력·아치댐·················46
중력댐······················46
중성자······················55
중수로······················57
증가한 회로 공간············108
증기발생기···················59
증기발전소···············49, 50
증기터빈················50,53
증발관······················52
증속기······················65
지락전류····················114
지열발전················60, 74
지중배전선로················95
지중송전선··················83
지하식 변전소···············85
직류························40
직류송전····················78
직접 매설식··················83
직접 조명 방식···············132
진공 차단기··················89

충동 터빈····················53
취수구·······················45
침사지·······················45

ㅋ
캐비닛······················159
케이블······················122
–공사·······················32
–배선······················104
케이싱·······················53
콘센트···············27, 137, 142
–의 종류····················138
–의 설치····················155
–의 그림 기호··········147, 150
–의 용도·정격·극배치·····139
콘크리트 댐··················46

ㅌ
타이머 스위치···············140
탈기기·······················52
태양광 발전·······15, 42, 60, 66
–시스템············67, 68, 71
태양열 발전··············60, 73
태양전지················69, 70
–모듈·······················68
특고압······················40
특고압 배전선로··············90
특고압 수전설비··············37

ㅍ
파력발전················60, 76
파워 컨디셔너················68
펜던트 라이트···············135
펠릿·························56
펠턴 수차····················47
편절 스위치·················141
평균조도····················136
평면배선도··········143, 151, 152
폐기물 발전··················72
표면복수기···················51
표시 램프 스위치············140
풋 라이트····················135
풍력발전··14, 42, 60, 61, 62, 63
풍차····················63, 65
–의 출력····················63
플래시 사이클 발전방식·······74
플러그 연결 장치············137
플러그······················137
플로어 콘센트 설치·········155
플루토늄····················55
피뢰기······················87
필 댐·······················46

ㅎ
핫스팟 현상··················71
해류 발전····················75
해상 풍력발전················62
해양 온도차 발전·············76
해양 풍력발전················62
핵분열······················55
핵연료······················56
허브·························65
허용전류····················122
현수 애자····················81
형광등··················28, 134
–의 그림 기호···············150
–의 설치·············153, 156
화력발전············12, 42, 48
회선························80
휘도························131
휴즈························101
흑연로······················57

숫자
1차 변전소···········10, 36, 79
1회선 송전선·················80
1회선 수전방식···············94
2회선 송전선·················80
3로 스위치··················141
3상 교류················40, 79
3상 교류방식················91
4로 스위치··················141

영자
AT·························116
CV 케이블····················83
GIS 변전소···················85
HIV 선······················109
Hz(헤르츠)···················41
IV 선·······················109
LED 램프····················134
LNG·························48
MCCB·······················116
MI 케이블···················129
N형 반도체···················69
OF 케이블····················83
PN 접합······················69
P형 반도체···················69
T형 분기방식·················94
V결선 3상 4선식··············92
ZCT························115

ㅊ
차단기···················86,89
천연가스 화력발전소··········48
초고압변전소·········10, 36, 79
최대치······················41
충동 수차····················47

그림 해설

# 알기 쉬운 발전·송배전·실내 배선 설비

2018. 5. 11. 초 판 1쇄 인쇄
2018. 5. 18. 초 판 1쇄 발행

지은이 | 오하마 쇼지
감역자 | 김세동
옮긴이 | 고운채
펴낸이 | 이종춘
펴낸곳 | BM 주식회사 성안당
주소 | 04032 서울시 마포구 양화로 127 첨단빌딩 5층(출판기획 R&D 센터)
10881 경기도 파주시 문발로 112 출판문화정보산업단지(제작 및 물류)
전화 | 02) 3142-0036
031) 950-6300
팩스 | 031) 955-0510
등록 | 1973. 2. 1. 제406-2005-000046호
출판사 홈페이지 | www.cyber.co.kr
ISBN | 978-89-315-2610-3 (13560)
정가 | 23,000원

이 책을 만든 사람들
책임 | 최옥현
교정·교열 | 이태원
전산편집 | 김인환
표지 디자인 | 임진영, 박원석
홍보 | 박연주
국제부 | 이선민, 조혜란, 김해영
마케팅 | 구본철, 차정욱, 나진호, 이동후, 강호묵
제작 | 김유석

www.cyber.co.kr
성안당 Web 사이트

■ 도서 A/S 안내

성안당에서 발행하는 모든 도서는 저자와 출판사, 그리고 독자가 함께 만들어 나갑니다.
좋은 책을 펴내기 위해 많은 노력을 기울이고 있습니다. 혹시라도 내용상의 오류나 오탈자 등이 발견되면 "좋은 책은 나라의 보배"로서 우리 모두가 함께 만들어 간다는 마음으로 연락주시기 바랍니다. 수정 보완하여 더 나은 책이 되도록 최선을 다하겠습니다.
성안당은 늘 독자 여러분들의 소중한 의견을 기다리고 있습니다. 좋은 의견을 보내주시는 분께는 성안당 쇼핑몰의 포인트(3,000포인트)를 적립해 드립니다.
**잘못 만들어진 책이나 부록 등이 파손된 경우에는 교환해 드립니다.**